"十四五"时期国家重点出版物出版专项规划项目

U0272167

大田智能灌溉系统研究与实践

◎ 刘 勇 王运圣 著

中国农业科学技术出版社

图书在版编目(CIP)数据

大田智能灌溉系统研究与实践 / 刘勇，王运圣著 . --北京：
中国农业科学技术出版社，2022.5
ISBN 978-7-5116-5754-1

Ⅰ.①大…　Ⅱ.①刘…②王…　Ⅲ.①物联网-应用-灌溉
系统-研究　Ⅳ.①S274.2-39

中国版本图书馆 CIP 数据核字(2022)第 072974 号

责任编辑　张诗瑶
责任校对　李向荣
责任印制　姜义伟　王思文

出 版 者	中国农业科学技术出版社
	北京市中关村南大街 12 号　　邮编：100081
电　　话	(010) 82106625 (编辑室)　　(010) 82109702 (发行部)
	(010) 82109709 (读者服务部)
网　　址	https://castp.caas.cn
经 销 者	各地新华书店
印 刷 者	北京建宏印刷有限公司
开　　本	185 mm×260 mm　1/16
印　　张	15
字　　数	365 千字
版　　次	2022 年 5 月第 1 版　2022 年 5 月第 1 次印刷
定　　价	98.00 元

前　言

　　我国是农业大国，农业人口众多。农业劳动力是农业生产中最重要的资源，传统农业需要大量的人力和物力。随着我国人口老龄化的日趋严重，人口红利即将消失，农业劳动力缺乏问题日渐凸显，劳动力成本也逐年升高，寻求一种全新的农业生产模式就显得迫在眉睫。劳动力缺乏及从业人员年龄结构老化对于传统的大田灌溉也是亟须解决的问题。从种植业的"耕、种、管、收"四个环节来说，"耕、种、收"三个环节已经实现机械化，甚至无人化。而周期长、劳动强度大的"管"环节，目前还基本处于人力为主的状态，主要原因就是农田基础设施薄弱，供电及通信覆盖不足，田间灌溉自动化、智能化普及率低。

　　另外，农业生产离不开水，根据水利部发布的《2020 年中国水资源公报》显示，2020 年全国的用水总量是 5 812.9 亿 m^3，其中农业用水量为 3 612.4 亿 m^3，占比达到 62.1%，超过用水总量的一半，占比如此之高，除因为农业规模大外，还有一个重要因素，就是农田灌溉水有效利用系数低，仅为 0.565，这意味着每 $1m^3$ 农业用水中仅有 $0.565m^3$ 被农作物吸收利用，远低于发达国家水平。在数字农业、精准农业、智慧农业不断发展的今天，我国设施农业中已基本实现了对水的精准调控，而作为用水大户的大田种植业，其灌溉的管水模式却还停留在原始状态，即由人工走入田间手动打开闸门进行灌溉或排水。传统的大田灌溉模式会因人工操作的不及时而存在相当严重的水资源浪费情况，有效灌溉的效率较低对生态环境的影响也较大，无法满足节水、减肥、减药的环保要求。

　　因此，我国迫切需要一套可快速部署、容易运维、使用便捷的大田智能灌溉系统，实现"管"环节的节水、省力、安全、绿色，响应国务院办公厅关于切实加强高标准农田建设、提升国家粮食安全保障能力的意见，推动"藏粮于地、藏粮于技"落实落地。本书所研发的大田智能灌溉系统很好地解决了以上痛点，目前已在多个万亩（1 亩 ≈667m^2；1hm^2 = 15 亩）农场中得到了很好的应用。

　　大田智能灌溉系统由上海市农业科学院农业科技信息研究所主持研发，并得到光明食品集团上海农场有限公司、盐城市沿海水利工程有限公司、丰产数据服务（上海）有限公司等单位的大力支持。自 2016 年启动研发至本书成稿，研发工作已历时 5 年有余，目前仍在不断改进完善中。本书全面系统地介绍了大田智能灌溉系统的研发历程、系统架构、核心技术、特色优势、使用方法等，以便于相关使用人员、农业科技人员以及相关专家学者了解、借鉴和改进。全书共分九章，第一章简要回顾了中国和世界的灌溉发展史；第二章介绍了农业物联网技术及其在大田智能灌溉系统中的应用；第三章详细介绍了大田智能灌溉系统的核心设备——智能灌溉控制器及其涉及的相关闸门/

阀门控制技术；第四章介绍了灌溉节点的通信与组网技术；第五章介绍了田间灌溉节点的能量供给系统；第六章介绍了大田智能灌溉系统使用的相关传感器；第七章主要讲解大田灌溉中水源的提供者——泵房的相关智能控制技术；第八章介绍了大田智能灌溉系统的云平台建设；第九章主要介绍了大田智能灌溉系统相关产品的研发、调试、生产过程及实际应用案例。

本书作者系上海市农业科学院信息所智能农业系统团队成员，作为农业信息化科技工作者，平时既要承担繁重的科研任务，又要面对巨大的生活压力，所以写作只能利用业余时间加班加点进行，至今日终能出版，甚感欣慰。写作过程中除得到智能农业系统团队成员的大力支持外，还得到了合作企业的倾力配合，尤其是丰产数据服务（上海）有限公司的孙维斌、赵金、杨剑锋等同志对本书的最终完成提供了诸多帮助，在此特别鸣谢。大田智能灌溉系统目前尚属新生事物，其全面推广应用不但需要我们在技术上不断完善，也需要国家政策的大力支持，虽然目前还是路漫漫且修远，但我们不会放弃上下求索之决心，继续用改变世界一点点的心态为我国农业信息化历程添砖加瓦。

著　者

2022 年 3 月 9 日于上海

目　　录

第一章　灌溉的前世今生

灌溉，即用水浇地，为地补充作物所需水分的技术措施。为了保证作物正常生长，获取高产稳产，必须供给作物以充足的水分。在自然条件下，往往因降水量不足或分布不均匀，不能满足作物对水分的要求。因此，必须人为地进行灌溉，以补天然降水的不足。灌溉原则是灌溉量、次数和时间要根据植物需水特性、生育阶段、气候、土壤条件而定，要适时、适量，合理灌溉。其种类主要有播种前灌水、催苗灌水、生长期灌水及冬季灌水等。

第一节　世界灌溉史

四大文明古国都出现在大河流域，以灌溉为古代文明的基础。一般来说，早期的灌溉都是引洪淤灌，以后发展为引水灌溉或建造水库、调洪灌溉。世界灌溉事业近200年来发展很快。1800年左右，全世界有灌溉面积800万 hm^2。20世纪初提高到4 800万 hm^2。1949年达到9 200万 hm^2，20世纪60年代末超过2亿 hm^2。

非洲尼罗河流域早在公元前4000年就利用尼罗河水位变化的规律发展洪水漫灌。公元前2300年前后在法尤姆盆地建造了美利斯水库，通过优素福水渠引来了尼罗河洪水，经调蓄后用于灌溉。这种灌溉方式持续了数千年。19世纪初，埃及引种棉花和甘蔗等经济作物。1826年开始改建旧的引洪漫灌系统，进行常年灌溉。1902年阿斯旺坝建成以后，又由水库引水进行常年灌溉。1970年建成新的阿斯旺高坝，常年灌溉渠道系统得到进一步的发展，使灌溉更有保证，并解决了防洪问题，每年还可发电100亿 $kW \cdot h$。

两河流域美索不达米亚的幼发拉底河和底格里斯河流域的灌溉也可以追溯到公元前4000年左右的巴比伦时期。由于幼发拉底河的高程普遍超过底格里斯河，因而对开挖灌渠十分有利。最早是引洪淤灌，以后发展为坡度平缓的渠道网。约公元前2000年，汉谟拉比时代已有了完整的灌溉渠系。干渠用砖石砌，用沥青勾缝。当时的灌溉面积达260万 hm^2 以上，养育着1 500万~2 000万人口。干渠兼有通航与防洪的作用。当时颁布的《汉谟拉比法典》还专门对堤防失修、冲毁土地的责任者作出了赔偿损失的具体规定。约公元前1000年兴建的钮姆卢水库可向两岸的渠系供水，有些渠道深达10~16m，宽达120m。

公元前600—560年，新巴比伦的空中花园采用了细密的雨滴灌溉，类似现代的喷灌。公元前539年，巴比伦被波斯征服，灌溉系统失修，农业生产受到很大影响。公元初期，波斯的萨珊王朝修四大干渠引幼发拉底河水，灌溉今伊拉克中部地区。629 年，两河流域出现大洪水，冲毁钮姆卢水库，不久阿拉伯人征服两河流域地区，着手改进旧渠系，逐步恢复灌溉。1258 年，蒙古人占据了两河流域，灌溉系统遭到破坏。直至 20 世纪，两河流域灌溉系统不断损坏，不断修复。19 世纪前期，重建一些主要的灌区。20 世纪修建有名的灌溉工程，如 1915 年完成的三合渠，引杰赫勒姆河水穿过杰纳布河和拉维河，是世界较早的跨流域引水工程；1932 年完成的苏库尔闸引水工程，是当时世界最大的、有控制的引水灌溉渠系，引水 1 346m³/s，灌田 300 万 hm²。

20 世纪 60 年代，巴基斯坦全国灌溉面积约 1 150 万 hm²。

印度从 19 世纪起建有大量大型灌渠。例如，改建高韦里河三角洲渠系上的古大阿尼卡特坝，可灌田 44 万 hm²；1836—1866 年建大渠 4 条，灌田约 200 万 hm²，其中有当时世界最大的引水工程戈达瓦里河三角洲渠系；以后 10 年中又兴建大渠 5 条，其中有横贯印度半岛的贝里亚尔渠。20 世纪经陆续兴建，至 20 世纪 60 年代末，印度灌溉面积达 3 800 万 hm²。

锡南（今斯里兰卡）自公元前 5 世纪就开始发展灌溉。特别是公元 2—14 世纪，斯里兰卡岛中部干旱地区修建了大大小小的蓄水池达 1 500 余座，形成了许多水库、塘堰、渠系结合的灌溉网。后渐衰落，19 世纪以后逐渐恢复并修建新式大灌渠。

亚洲其他地区，早在公元前 1050 年，柬埔寨就在吴哥窟附近修建了暹粒河灌区，并且一直使用到现在。日本在公元前 6 世纪已有水利记载，以后大量修建山塘、水库，20 世纪开始修大型灌区，至 1947 年全国水浇地已占耕地面积的一半以上。印度尼西亚的爪哇等岛，自古引水种稻，19 世纪始建新式工程，20 世纪 60 年代灌溉面积约 380 万 hm²，大量的古代工程仍在使用。

中亚地区阿姆河、锡尔河流域的灌溉始于公元前 6 世纪。8 世纪中叶以后，这一带是阿巴斯王朝的四大粮仓之一。自 1918 年以后开始兴建现代灌溉工程。自 1939 年完成费尔干纳大渠，长 344km。第二次世界大战后又修长 1 560km 的卡拉库姆渠等，建成了一些大型灌区。

美洲的灌溉可追溯到古老的玛雅文明和印加文明。秘鲁的灌溉历史至少在公元前 1000 年就已开始。皮斯科河谷公元前已有灌溉工程。公元 1—600 年是水利工程大发展时期，此后印加帝国统治的 1 000 年，灌溉又得到了进一步发展。阿根廷于 1577 年兴建了杜尔塞河引水工程。中美洲墨西哥等地的灌溉工程则在 16—17 世纪才出现较多的记载，到 1946 年灌溉面积达 123 万 hm²，此后 20 年中修建了 196 座水库和 989 处引水坝，1966 年灌田 280 万 hm²，技术上也有发展。美国自 1847 年开始，迅速发展灌溉事业，技术水平也提高得很快，20 世纪 50—60 年代大规模发展喷灌，1967 年喷灌面积达 300 万 hm²，总灌溉面积达 1 700 万 hm²。

第二节　中国灌溉史

我国是世界上从事农业、兴修水利最早的国家，早在 5 000 年前的大禹时代就有

"尽力乎沟洫""陂鄣九泽、丰殖九薮"等农田水利的内容，在夏商时期就有在井田中布置沟渠、进行灌溉排水的设施，西周时在黄河中游的关中地区已经有较多的小型灌溉工程，如《诗经·小雅·白华》中就记载有"滤池北流，浸彼稻田"，意思是引渭河支流泥水灌溉稻田。春秋战国时期是我国由奴隶社会进入封建社会的变革时期，由于生产力的提高，大量土地得到开垦，灌溉排水相应地有了较大发展。著名的如魏国西门豹在邺郡（现河北省临漳）修引漳十二渠灌溉农田和改良盐碱地，楚国在今安徽寿县兴建蓄水灌溉工程芍陂，秦国蜀郡守李冰主持修建都江堰使成都平原成为"沃野千里""水旱从人"的"天府之国"。

秦汉时期是我国第一个全国统一国力强盛时期，也是灌溉排水工程第一次大发展时期。西汉前期的水利建设大大促进了当时社会经济的发展。郑国渠（建于公元前 246 年）是秦始皇统一六国前兴建的灌溉工程，当时号称"灌田 4 万顷"，使关中地区成为我国最早的基本经济区，于是："秦以富强，卒并诸侯"。汉武帝时，引渭水开了漕运和灌溉两用的漕渠，以后又建了引北洛河的龙首渠，引泾水的白渠及引渭灌溉的成国渠。汉代除在统治的腹心地区渭河和汾河谷地修建灌溉工程外，还为了巩固边防、屯兵垦殖，在西北边疆河西走廊和黄河河套地区也修建了一些大型渠道引水工程。

我国第二个灌溉排水工程发展时期是隋唐至北宋时期。唐朝初年，定都长安，曾大力发展关中灌溉排水工程，安史之乱后，人口大量南迁，江浙一带农田水利工程得到迅速发展，沿江滨湖修建了大量圩垸，排水垦荒种植水稻，塘堰灌溉更为普遍。同时提水工具也得到改进和推广，扩大了农田灌溉面积。到晚唐时期，太湖地区的赋税收入已超过黄河流域，成为新的基本经济区。到北宋时期，长江流域人口占全国人口的比例已从西汉时的不足 20% 上升到 40% 多。宋神宗支持王安石变法，颁布了《农田利害条约》（又名《农田水利约束》），这是第一个由中央政府正式颁布的农田水利法令，同时还设立全国各路主管农田水利的官吏，使农田水利建设得到进一步发展。南宋王朝偏安江南后，又进一步推动江南水利的发展，不仅江浙一带水利得到长足发展，而且东南沿海及珠江三角洲水利建设也开始有所发展。

明清两代是我国历史上第三个灌溉排水工程发展时期。这一时期全国人口有了较大增长，从元代的 5 000 多万人，发展到明代的 9 000 万人，清代康熙年间超过 1 亿多人，到清代末年已达到 4 亿人，全国人口在 500 多年间增长了 7 倍多。人口的增长，耕地面积和亩产（1 亩≈667m²；1hm²=15 亩）必须相应地扩大和增长，所以，也促进了水利的大发展。明清时期长江中下游的水利已得到广泛开发，仅在洞庭湖区的筑堤围垦，明代就有 200 处，清代达四五百处，所谓"湖广熟，天下足"，可见两湖地区已成为全国又一个基本经济区。与此同时，南方的珠江流域、北方的京津地区、西北和西南边疆地区灌溉事业都有了很大的发展；东北的松辽平原在清中叶开禁移民以后，灌溉排水工程也有所发展。

19 世纪中期以后，由于帝国主义的入侵，我国沦为半封建半殖民地社会，这一时期水利在局部地区虽有所发展，但是总的来说则是日趋衰落。19 世纪后期，由于西方近代科学技术传入中国，一批水利学者从国外学习归来，开办水利学校，传播先进科学技术。1915 年，我国第一所水利专科学校——河海工程专门学校在南京成立。1917

年以后，长江、黄河等流域相继设立水利机构，进行流域内水利发展的规划和工程设计工作。1930年由李仪祉先生主持，开始用现代技术修建陕西省泾惠渠，以后又相继兴建了渭惠渠、洛惠渠等灌区。

20世纪50年代以来，国家把农业作为国民经济的基础，把水利作为农业发展的命脉，以兴修水库、塘坝等蓄水工程和河道引水工程为主，采取了一系列促进灌溉事业发展的政策和措施，组织广大农民坚持不懈地兴修水利，先后建成上千万处多种类型的蓄水、引水、提水灌溉工程，几十年发展的灌溉面积超过了以往数千年的总和。20世纪60—70年代，随着国家工业化进程的加快，电网和柴油供应在农村逐步普及，泵站提水灌溉发展迅速。20世纪70年代起，由于各方面用水量增加，北方地表水源日益紧张，打井开发地下水成为灌溉发展的重点。20世纪80年代，灌溉面积增长一度出现停滞，工作重点转向"加强经营管理，提高经济效益"。20世纪90年代以后，国家强调把节水灌溉作为革命性措施来抓，明确了新时期灌溉发展的方向和工作重点，并且增加投入，使灌溉面积和效益重新走上稳步发展的轨道。

第三节　灌溉技术的发展历程

生命之起源，水为必然条件。没有了水，地球上的生命将会枯竭。人类文明之数千年历史，为水而奋斗是极其重要的篇章。如我国的郑渠、灵渠及都江堰，埃及尼罗河两岸历史悠久的灌溉工程都是很好的例证。

20世纪以前，经过数个世纪的探索，人类学会了拦河蓄水、筑渠引水、开畦灌溉的技术。但用水效率低下，局限了灌溉面积的扩大。生产足够的粮食，为迅猛增长的人口提供食品，怎样提高水的利用率成了20世纪一大难题。以至于之后很长一个时期里灌溉技术的发展都是围绕着节水在进行。

1894年，一位名叫查尔斯·斯凯纳的美国人发明了一种非常简单的喷水系统，开拓了人类利用机械设施节水灌溉的先河。1933年，美国加利福尼亚州一个叫澳滕·英格哈特的农民发明了世界第一只摇臂喷头，并注册专利，由著名的雨鸟公司制造。这种新型喷头的问世对此后农业节水灌溉起到了革命性的推动作用。采用摇臂喷头喷水系统后，水的利用率大大提高，比大水漫灌提高50%以上。这样，同样的水可多灌50%的面积。美国农业工程师协会（ASAE）在1990年举行的"农业工程50周年庆典"上为此授予雨鸟公司"历史里程碑奖"。

第二次世界大战以后，美国的经济、技术飞速发展，以皮尔斯为先导的灌溉企业制造出多种快速连接铝合金接头，与薄壁铝管连接，诞生了半固定式和固定式薄壁喷灌系统，使大面积采用喷灌系统成为可能。半固定式的优点是造价低廉，对田间耕作无影响，缺点是人工搬动劳动强度大。固定式的优点是劳动强度小，但造价高，对田间耕作有影响，适合于多年生作物灌溉。

为了充分利用半固定式喷灌系统造价低的优点，克服其劳动强度高的缺点，一种由机械驱动的类似于半固定式系统的喷灌机在20世纪30年代末由哈里·法里斯通发明并投入使用。其优点是造价比固定式喷灌系统低，劳动强度比半固定式、手工搬管系统低，维修方便。这种机器结构简单，由一台小马力汽油机驱动。滚动轮由薄壁镀锌钢板做成，管道为薄壁铝合金管。适用于低秆作物（如棉花、小麦、蔬菜、草皮、草场等）的灌溉。

进入 20 世纪 50 年代，由于经济的快速发展，美国的劳务成本迅速上升。农场主迫切需要劳动成本比滚移式喷灌机还要低廉的机器。1952 年，一位名叫弗兰克的科罗拉多州的农民发明了一种水力驱动、自动转圈、上边悬挂喷头的喷灌机器，取名为中心支轴式喷灌机（Center Pivot）。后来这种机器的生产权售给内布拉斯加州的伐利公司（即现在的维蒙特）。这种机器在 20 世纪 70 年代前多配置雨鸟公司生产的摇臂喷头。其优点是自动化程度高，灌溉劳务成本非常低；地形适应性强，不需要平地。缺点是土地利用率低（约 78%）。20 世纪 60 年代后，这种机器在地广人稀、地势不平坦的美国中部农业区科罗拉多、内布拉斯加、堪萨斯广泛推广开来。

尽管喷灌的用水效率大大高于传统的地面灌溉技术，但对于十分干旱少雨的地方来说，仍是不尽如人意。因为喷灌要全面积湿润，作物棵间的蒸发基本上是无效的。

20 世纪 40 年代末期，一位叫希姆克·伯拉斯的以色列农业工程师在英国发明了滴灌技术。20 世纪 50 年代，他将此种技术带回以色列的内格夫沙漠地区，应用于温室内灌溉。从 20 世纪 60 年代初开始，滴灌在以色列、美国加利福尼亚州得到广泛推广，主要应用于水果及蔬菜灌溉。滴灌的用水效率高达 90% 以上，主要归因于无输水损失，管理好的话可无深层渗漏，无地面径流损失，直接入渗于根区，使得作物棵间蒸发损失非常小。除用水效率非常高外，利用滴灌系统施肥，其效果更佳。滴灌不仅使作物产量提高，节约水资源，而且可以大大提高作物品质。目前仍是全球最为蓬勃发展的灌溉技术。

20 世纪 80 年代以来，不少企业及研究人员开始探讨地下滴灌技术（简称 SDI），将滴灌技术的优点发挥到极致（无地面蒸发损失）。澳大利亚的昆士兰，美国的加利福尼亚州、夏威夷等地，SDI 广泛应用于灌溉甘蔗及蔬菜，取得良好效果。雨鸟公司在我国新疆南部将滴灌带埋于地下 30cm，用于铁路防风林带灌溉，也取得良好效果。SDI 也有应用于草坪灌溉的，但取得较好效果的报告不多见，推广较缓慢。雨鸟公司开发了一系列应用于园林花卉、行道树灌溉的滴灌设备，在美国、加拿大等地广受欢迎。

我国从 20 世纪 70 年代开始引进喷灌、滴灌技术，20 世纪 80 年代中期曾一度得到迅速发展。但因为经济及技术落后，没几年即纷纷下马。进入 20 世纪 90 年代中期，国家充分意识到我国水资源的短缺情况，重新大力推广节水技术。经过数年努力，已取得长足进步。引进、消化吸收及仿制了不少条滴灌生产线。产品质量比 20 世纪 80 年代有了很大进步。国内著名滴灌生产厂家有北京绿源公司、山东莱芜塑料等。国内喷头生产厂家很多，但质量优秀且稳定的不多。喷灌机具表现也不佳。

经过前人在 20 世纪的孜孜探索，灌溉水的利用技术已经达到了一个很高的水平。进入 21 世纪，信息技术和网络技术突飞猛进，各行各业都在解放人力，朝着智能化和自动化方向发展，在这样的背景下，智能灌溉出现了。

对于农业种植的灌溉，很多人往往都是凭借经验决定的，通过自己经验保证农作物的灌溉，但是经验归经验，并不能保证给农作物及时的灌溉，也不能保证灌溉水量合适。智能灌溉系统对于灌溉的控制是根据传感器反馈的数据决定的，在土壤中接入湿度传感器，湿度传感器可以将土壤湿度的数据实时传送至系统。当监测到土壤中的水分低于适合农作物生长的标准值时，系统就能自动打开灌溉系统，为农作物进行灌溉，当土壤水分达到标准值时，系统就能自动关闭灌溉系统，通过这样有数据可以依靠的控制，让作物灌溉更及时。智能灌溉可以有效避免传统灌溉中的水资源浪费，传统灌溉水利用率仅有40％，使用智能滴灌设备可以将灌溉水的利用率提升至90％以上，大大减轻了灌溉水的浪费情况。

灌溉技术的发展使农业抗御自然灾害的能力大大提高，同时为培育良种、施肥、改进耕作和栽培技术等先进农业技术的推广应用创造了条件，使土地生产率显著提高。许多原来只能种一季作物的地方改种二季甚至三季，有灌溉设施的农田单位面积粮食产量比靠天然降水的农田高近2倍。灌溉基础设施建设不仅为保障国家粮食安全做出了贡献，还促进了农业结构调整，提高棉花、油料、糖料等经济作物和蔬菜、瓜果、花卉等高附加值作物的种植比例，使农民收入不断增加。一些灌区还担负着向城镇乡村和工矿企业供水的任务，成为当地经济和社会发展的命脉。部分灌区还担负着排泄山洪，向湿地、林地、草地以及生态环境恶化地区供水的任务，渠道两旁的护渠林成为农田防护林网的组成部分，改善了田间小气候，有利于农村生态环境的保护和改善。

第二章 农业物联网大田灌溉应用概述

中国位于亚洲季风气候区，降水时空分布极不均匀，水旱灾害频繁。中国的灌溉事业始终随着社会经济的发展而得到发展。灌溉工程不仅用于灌溉，也用于传播文化。灌溉具有多重作用，如提高作物产量、保障粮食安全、向农村提供饮用水、增加农民收入和解决农村脱贫、创造就业机会以及改善环境等。

受季风气候的影响，中国的降水时空分布极不均匀。中国的年均降水量从东南向西北递减，从东南的1 600mm递减到西北的不足200mm。且有80%以上的降水集中在6—9月，另外，中国的水土资源分布极不匹配，南方的土地资源只占全国土地资源的38%，而水资源量却占全国的80%；北方的土地资源占全国的62%，而水资源量却占全国的20%。由于降水的时空分布不均，所以灌溉对中国的农业生产是十分必要的。根据各地自然条件和农作物对灌溉排水的需求，除无农业生产的青藏高寒区外，可以把中国分为三个不同的灌溉区。年平均降水量大于1 000mm的Ⅰ区包括长江中下游、珠江和闽江流域及西南部分地区，以生产水稻、小麦和棉花为主；年平均降水量在400~1 000mm的Ⅱ区包括黄河下游，淮河、海河、松花江及辽河流域，以生产水稻、小麦、玉米和棉花为主；年平均降水量小于400mm的Ⅲ区包括西北内陆河流域、黄河中上游地区，以生产小麦、玉米和棉花为主。根据作物对灌溉的需求，中国的灌溉可大致分为三个区域，即常年灌溉区、补充灌水区和水稻灌水区。

灌溉系统是指灌溉工程的整套设施。包括三个部分：水源（河流、水库或井泉等）及渠道建筑物；由水源取水输送至灌溉区域的输水系统包括渠道或管路及其上的隧洞、渡槽、涵洞和倒虹管等，在灌溉区域分配水量的配水系统包括灌区内部各级渠道以及控制和分配水量的节制闸、分水闸、斗门等；田间临时性渠道。

在水稻灌溉区，对于丘陵和山区的稻田，多靠蓄水池灌溉；平原地区的稻田以渠道灌溉为主。渠道灌溉系统由灌溉渠首工程、输水及配水工程和田间灌溉工程等部分组成。灌溉渠首工程有水库、提水泵站、有坝引水工程、无坝引水工程、水井等多种形式，用以适时、适量地引取灌溉水量。输水及配水工程包括渠道和渠系建筑物，其任务是把渠首引入的水量安全地输送、合理地分配到灌区的各个部分。按其职能和规模，一般把固定渠道分为干、支、斗、农四级，视灌区大小和地形情况可适当增减渠道的级数。渠系建筑物包括分水建筑物、量水建筑物、节制建筑物、衔接建筑物、交叉建筑物、排洪建筑物、泄水建筑物等。田间灌溉工程指农渠以下的临时性毛渠、输水垄沟和田间灌水沟、畦田以及临时分水和量水建筑物等，用以向农田灌水，满足作物正常生长或改良土壤的需要。

规模较大的农场和平原地区，输水、配水工程多为水泵房从河道中抽水到干渠，干渠再放水到农渠，最终通过农渠上的若干个闸门将水灌溉到每个田块。除水泵房实现了电气化控制外，其他干渠和农渠上的闸门均为人工手动开关，并因此产生了一个工种——放水员（图2-1）。

图2-1 稻田灌溉中的传统工种——放水员

放水员在农场属于技术含量较高的一个工种，在某种程度上决定了这块田产量的高低，他们来决定什么时候要水、什么时候不要水、什么时候大概要多少水，要能准点把握田里的水量和存水时间，所以其重要性不言而喻。如此重要的工种其工作强度却是非常大的，在水稻生产季，放水员几乎整天穿着闷热的高筒靴，拖着大锹在田间巡视，尤其遇上下大雨，不管白天黑夜放水员都要赶去田头检查加固每个出水口，以防被水冲垮。

所以这是一种十分辛苦且效率低下的管水模式，随着近年来农业劳动人口的老龄化加剧，这样的工作模式更难以吸引年轻人的加入。我国是农业大国，农业人口众多。农业劳动力是农业生产中最重要的资源，传统农业需要大量的人力和物力。随着我国人口老龄化的日趋严重，人口红利即将消失，农业劳动力缺乏问题日渐凸显，劳动力成本也逐年升高，寻求一种全新的农业生产模式就显得尤为重要。劳动力缺乏及从业人员年龄结构老化对于传统的大田灌溉也是亟须解决的问题。从种植业的"耕、种、管、收"四个环节来说，"耕、种、收"三个环节已经实现机械化，甚至无人化，而"管"环节周期长、劳动强度大，还基本处于人力为主的状态，主要原因就是农田基础设施薄弱，供电及通信覆盖弱，田间灌溉自动化、智能化普及率低。所以大田灌溉上劳动力短缺的问题日益突出，这就亟须一种新的灌溉模式来改变现状。

本书所研究的大田智能灌溉系统即为解决当前大田灌溉管理上的痛点而生，将物联网技术应用到大田灌溉中，对每个灌溉闸门/阀门进行网联化改造，使控制可以远程进行，管水员足不出户就能通过手机进行闸门/阀门的开关控制，以及通过相应的传感器监测田间持水量，据此对闸门/阀门进行精准控制，用自动化、智能化装备代替人工，促进人均管水面积从百亩到万亩的跃变。

第一节　物联网技术简述

国际商业机器公司（IBM）前首席执行官郭士纳曾提出一个重要的观点，认为计算模式每隔 15 年发生一次变革。这一判断像摩尔定律一样准确，人们把它称为"十五年周期定律"。比如 1965 年前后的"大型机"时代、1980 年前后的"个人计算机"时代、1995 年前后的"互联网"时代，直至 2010 年前后，来到了"物联网"时代。在当下的"15 年"，一场新的变革正悄然兴起，那就是"物联网"。有人将 2010 年称为"物联网元年"。

从物联网（Internet of Things，IOT）本质分析，它是信息技术发展到一定阶段后出现的一种聚合性应用与技术提升，是将各种感知技术、现代网络技术和人工智能与自动化技术聚合与集成应用实现人与物对话，创造智慧的世界，被称为信息产业中继 PC 机时代、互联网时代之后的第三次浪潮。

那么，什么是物联网呢？2010 年温家宝总理在第十一届全国人民代表大会第三次会议上所作的政府工作报告中对物联网做了这样的定义：物联网是指通过信息传感设备，按照约定的协议，把任何物品与互联网连接起来，进行信息交换和通信，以实现智能化识别、定位、跟踪、监控和管理的一种网络。它是在互联网的基础上延伸和扩展的网络。国际电信联盟（ITU）的定义：物联网主要解决物品到物品（Thing to Thing，T2T）、人到物品（Human to Thing，H2T）、人到人（Human to Human，H2H）之间的互联。

物联网的基本定义是通过射频识别（RFID）、红外感应器、全球定位系统、激光扫描器等信息传感设备，按约定的协议，将任何物品通过有线与无线方式与互联网连接，进行通信和信息交换，以实现智能化识别、定位、跟踪、监控和管理的一种网络。这里的"物"要满足以下条件才能够被纳入"物联网"的范围。一是要有数据传输通路。二是要有一定的存储功能。三是要有中央处理器（CPU）。四是要有专门的应用程序。五是遵循物联网的通信协议。六是在世界网络中有可被识别的唯一编号。

物联网是通信网和互联网的拓展应用和网络延伸，它利用感知技术与智能装置对物理世界进行感知识别，通过网络传输互联，进行计算、处理和知识挖掘，实现人与物、物与物信息交互和无缝链接，达到对物理世界实时控制、精确管理和科学决策的目的。如图 2-2 所示，物联网自底层向顶层共分为三个层次：感知层、网络层、应用层。

感知层的功能是数据采集与感知，主要用于采集物理世界中发生的物理事件和数据，包括各类物理量、标识、音频、视频数据。物联网的数据采集涉及传感器、RFID、多媒体信息采集、二维码和实时定位等技术。其中传感器的角色尤为重要，传感器为人

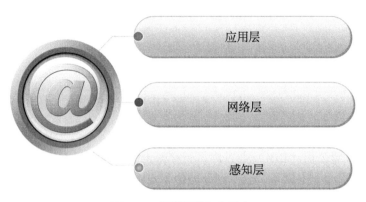

图 2-2　物联网的三个层次

类敏感地检测出形形色色的有用信息，充当着电子计算机、智能机器人、自动化设备、自动控制装置的"感觉器官"。如果没有传感器将各种各样的、形态各异的信息转换为能够直接检测的信息，现代科学技术将是无法发展的。显而易见，传感器在现代科学技术领域占有极其重要的地位。

传感器是一种能把特定的被测量信息按一定规律转换成某种可用信号输出的器件或装置，以满足信息的传输、处理、记录、显示和控制等要求。应当指出，这里所谓的"可用信号"是指便于处理、传输的信号，一般为电信号，如电压、电流、电阻、电容、频率等。社会进步到今天，人们周围使用着各种各样的传感器，如电冰箱、微波炉、空调有温度传感器；电视机有红外传感器；录像机和摄像机有湿度传感器、光传感器；液化气灶有气体传感器；汽车有速度、压力、湿度、流量、氧气等多种传感器。这些传感器的共同特点是利用各种物理、化学、生物效应等实现对被检测量的测量。可见，在传感器中包含着两个必不可少的概念：一是检测信号；二是能把检测的信息变换成一种与被测量有确定函数关系的而且便于传输和处理的量。例如，传声器（话筒）就是这种传感器，它感受声音的强弱，并转换成相应的电信号；气体传感器感受空气环境中气体成分的变化；电感式位移传感器能感受位移量的变化，并把它们转换成相应的电信号。

通常传感器又称为变换器、转换器、检测器、敏感元件、换能器和一次仪表等。这些不同的提法，反映了在不同的技术领域中，只是根据器件用途对同一类型的器件使用不同的技术术语而已。如从仪器仪表学科的角度强调，它是一种感受信号的装置，所以称为"传感器"；从电子学的角度，则强调它是能感受信号的电子元件，称为"敏感元件"，如热敏元件、磁敏元件、光敏元件及气敏元件等；在超声波技术中，则强调的是能量转换，称为"换能器"，如压电式换能器。这些不同的名称在大多数情况下并不矛盾，譬如，热敏电阻既可以称为"温度传感器"，也可以称为"热敏元件"。

网络层：实现更加广泛的互联功能，能够把感知到的信息无障碍、高可靠性、高安全性地进行传送，需要传感器网络与移动通信技术、互联网技术相融合。经过 10 余年的快速发展，移动通信、互联网等技术已比较成熟，基本能够满足物联网数据传输的需要。网络层位于物联网三层结构中的第二层，其功能为"传送"，即通过通信网络进行信息传输。网络层作为纽带连接着感知层和应用层，它由各种私有网络、互联网、有线和无线通信网等组成，相当于人的神经中枢系统，负责将感知层获取的信息，安全可靠地传输到应用层，然后根据不同的应用需求进行信息处理。

在物联网的三层体系架构中，网络层主要实现信息的传送和通信，又包括接入层和核心层。网络层可依托公众电信网和互联网，也可以依托行业专业通信网络，也可同时依托公众网和专用网。同时，网络层承担着可靠传输的功能，即通过各种通信网络与互联网的融合，将感知的各方面信息，随时随地进行可靠交互和共享，并对应用和感知设备进行管理和鉴权。由此可见，网络层在物联网中的重要地位。

在网络层，主要包括接入网络、传输网、核心网、业务网、网管系统和业务支撑系统。随着物联网技术和标准的不断进步和完善，物联网的应用会越来越广泛，政府部门、电力、环境、物流等关系到人们生活方方面面的应用都会加入物联网，到时，会有海量数据通过网络层传输到计算中心，因此，物联网的网络层必须要有大的吞吐量以及较高的安全性。

在物联网行业应用中，物联网设备通常由不同的设备制造商提供，并且基于这些设备的应用和服务都是独立开发的，使得数据格式兼容性较差，信息在各系统之间无法融合而彼此形成信息孤岛，使得企业之间的数据分享和服务协同变得异常困难。同时物联网感知层将产生数以万计的海量信息，如果将这些海量的原始数据直接发送给上层应用，势必导致上层应用系统计算处理量的急剧增加，甚至引起系统崩溃。因此，在物联网应用层之前构建物联网网络层对海量传感信息进行过滤和分析处理，进而为上层应用程序的开发提供更为直接和有效的支撑是大势所趋。

网络层是物联网的神经系统，网络层要根据感知延伸层的业务特征，优化网络特性，更好地实现物与物之间的通信、物与人之间的通信以及人与人之间的通信，这就要求必须建立一个端到端的全局物联网络。因此，在局部形成一个自主的网络，还要连接大的网络，这是一个层次性的组网结构。这要借助有线和无线的技术，实现无缝透明的接入。随着物联网业务种类的丰富、应用范围的扩大、应用要求的提高，对于通信网络也会从简单到复杂、从单一到融合、从多种接入方式到核心网融合整体过渡。

应用层位于物联网三层结构中的最顶层，其功能为"处理"，即通过云计算平台进行信息处理。应用层与最底层的感知层一起，是物联网的显著特征和核心所在，应用层可以对感知层采集数据进行计算、处理和知识挖掘，从而实现对物理世界的实时控制、精确管理和科学决策。

物联网应用层的核心功能围绕两个方面：一是"数据"，应用层需要完成数据的管理和数据的处理；二是"应用"，仅仅管理和处理数据还远远不够，必须将这些数据与各行业应用相结合。例如在智能电网中的远程电力抄表应用：安置于用户家中的读表器就是感知层中的传感器，这些传感器在收集到用户用电的信息后，通过网络发送并汇总到发电厂的处理器上。该处理器及其对应工作就属于应用层，它将完成对用户用电信息的分析，并自动采取相关措施。应用层主要包含应用支撑平台子层和应用服务子层。其中应用支撑平台子层用于支撑跨行业、跨应用、跨系统之间的信息协同、共享、互通的功能。应用服务子层包括智能交通、智能医疗、智能家居、智能物流、智能电力等行业应用（图2-3）。

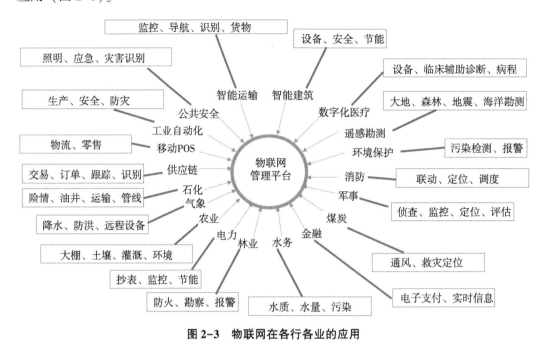

图2-3　物联网在各行各业的应用

第二节　物联网技术在农业上的应用——农业物联网

传统农业生产的物质技术手段落后，主要是依靠人力、畜力和各种手工工具以及一些简单机械。在现实中主要存在如下问题。一是农业科技含量、装备水平相对滞后。二是农业生产存在污染和浪费，据农业农村、水利部门测算，我国每年农业所消耗化肥、农药和水资源量都在飞速增长，数据惊人，农业的污染问题困扰着不少乡村，不少农民群众饮水安全受到影响。三是农业产出少、农民收入低。四是农业生产靠经验指导，无可靠的数据支撑。

依靠和使用着这些落后的生产工具和生产技术维持着简单再生产，农业生产率低下，农业的产量增长缓慢，农业得不到很好的发展，这从而又反过来阻碍了农业技术的进步以及生产工具的创新。于是，传统农业的自身发展陷入恶性循环之中。传统农业在向现代农业发展过程中面临着确保农产品总量、调整农业产业结构、改善农产品品质和质量、生产效益低下、资源严重不足且利用率低、环境污染等问题，而不能适应农业持续发展的需要。因此，关于智能农业技术的研究，显得非常必要与重要。

近年来，随着智能农业、精准农业的发展，智能感知芯片、移动嵌入式系统等物联网技术在现代农业中的应用逐步拓宽。在监视农作物灌溉情况、土壤空气变更、畜禽环境状况以及大面积地表检测，收集温度、湿度、风力、大气、降水量，有关土地的湿度、氮浓缩量和土壤 pH 值等方面，物联网技术正在发挥出越来越大的作用，从而实现科学监测，科学种植，帮助农民抗灾、减灾，提高农业综合效益，促进现代农业的转型升级。

在传统农业中，人们获取农田信息的方式很有限，主要是通过人工测量，获取过程需要消耗大量的人力，而通过使用无线传感器网络可以有效降低人力消耗和对农田环境的影响，获取精确的作物环境和作物信息。在现代农业中，大量的传感器节点构成了一张张功能各异的监控网络，通过各种传感器采集信息，可以帮助农民及时发现问题，并且准确地捕捉发生问题的位置。这样一来，农业逐渐地从以人力为中心、依赖于孤立机械的生产模式转向以信息和软件为中心的生产模式，从而大量使用各种自动化、智能化、远程控制的生产设备，促进了农业发展方式的转变。

一、农业物联网的概念定义

物联网技术在各行各业中发挥着越来越重要的作用，其中就包括农业。将物联网技术与农业生产的深度结合就形成了一个专业分支——农业物联网。农业物联网是通过对农作物生命体特征、生长环境（土壤、水质、气候等）从宏观到微观的实时监测、跟踪、控制，提高对农业动植物生命体本质的认知能力、农业复杂系统的调控能力和农业突发事件的处理能力，达到合理使用农业资源、降低生产成本、改善生态环境、提高农产品产量和品质的目的。如图 2-4 所示，农业物联网是物联网、传感网、智慧网以及信息技术和农业技术高度融合的产物。

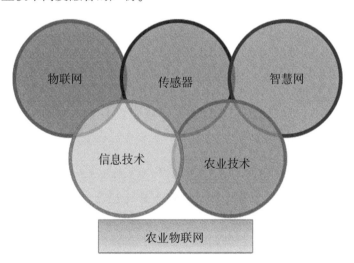

图 2-4 农业物联网的技术组成

农业物联网具有以下基本功能。

生命感知：农业动植物生命体本质的认知能力。

环境监测：农业生产环境（空气、土壤、水质等）在线监测。

自动控制：农业复杂系统的调控能力和农业突发事件的处理能力。

定位追踪：农资、农产品流通过程的监管与控制能力。

指挥调度：基于农业生产环境信息的农业装备的调度、派遣能力。

统计决策：基于对联网信息的数据挖掘和统计分析，提供决策支持和统计报表的能力。

二、农业物联网关键技术

农业物联网要在农业生产中发挥重要作用，需要以下几方面关键技术的支撑（图2-5）。

1. 传感器技术

通过声、光、电、热、力、位移、湿度等信号来感知现实世界，是物体感知物质世界的"感觉器官"。例如，植物生命体感知，通过使用热红外技术，以非接触、低成本的作物冠层温度传感器，实时获取冠层区域的平均温度。接触式传感器获取叶面温度、湿度和植物茎流、果实膨大等特征信息。环境感知，设施农业环境传感器系列，感知温室环境空气温湿度、土壤温湿度、光照、二氧化碳、露点等信息。远程田间环境、图像信息监测系统，同时集成高清图像及双向语音对讲，达到大田作物生长环境多态信息测量。农业墒情监测设备，电容式土壤水分传感器、土壤水分温度一体式传感器、多剖面土壤水分监测设备等，集成多种传感器，监测农业生产环境水分状况，为建设节水农业提供数据支撑。

2. 网络通信技术

物联网物理系统的状态数据和应用服务的反馈信号传输的基础。网络传输对于物联网系统"物物相连"和应用服务的衔接至关重要，是不可替代的关键技术。农业物联网信息融合、知识发现、异构网络接入等技术，以及低功耗、低损耗是当前研究的重点。农业物联网通信主要分为有线和无线两种方式，有线传输主要以光纤、双绞线和同轴电缆为传播介质，稳定性强。无线传输接入方式灵活、不易受地域和人为因素干扰、适合野外测量等优点使无线传输逐渐成为农业物联网信息传输的主要手段。短距离无线传输（蓝牙、ZigBee）主要应用于设施农业生产，长距离无线传输（GSM/GPRS、3G）主要应用于大田农作物生产。

3. 自动控制技术

接收执行命令到控制执行器进行执行动作，最终影响物理实体状态，形成从物理世界到信息空间再到物理世界的循环过程。农业智能控制设备具有对室内外环境数据（温度+湿度，T&H可选）的实时测量、显示、存储以及对现场环境调控设备（包括正反转型、开关型）的条件控制，同时还扩展了多语言、多控制条件、多模式以及历史数据查询等附加功能。

4. 信息处理技术

对感知数据采集信息的处理、分析和决策，实现对物理实体的有效监控与管理。农业生产是一个开放的环境，农作物的不同种类、同一种类的不同品种在生长过程中所需的环境条件不同，同时动植物是具有不同特征的生命体，在不同的生育期，同一生育期的不同时间，对环境条件也有不同要求，因此农业生产是一个复杂、多变、系统化的工程。对获取的传感数据根据不同作物（动物）、不同品种、不同生育时期、昼夜生长规律，进行分析、处理、决策，因地制宜、因时制宜，以适应多变环境和生命体个性要求，作为对环境调控的依据。

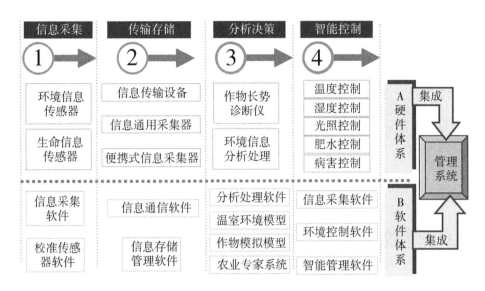

图 2-5　农业物联网关键技术组成

三、农业物联网的应用案例

农业物联网的应用主要包括设施农业物联网、大田农业物联网、畜禽养殖物联网、水产养殖物联网、农资流通物联网、农产品流通物联网、农产品质量安全监管与溯源物联网等（图 2-6）。

1. 设施农业物联网

主要研究设施农业物联网专用感知器件的低功耗、低成本、微型化实现方法和技术；通过控制和执行系统，研究基于设定的条件、参数进行温室的施肥、灌溉、开闭门窗、升降温和光照调整等自动控制技术；研究适用于农业环境的无线供电模型，探索农业传感器电源的无线传输模式；研究农业物联网传感器应用环境的风能、太阳能、波浪能、谐振能等能量的实时、快速获取和转化技术。

比如在温室环境控制方面，本书作者所在团队曾研发成功了一套基于 Wi-Fi 的温室环境远程监控系统，针对目前设施农业生产的现实需求，将物联网技术引入到温室环境监控中，实现对传统温室大棚环境参数的远程监测与控制。在监控设备与互联网连接的方式上，综合分析了 GPRS、4G、以太网等接入方式的优劣，选取具有较大优势的 Wi-Fi 技术实现设备的联网，并在此基础上开发完成了温室环境监控设备及相应的手机 App。用户可以在控制设备没有按键和显示屏的条件下通过手机 App 配置 Wi-Fi 模块接入云平台，继而使用 App 随时随地对其关注的温室环境参数进行监测与无延时控制。系统架构如图 2-7 所示。

本系统针对温室环境的监测和远程控制而开发，主要功能为温室的空气温度采集、

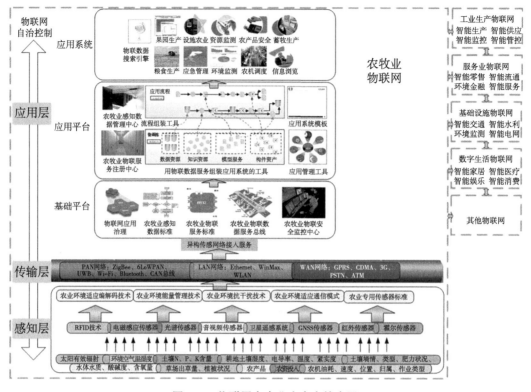

图 2-6 物联网在农业生产中的应用

空气湿度采集、温室光照强度采集、采集数据实时远程传输、灌溉水阀的远程控制、天窗开关的远程控制、通风远程控制、补光灯远程控制等，所有远程数据的传输均通过Wi-Fi 网络实现。

以 MCU（Microcontroller Unit，微控制单元）为核心的本地系统将采集的传感器数据上传给 Wi-Fi 模块，Wi-Fi 模块通过无线路由器将数据发送到云服务器继而展示给用户终端，用户终端可以是手机 App，也可以是电脑客户端、浏览器、微信小程序等多种形式。如果想要调控温室的某个参数，可以通过用户终端将控制命令发送到云服务器，进而通过 Wi-Fi 网络传送给 MCU，从而通过具体执行机构实现对相应环境参数的控制。

图 2-8 所示为系统硬件结构图。硬件系统为基于 ARM 处理器的嵌入式系统，组成包括 STM32F103 微控制器、空气温湿度传感器、光照度传感器、ESP8266 Wi-Fi 模块、继电器、灌溉阀门、补光灯、排气扇、天窗开闭电机、市电或太阳能供电系统等。通过这些组件实现温室空气温度采集、温室空气湿度采集、温室光照强度采集、采集数据实时远程传输、灌溉水阀远程控制、天窗开关远程控制、通风远程控制、补光灯远程控制等。

需要特别指出的是，本系统通过两级继电器实现对温室设备的控制，由于 STM32主控制器的驱动能力最大为 5V（常规 3.3V），所以与主控制器直接相连的是第一级继电器：干簧管继电器，该继电器可由为控制器的 IO 口直接驱动，控制信号经干簧管继电器进入驱动能力更强的第二级继电器，继而实现对大功率设备的开关控制。本系统还有一个特别的设计，即实时检测被控设备的工作状态，从而知道控制命令发出后对设备的控制是否达到相应的效果。实现方法为在灌溉阀门、补光灯、排气扇等设备电路中加装电流传感器，以检测这些设备是否在工作以及工作是否异常（如电流是否超过额定值）。

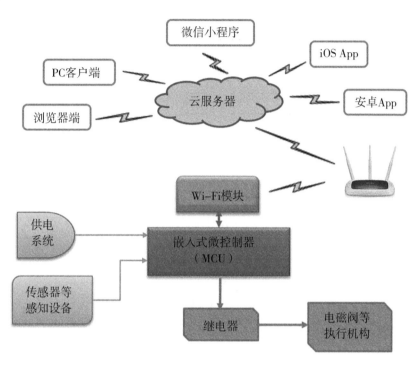

图 2-7 基于 Wi-Fi 的温室环境控制系统结构

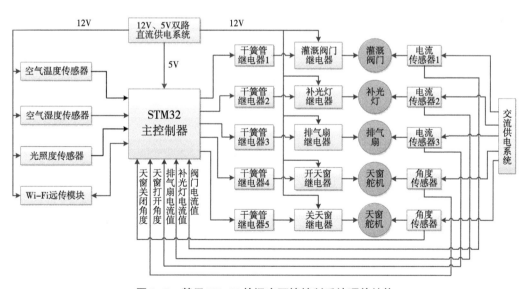

图 2-8 基于 Wi-Fi 的温室环境控制系统硬件结构

2. 大田农业物联网

研究大田环境自动监控系统，实现农作物形态、营养、水分、温度等农业数据采集和自组织传输，根据土壤墒情进行自动按需灌溉，从而达到节约农业用水的目的；针对大田农业物联网苗情监测面积大，监测周期长，感知节点众多的特点，研究传感器节点优化部署方法，开展基于农业物联网实时感知数据改进现有农学模型方法的研究。

在大田物联网方面，作者团队曾主持研发了一套滩涂盐碱度在线监测系统。土壤盐碱度是农业生产关注的一个重要指标。为了满足精细农业及生态环境保护对土壤盐碱度长期观测的需求，解决土壤盐碱度采样测量周期长、费用高的痛点，针对长三角滩涂地区的作物种植及土壤修复，研发了一套滩涂土壤盐碱度在线监测系统，该系统使用太阳能供电系统，采用免维护数字传感器，可长期布置在监测区域内进行土壤温度、湿度和盐碱度数据的采集，采集数据既可以本地存储至 SD 卡，又可以通过 4G 网络实时远程传输至云服务器。

沿海滩涂等需要进行土壤盐碱度长期监测的地方，其环境特征为无网无电的野外。因此，本系统设计为由太阳能供电和无线通信的盐碱度数据采集系统。如图 2-9 所示为系统的总体架构，以云服务器为中心，每个子节点都可以通过其自身配备的 4G 模块和移动通信基站进行 TCP 连接和数据传输。子节点负责土壤盐碱度数据的采集、本地存储以及远程传输，云服务器负责数据的接收、存储和展示。图 2-10 所示为子节点实物照片，为实现随时布设和收起，每个子节点都有独立的太阳能供电系统和远程通信系统，且子节点之间不建立任何连接关系，各自独立工作，因此一个监测区域内可根据需要在任意位置布设任意数量的子节点。

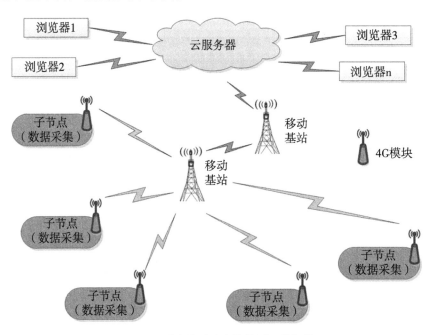

图 2-9　滩涂盐碱度在线监测系统架构

截至目前，系统在无人值守和免维护的情况下已稳定运行近3年，采集到5个监测点超4万条土壤盐碱度数据，可用于长期观察盐碱度和植物生长的相互作用，以便于改良土壤和提高农产品品质。本系统的成功研制和投入使用，大大提高了沿海及其他露天地区土壤盐碱监测的实时性和便利性，系统可以在无人值守和免维护的状态下自主稳定运行，每个监测点都采用太阳能和锂电池供电，数据可远程传输和本地存储，数据采集子节点可根据需要布设在监测区域的任意位置并且可以根据需要随时移动。监测数据既可用于根据不同作物对土壤 EC 值和 pH 值的需求来指导作物种植，也可以用于指导盐碱地的土壤修复，为农业科研人员和生产人员在精准农业和数字农业上的研究提供可靠和便捷的数据来源，为农业物联网的推广应用进行了积极探索与实践。

图 2-10　滩涂盐碱度在线监测子节点

3. 畜禽养殖物联网

畜禽养殖物联网主要用来监测控制畜舍环境和养殖园区环境信息，使养殖场能够保持通风、温湿度适宜、空气质量状况良好，还可用于动物身份识别，对动物个体每天的饮水量、进食量、运动量、健康特征、发情期等重要管理信息进行记录与远程传输，实现动物疫情预警、疾病防治及健康养殖管理。

本书作者团队曾研发成功多套畜禽养殖相关的农业物联网系统，比如基于 4G 通信的种猪采食量及生长速度远程监测系统、种猪养殖场环境远程监测系统等。其中种猪养殖场环境远程监测系统基于 4G 无线通信技术设计实现了一套种猪养殖场环境远程实时监测系统，该系统利用 ARM 嵌入式处理器采集养殖场内的温度、湿度、光照度、二氧化碳浓度、氨气浓度等环境参数，使用 DTU 通过 TD-LTE 模式的 4G 移动通信网络进行数据的远程实时传输。利用数据库技术、云服务器技术和 B/S 架构技术实现数据的存储、发布和多终端可视化展示。

种猪养殖场环境不仅影响种猪健康、生产性能和畜产品安全，而且是决定养殖场生存的主要因素。种猪养殖场环境参数的监测是保证养殖场可持续发展的重要工作。目前规模化养殖场的环境监测主要依赖第三方技术人员的现场检测，不仅监测成本高，而且没有连续性，对于养殖场突发环境变化不能给予应急管理方案。另外，按照规模化养殖场生物安全管理条例，场外人员进入生产区必须进行 1 周时间的隔离，给第三方检测造成诸多不便。因此，本系统的目的是，在不影响种猪养殖场正常工作的前提下自动不间断记录养殖场内的温度、湿度、光照度、二氧化碳浓度、氨气浓度等环境参数。并且使用现有的 4G 移动通信网络将采集的数据实时远程传输到后台云服务器，进而通过浏览器展现给相关养殖人员和科研人员，使他们能够更加及时准确地掌握种猪养殖场的环境状况，同时降低监测成本，保障种猪养殖的可持续发展。

种猪养殖场环境远程监测系统架构如图 2-11 所示。系统为畜禽养殖场环境在线监测系统，监测参数除常用的温度、湿度外，还包括气流速度、光照度、二氧化碳浓度、氨气浓度、硫化氢浓度和粉尘，共 8 种环境参数，7 种传感器，7 种传感器为 1 组布置在一个监测点上，传感器在畜禽养殖场内的安装位置采用如图 2-12 所示的平面九点布局方法，即每个畜禽场内布置 9 组，图中一个带线的圆点表示一组传感器，9 组传感器沿空气流动方向排列为 3 排，以便均匀覆盖所有养殖区域和计算均值，减小空气流动和阳光照射不均对环境参数造成的影响。该布局方式中每组传感器离地高度为 1.5m，既尽量靠近畜禽又减小畜禽呼吸对测量值的干扰且可避免畜禽对传感器进行啃咬。目前该系统已在某大型猪场稳定运行近 6 年。

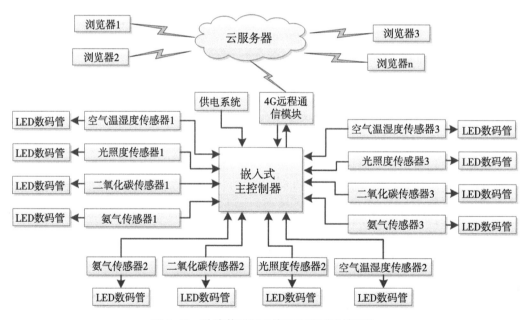

图 2-11 种猪养殖场环境远程监测系统架构

以上列举了作者团队研发的部分农业物联网系统，类似的案例还有很多，限于篇幅

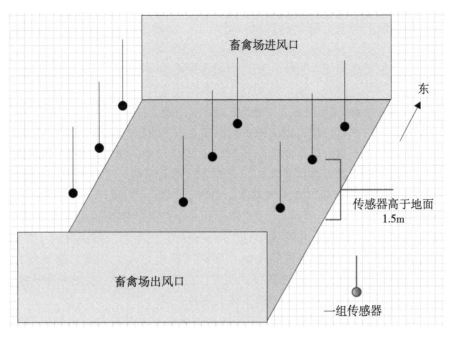

图 2-12　种猪养殖场环境远程监测系安装布局

不再详述。总之，随着物联网技术的发展，基于物联网的智能精确农业系统终会将精确农业从概念化转化为产业化，更专注于应用领域和产品化，力图为智能精确农业的大规模推广应用打下良好的基础。

第三节　基于物联网的大田智能灌溉系统

如前文所述，作者所在团队在农业物联网的多个环节进行了应用研究，也研发出了多套农业物联系统并投入了实际使用，为设施农业、大田农业和畜牧业环境数据的快速便捷获取和相关设备的远程控制提供了有效的解决方案。但归结起来这些系统还是以数据的监测为主，且应用的规模有限，所以笔者团队一直在探索农业物联网更大的应用空间。

从本书第一章灌溉的发展史可见，灌溉虽已有几千年的发展史，但及至今日，除设施农业的灌溉基本实现现代化和半智能化外，占我国耕地面积绝大多数的大田农业上，其灌溉系统还基本处于原始状态，田间放水员的工作依然体现出辛苦和劳累状态，这在我国人口老龄化的日趋严重、人口红利即将消失、农业劳动力日益缺乏的当下，使得灌溉管水工作出现用工荒的趋势继续加剧。

劳动力的匮乏以及从业人员年龄结构老化对于传统的大田灌溉是亟须解决的问题。从种植业的"耕、种、管、收"四个环节来说，"耕、种、收"三个环节已经实现机械化，甚至无人化，而"管"环节周期长、劳动强度大，还基本处于以人力为主的状态，主要原因就是农田基础设施薄弱，供电及通信覆盖弱，田间灌溉自动化、智能化普及率低。所以大田灌溉上劳动力短缺的问题日益突出，这就亟须一种新的灌溉模式来改变现状。

正是基于大田灌溉的这一现状，笔者根据多年在农业生产一线从事信息化工作的经历以及农业物联网开发经验，决定基于农业物联网技术开发一套大田智能灌溉系统，以解决当前大田灌溉管理上的痛点。将物联网技术应用到大田灌溉中，对每个灌溉闸门/阀门进行网联化改造，使控制可以远程进行，管水员足不出户就能通过手机进行闸门/阀门的开关控制，以及通过相应的传感器监测田间持水量，据此对闸门/阀门进行精准控制，用自动化、智能化装备代替人工，促进人均管水面积从百亩到万亩的跃变。

实现基于物联网的大田智能灌溉系统，难点在于大田面积巨大，灌溉闸门数量众多，导致所需的控制节点数量也巨大，这就需要一个庞大的网络系统将所有节点加入物联网系统中来。另外，由于大田环境多是无网无电的荒郊野外，解决分散布置在每个灌溉闸门/阀门上的智能灌溉控制器的供电和联网问题也是一大难题。笔者所在团队自2019年起就开始进行大田智能灌溉系统的研究，截至本书成稿，系统研发已基本结束，形成了一套可投入使用的大田智能灌溉系统软硬件产品。

如图 2-13 所示为本书所研究的大田智能灌溉系统的总体框架。系统以智能灌溉可视化分析管理云平台为中心，以双模智能灌溉控制器为终端节点，组成一个既可远程控制又可本地操作的大型灌溉控制系统。为在无网无电的大田中实现对每个田块闸门/阀门的控制，系统设计的控制器采用无线通信和光伏供电，通信和供电均实现了无线化，只需对传统闸门增加一些机械结构即可实现远程精准控制。

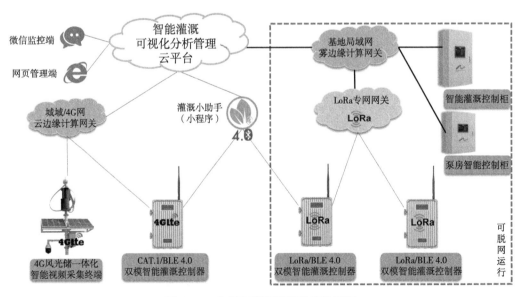

图 2-13 大田智能灌溉系统总体框架

双模智能灌溉控制器可以通过两种方式与云平台建立连接，一种是搭载 LoRa 无线模块，与 LoRa 专网网关组成一个无线局域网，LoRa 专网网关通过基地局域网接入云平台从而实现远程控制；另一种是搭载 4G CAT.1 低成本通信模块，直接通过附近的移动通信基站接入互联网，进而与云平台建立连接实现远程通信。

　　除智能灌溉控制器外，系统还配置了泵房智能控制柜，用于对灌溉泵房进行远程控制和管理。配置了 4G 风光储一体化智能视频采集终端用于对大田环境进行视频监测，通过太阳能、风能以及锂电池为监控摄像头供电，摄像头通过 4G 网络直接与云平台建立连接。系统的日常使用是通过微信小程序或者网页版客户端进行操作的，可进行远程的开关闸操作以及监控视频查看。另外，还配置了灌溉小助手 App，用于从云平台获取配置信息对智能灌溉控制器进行参数配置，并将配置结果和运行参数传输给云平台。

　　大田智能灌溉整体系统框架采用了云平台技术，可以通过公网及私网的方式进行远程集中控制与监测；同时还支持私有网络的方式，通过在应用现场部署的 LoRa 专用网关实现独立组网。当外部网络发生故障的时候，即系统无法与云平台通信的情况下，可以利用现场的智能灌溉控制柜对私网内的所有设施进行集中控制管理。如果私网也发生故障，用户可以通过灌溉小助手以蓝牙通信的方式在现场进行应急操控，同样公有网络设备也可以采用相同的应急操控方式。系统各个模块的实现原理将在本书后续章节中详细论述。

第三章　灌溉闸门/阀门控制技术

第一节　灌溉闸门/阀门的分类

闸门/阀门的形式取决于输送灌溉水所用渠道的形式，对于大田灌溉而言，目前输水主要分为渠道和管道两大类。

管道式灌溉系统一般由输水系统和配水系统组成，其输水系统一般采用塑料管、铸铁管、钢筋混凝土管或其他硬管；配水系统一般采用PVC硬管，此外还可辅助送水螺栓和移动软管等田间配套设施。

通常按其可动程度，将管道灌溉系统分为固定式、半固定式和移动式三种类型；根据不同的管道压力和灌溉方式，管道灌溉系统可分为喷灌系统、滴灌系统和低压管道输水灌溉系统等。其中，用得比较广泛的是低压管道输水灌溉，也称管道输水灌溉（图3-1），在田间灌水技术上，仍属于地面灌溉类。

图3-1　管道输水灌溉

管道输水是利用管道将水直接送到田间灌溉，以减少水在明渠输送过程中的渗漏和蒸发损失。发达国家的灌溉输水以及目前我国北方井灌区的输水方式以管道输水为主。据了解，管道输水，水的利用系数可提高到 0.95；节电 20%~30%；省地 2%~3%；增产幅度 10%。目前，如采用低压塑料管道输水，不计水源工程建设投资，每亩平均投资为 100~150 元。但是，管道输水仅仅减少了输水过程中的水量损失，而要真正做到高效用水，还应配套喷灌、滴灌等田间节水措施。目前尚无力配套喷、滴灌设备的地方，对管道布设及管材承压能力等应考虑今后发展喷灌、滴灌的要求，以避免造成浪费。

除部分地区使用管道灌溉外，我国绝大部分灌区的农田灌溉主要输水手段是渠道。灌溉渠道是连接灌溉水源和灌溉土地的水道。把从水源引取的水量输送和分配到灌区的各个部分。在一个灌区范围内，按控制面积的大小把灌溉渠道分为干渠、支渠、斗渠、农渠、毛渠等 5 级。地形复杂、面积很大的灌区还可增设总干、分干、分支、分斗等多级渠道。面积较小的灌区可以减少渠道级数（图 3-2）。

图 3-2 各式各样的灌溉渠道

灌溉渠道可分为明渠和暗渠两类。明渠修建在地面上，具有自由水面；暗渠为四周封闭的地下水道，可以是有压水流或无压水流。明渠占地多，渗漏和蒸发损失大，但施工方便，造价较低，因此应用最多。暗渠占地少，渗漏、蒸发损失小，适用于人多地少地区或水源不足的干旱地区。但修暗渠需大量建筑材料，技术较复杂，造价也较高。

灌溉渠道需具有一定的过水能力，以满足输送或分配灌溉水的要求；同时还必须具有一定水位，以满足控制灌溉面积的要求。灌溉渠道的数量多，工程量大，影响面广，因此除应有合理的规划布局外，还应对其设计流量、流速、坡降以及纵横断面尺寸等进行精心设计。

针对渠道和管道这两大类输水方式，相应的灌溉开关结构分为两种。针对渠道使用的通常被称为闸门；针对管道使用的通常被称为阀门。

阀门是用来开闭管路、控制流向、调节和控制输送介质的参数（温度、压力和流量）的管路附件。根据其功能，可分为关断阀、止回阀、调节阀等。蝶阀是用圆盘式启闭件往复回转 90°左右来开启、关闭或调节介质流量的一种阀门。蝶阀不仅结构简单、体积小、重量轻、材料耗省、安装尺寸小、驱动力矩小、操作简便，并且具有良好的流量调节功能和关闭密封特性，是近十几年来发展最快的阀门品种之一。

阀门是流体输送系统中的控制部件，具有截止、调节、导流、防止逆流、稳压、分流和溢流泄压等功能。用于流体控制系统的阀门，从最简单的截止阀到极为复杂的自控系统中所用的各种阀门，其品种和规格相当繁多。对于大田灌溉系统而言，灌溉管道上使用较多的是蝶阀。现有的蝶阀多为手动方式，要实现大田智能灌溉，需将手动蝶阀改造或更换为电动蝶阀（图 3-3）。

图 3-3　手动蝶阀和电动蝶阀

对于渠道灌溉系统的控制，则需要操作的对象为闸门。传统的渠道灌溉开关方式主要有两种，一种是在水稻田与水渠之间的田埂上挖一个通水口，灌溉完毕后再用泥土将通水口堵住；另一种是在水稻田与水渠之间的田埂开设一个通道，采用装有泥土的塑料袋进行封堵。这两种方式操作不便，容易污染农民衣物。为此，现在农田的进排水渠上都安装了闸门进行进排水控制（图 3-4）。

同样，现有的闸门都是以手动控制为主，干渠闸门通过转动丝杆来抬升或放下闸门板；农渠闸门则直接用手从闸门框中拉出或插入挡板，以实现闸门的开关控制。这些现有的闸门均无法实现自动控制和远程控制，因此，要实现大田智能灌溉就必须对这些原始状态的闸门进行电气化改造。

干渠闸门的改造方法是加装蜗杆电机，通过电机的转动来推动丝杆移动，通过改变电机的正反转方向来实现闸门的开启和闭合。如图 3-5 所示，为蜗杆电机驱动系统实物图，电机的正转反转分别控制丝杆上行下行，继而抬起或放下闸门板。同时，再根据闸门板长度在丝杆相应位置加装接近开关，使丝杆运行到相应位置时可触发接近开关继而切断电机电源，从而实现行程控制。

图 3-4　干渠和农渠闸门

图 3-5　干渠蜗杆电机驱动丝杆

　　图 3-4 右侧所示农渠的改造方式与干渠不同,农渠的简单结构不适于使用蜗杆电机进行驱动,既大材小用又增加成本。解决方案是将挡板改为波纹软管,如图 3-6 所示,整个闸门由硬质导管、波纹软管、波纹软管固定环、支架、推杆电机组成。波纹管的两端分为自由端和固定端,固定端固定在原闸门的出水口中,起到输水和防漏的作用;自由端可由电机抬起和放下,闸门的开关通过推杆电机的伸缩带动波纹软管自由端的放下和抬起来实现,由于波纹软管的材质较轻,所以配置的推杆电机只需 12V 小功率电机就能驱动,大大降低了闸门改造的成本。图 3-7 为农渠闸门改造后投入使用的实拍图。

图 3-6　农渠软管闸门改造模型

图 3-7　农渠软管闸门应用

以上只是对干渠和农渠闸门进行了分类介绍，实际灌溉中可能还会遇到其他小众类型的特殊闸门/阀门，比如电磁阀等，但无论哪种类型的闸门/阀门，要实现对其控制的自动化和远程化，都必须进行电气化改造，即通过加装各种适宜的电机进行驱动。而大田智能灌溉系统对灌溉闸门/阀门的控制也就转化为了对闸门/阀门上驱动电机的控制，所以在本书后续章节的介绍中，凡是对闸门/阀门的操作也就等同于对闸门/阀门上驱动电机的操作。

第二节　嵌入式闸门/阀门控制系统——智能灌溉控制器

大田智能灌溉系统的核心功能即实现大田灌溉闸门/阀门的控制，这就需要一套适宜大田环境的闸门/阀门控制系统。在工业上，闸门/阀门控制有很成熟的产品，比如工控机等控制设备，但这些通用的计算机控制设备并不适用于农业环境，尤其是农业大田这种露天开放的户外环境。这种环境高温、高湿、多尘，直接将工业控制设备拿来用的话，设备很容易损坏或降低寿命。

另外，前文也曾提到，大田环境还有两个特点，即无网络覆盖、无电力覆盖。这也是与工业环境截然不同的地方，所以必须研发一款农业大田环境专用的闸门/阀门控制系统才能实现大田灌溉的智能化。通过多次调研和论证，综合考虑大田环境的特点，我们最终选择了基于嵌入式计算机系统开发一款大田环境专用的智能灌溉控制器。

一、嵌入式计算机系统简介

嵌入式计算机是一种可以嵌入被控对象内部的专用计算机系统。通常，按照计算机系统的体系结构、运算速度、结构规模、适用领域，可将其分为超级计算机、大型机、中型机、小型机和微型计算机，并以此来组织学科和产业分工。这种分类沿袭了大约40年（图3-8）。

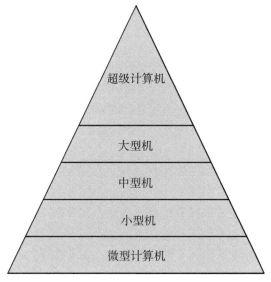

图3-8　传统计算机系统分类金字塔

近 10 年来，随着计算机技术的迅速发展，实际情况发生了根本性的变化。例如，20 世纪 60 年代末期定义的微型计算机，即个人计算机（Personal Computer），如今占据了全球计算机工业中 90%的市场份额，计算能力和处理速度也超过了当年的大中型计算机。随着计算机技术和产品对其他行业的渗透，以应用为中心进行分类的方法变得更切合实际。

按计算机的应用可分类为嵌入式计算系统（或称为嵌入式系统）和通用计算机系统。通用计算机系统具有计算机的标准形态，可以装配不同的应用软件，以雷同面目出现并应用在社会的各个方面，其典型产品为 PC；嵌入式（计算）系统以嵌入的形式隐藏在各种装置、产品和系统中，如手持的数码相机、微型工业控制计算机等。在应用数量上嵌入式系统远远超过了通用计算机系统。例如，一台通用计算机系统的外部设备——光驱、显卡、显示器、网卡、调制解调器、声卡、打印机、扫描仪、数字相机、USB 集线器等均是由嵌入式处理器控制的。在应用领域方面，嵌入式系统的应用领域非常广泛，包括工业制造、过程控制、通信、仪器、仪表、汽车、船舶、航空、航天、军事装备、消费类产品等领域。可以说，嵌入式系统无处不在。

那么究竟什么是嵌入式计算机系统呢？IEEE（国际电气和电子工程师协会）给出的定义是嵌入式系统是用于控制、监视或者辅助操作机器和设备的装置。此定义是从应用上考虑的，嵌入式系统是软件和硬件的综合体，还可以涵盖机电等附属装置。目前，普遍认可的一般定义：嵌入式系统（Embedded System）是以应用为中心，以计算机技术为基础，软件硬件可裁剪，对功能、可靠性、成本、体积、功耗要求严格的专用计算机系统。

1. 嵌入式系统的四要素

定义给出了嵌入式系统包含的 4 个要素。

（1）以应用为中心。嵌入的目的是提高产品的功能和性能、降低成本和体积等，独立于应用而自行发展则会失去市场。

（2）以计算机技术为基础。这两个要素对从事嵌入式技术的人员提出了较高要求一方面应具备扎实的计算机科学与工程专业的知识，同时还需要掌握相关应用行业的领域知识。嵌入式技术的开发人员应该是跨专业综合性人才。

（3）软件硬件可裁剪。需要针对用户的具体需求进行高效率的设计，需要选择嵌入式处理器的种类型号，对其芯片的配置进行裁减或扩展，实现理想的资源组合和较低的成本。嵌入式软件的各组件或模块设计需量体裁衣，去除冗余，力求在有限的硬件资源环境下实现更高的性能。

（4）对功能、可靠性、成本、体积、功耗要求严格。这些也是各个半导体厂商之间竞争的热点。

术语"嵌入式"反映了嵌入式系统通常是更大系统中一个完整的部分，更大系统称为"嵌入的系统"，"嵌入的系统"中可以共存多个嵌入式系统。如图 3-9 所示为嵌入式系统的组成模块，对于简单的嵌入式应用而言，嵌入式操作系统为可选项。

2. 嵌入式系统

相对通用计算机系统而言，嵌入式系统有以下基本特征。

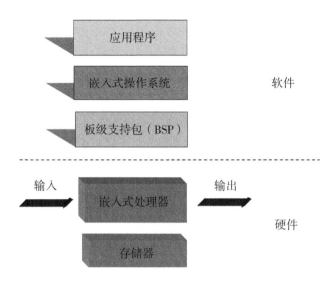

图3-9　嵌入式系统组成

（1）专用性。嵌入式系统采用专用的嵌入式处理器，嵌入式处理器与通用处理器的最大不同就是嵌入式处理器大多工作在为特定用户群设计的系统中，它通常都具有低功耗、体积小、集成度高等特点，能够把通用处理器中许多由板卡完成的任务集成在芯片内部，从而有利于嵌入式系统设计趋于小型化，移动能力大大增强，与网络的耦合也越来越紧密，同时有利于降低成本。同时，嵌入式系统的功能算法也具有专用性，嵌入式系统是面向具体用户和具体应用的，因此它总是被设计成为完成某一特定任务，一旦设计完成一般不再改变，因此嵌入式系统产品一旦进入市场，具有较长的生命周期。

（2）小型化与有限资源。嵌入式系统结构紧凑、坚固可靠，计算资源（包括处理器的速度和资源、存储容量和速度等）有限。一是资源约束，与通用操作系统相比，嵌入式操作系统的内核很小（VxWorks内核最小为8kB）；二是空间约束与专用性，嵌入式系统的软件（包括操作系统和应用程序）通常固态化存储在ROM、FLASH或NVRAM中，对该软件的升级是使用专用烧录机或仿真器重写这些程序。

（3）系统软硬件设计的协同一体化。由于硬件与软件的相互依赖性强，因而一般硬件和软件要进行协同设计（Co-Design），量体裁衣，去除冗余，力争在同样的芯片面积上实现更高的性能。同时，应用软件与操作系统也是一体化设计开发的。嵌入式系统是为特定的应用而设计的，嵌入式系统的配置不同，其操作系统和应用软件的配置也需同时进行裁减。两者是作为一个整体一起编译链接后下载到目标机中运行（当然，有些嵌入式操作系统支持动态链接应用程序）。

（4）软件开发需要交叉开发环境。受到系统资源开销的限制，采用交叉开发环境。由宿主机（Host）和目标机（Target）组成，宿主机作为开发平台，目标机作为执行机，宿主机可以是与目标机相同或不相同的机型。该环境下应配备完整的实时软件开发工具，如高级语言编译器、在线调试器和在线仿真器等。因此，嵌入式实时软件开发过程较为复杂。

二、嵌入式闸门/阀门控制系统

由上节论述可知，基于嵌入式技术开发闸门/阀门控制系统将是最好的选择，可以根据大田灌溉控制的需求选取一款合适的嵌入式主控芯片，该芯片不需要很强的计算能力，只需要包含闸门/阀门控制所需要的基本功能单元即可，从而尽可能地降低硬件成本。芯片选定之后即可在该芯片上开发应用软件，实现大田闸门/阀门控制的所有功能，并且可以根据实际需求进行不断的改进和更新。

如图 3-10 所示，嵌入式闸门/阀门控制系统的核心是主控芯片，目前市场上的主控芯片种类繁多，计算能力和外设资源也千差万别，单价也从几元跨越到几百元。由于大田里的闸门/阀门数量众多，所以闸门/阀门控制系统所需的主控芯片数量也较多，这就要求我们必须考虑其成本问题，必须选取一款既能满足控制需求又价格尽量低的主控芯片，量体裁衣，去除冗余，力求在有限的硬件资源环境下实现更高的性能。芯片的选型首先要从精确的需求分析做起。

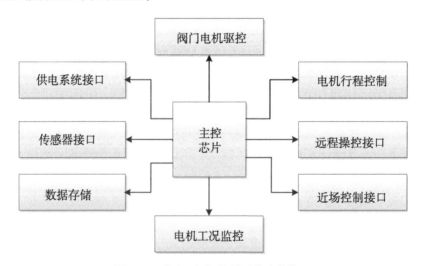

图 3-10 闸门/阀门控制系统功能接口

系统首先要实现的基本功能为闸门/阀门电机的控制，闸门/阀门只有开和关两种操作，所以对闸门/阀门电机的控制就是正转或反转，只需要占用主控芯片的 2 个 IO 口；电机工况监控使用 IIC 接口的电流电压监测芯片，需要占用至少 2 个 IO 口；近场控制通过串口连接蓝牙模块实现，需要占用 1 个 USART（占用 2 个 IO 口）；远程操控通过串口连接无线模块实现，需占用 1 个 USART（占用 2 个 IO 口）；传感器接口通过 485接口实现，需占用 11 个 USART（占用 2 个 IO 口）；数据存储在外接 FLASH 芯片中，需占用一个 SPI 接口（占用 4 个 IO 口）；电机行程控制通过定时器实现，需占用 1 个Timer 的 2 个 IO 口。另外，考虑到节省外壳、电池、光伏板等成本，闸门/阀门控制系统设计为一个控制器控制两路电机，故而所需要的芯片 IO 口数量大约为 20 个，最终选取意法半导体集团生产的 STM32F103C8T6 作为嵌入式闸门/阀门控制系统的主控芯片

（图 3-11）。

图 3-11 STM32F103C8T6 芯片外观

图 3-12 展示了芯片命名中各个部分的含义，STM32F103xC、STM32F103xD 和 STM32F103xE 增强型系列使用高性能的 ARM$^©$ Cortex^{TM}-M3 32 位的 RISC 内核，工作频率为 72MHz，内置高速存储器，丰富的增强 I/O 端口和连接到两条 APB 总线的外设。所有型号的器件都包含 3 个 12 位的 ADC、4 个通用 16 位定时器和 2 个 PWM 定时器，还包含标准和先进的通信接口：2 个 IIC、3 个 SPI、2 个 IIS、1 个 SDIO、5 个 USART、1 个 USB 和 1 个 CAN。STM32F103xC 增强型系列工作的温度范围为 -40~105℃，供电电压为 2.0~3.6V，一系列的省电模式保证低功耗应用的要求。

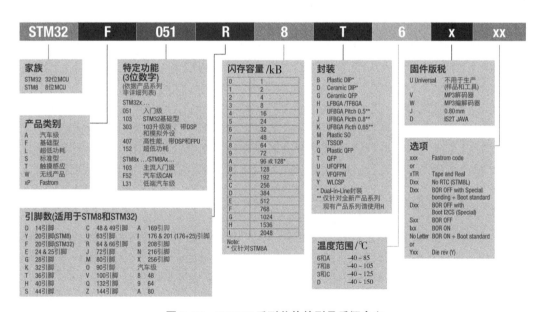

图 3-12 STM32 系列芯片的型号后缀含义

ARM 的 Cortex™-M3 处理器是最新一代的嵌入式 ARM 处理器，它为实现 MCU 的需要提供了低成本的平台、缩减的管脚数目、较低的系统功耗，同时提供卓越的计算性能和先进的中断系统响应。ARM 的 Cortex™-M3 是 32 位的 RISC 处理器，提供额外的代码效率，在通常 8 位和 16 位系统的存储空间上发挥了 ARM 内核的高性能。STM32F103xC、STM32F103xD 和 STM32F103xE 增强型系列拥有内置的 ARM 核心，因此它与所有的 ARM 工具和软件兼容。

STM32F103xx 是一个完整的系列，其成员之间是脚对脚兼容，软件和功能上也兼容。STM32F103xC、STM32F103xD 和 STM32F103xE 是 STM32F103xx 数据手册中描述的 STM32F103x6/8/B/C 产品的延伸，它们具有更大的闪存存储器和 RAM 容量，更多的片上外设，如 SDIO、FSMC、I2S 和 DAC 等，同时保持与其他同系列产品的兼容。STM32F103xC、STM32F103xD 和 STM32F103xE 可直接替换 STM32F103x6/8/B/C 产品，为用户在产品开发中尝试使用不同的存储容量提供了更大的自由度。

完整的 STM32F103xC、STM32F103xD 和 STM32F103xE 增强型系列产品包括从 64 脚至 144 脚的五种不同封装形式；根据不同的封装形式，器件中的外设配置不尽相同。这些丰富的外设配置，使得 STM32F103xC、STM32F103xD 和 STM32F103xE 增强型微控制器适合于多种应用场合：电机驱动和应用控制、医疗和手持设备、PC 外设和 GPS 平台、工业应用、可编程控制器、变频器、打印机、扫描仪、警报系统、视频对讲和暖气通风空调系统等。

图 3-13 列出了 STM32F1 系列芯片的所有内部资源。由图可见，STM32F103C8T6 是一款具有 36 个通用 IO 口的主控芯片，采用 LQFP48 封装，共有 48 个引脚引出，片内包含 4 个通过定时器、3 个 USART、2 个 SPI 接口、2 个 IIC 接口，刚好满足本系统的功能需要且略有富余。其运行主频达到 72MHz，能以足够快的速度处理闸门/阀门电机控制的各项任务。因此，本书以该芯片为主控芯片开发闸门/阀门控制系统，大田灌溉控制的所有功能也都由运行于该芯片的嵌入式程序来实现。

在确定了主控芯片的型号之后就是着手实现闸门/阀门控制的各项功能了，图 3-14 为主控芯片的引脚定义，我们要将这些引脚分配给具体的外部设备，用以实现图 3-10 所示的闸门/阀门控制系统的各项功能。安装由主到次的顺序，对各功能模块依次分配 IO 口，经过多次调整之后最终进行分配定稿并据此绘制电路原理图，如图 3-15 所示。IO 口分配完成之后即可在该主控芯片上编程实现闸门/阀门控制系统的各项功能。

三、智能灌溉控制器

嵌入式闸门/阀门控制系统是本书研究的大田智能灌溉系统的核心控制系统，该系统是最初只实现了闸门/阀门电机的正反转控制，后在其之上不断加入新功能，不断改进算法，最终形成了一款硬件产品——智能灌溉控制器（图 3-16）。

智能灌溉控制器是大田智能灌溉系统的终端执行机构，一台控制器可控制两个灌溉闸门/阀门，是整个系统中使用量最大的一种设备。如图 3-17 所示，控制器兼容多种大田灌溉主流执行装置，如丝杆型进退水闸门、蜗杆型分水闸门及蝶阀型进水闸门；目前已实现了基于霍尔计数的电机行程控制，可实现闸门/阀门 0~100% 的开合度精准控

STM32 F1 系列 - ARM CORTEX™-M3 主流微控制器

型号	闪存大小/kB	RAM大小/kB	封装方式	16位定时器	其他定时器	模数转换	数模转换	I/O数量	SPI	I²S	I²C	USART+UART	CEC	USB FS	CAN 2.0B	SDIO	Ethernet MAC10/100	供电电压/V	低功耗模式/μA	运行模式/（μA/MHz)	工作温度范围/℃
									串行接口									(Icc) 供电电流			
STM32F102C4	16	4	LQFP48	2x16-bit		10x12-bit		36	1		1	2		1				2.0 to 3.6	1.55	348	-40~85
STM32F102R4	16	4	LQFP64	2x16-bit		16x12-bit		51	1		1	2		1				2.0 to 3.6	1.55	348	-40~85
STM32F102C6	32	6	LQFP48	2x16-bit		10x12-bit		36	1		1	2		1				2.0 to 3.6	1.55	348	-40~85
STM32F102R6	32	6	LQFP64	2x16-bit		16x12-bit		51	1		1	2		1				2.0 to 3.6	1.55	348	-40~85
STM32F102C8	64	10	LQFP48	3x16-bit		10x12-bit		36	2		2	3		1				2.0 to 3.6	1.7	373	-40~85
STM32F102R8	64	10	LQFP64	3x16-bit		16x12-bit		51	2		2	3		1				2.0 to 3.6	1.7	373	-40~85
STM32F102CB	128	16	LQFP48	3x16-bit		10x12-bit		36	2		2	3		1				2.0 to 3.6	1.7	373	-40~85
STM32F102RB	128	16	LQFP64	3x16-bit		16x12-bit		51	2		2	3		1				2.0 to 3.6	1.7	373	-40~85

（STM32F102 USB 访问系列 - 48 MHz；STM32F103 性能系列 - 72 MHz CPU；其他定时器栏：2 x WDG, RTC, 24-bit downcounter）

型号	闪存/RAM	封装方式	定时器	模数转换	I/O	串行接口	供电		
STM32F103C4	16/6	LQFP48	3x16-bit	10x12-bit	36	1/1/1/2/1/1	2.0 to 3.6	1.55	337 -40~105
STM32F103R4	16/6	LQFP64, TFBGA64	3x16-bit	16x12-bit	51	1/1/1/2/1/1	2.0 to 3.6	1.55	337 -40~105
STM32F103T4	16/6	VFQFPN36	3x16-bit	10x12-bit	26	1/1/1/2/1/1	2.0 to 3.6	1.55	337 -40~105
STM32F103C6	32/10	LQFP48	3x16-bit	10x12-bit	36	1/1/1/2/1/1	2.0 to 3.6	1.55	337 -40~105
STM32F103R6	32/10	LQFP64, TFBGA64	3x16-bit	16x12-bit	51	1/1/1/2/1/1	2.0 to 3.6	1.55	337 -40~105
STM32F103T6	32/10	VFQFPN36	3x16-bit	10x12-bit	26	1/1/1/2/1/1	2.0 to 3.6	1.55	373 -40~105
STM32F103C8	64/20	LQFP48	4x16-bit	10x12-bit	36	2/2/2/3/1/1	2.0 to 3.6	1.7	373 -40~105
STM32F103R8	64/20	LQFP64, TFBGA64	4x16-bit	16x12-bit	51	2/2/2/3/1/1	2.0 to 3.6	1.7	373 -40~105
STM32F103T8	64/20	VFQFPN36	4x16-bit	10x12-bit	26	2/2/2/3/1/1	2.0 to 3.6	1.7	373 -40~105
STM32F103V8	64/20	LFBGA100, LQFP100	4x16-bit	10x12-bit	80	2/2/2/3/1/1	2.0 to 3.6	1.7	373 -40~105
STM32F103CB	128/20	LQFP48, VFQFPN48	4x16-bit	10x12-bit	36	2/2/2/3/1/1	2.0 to 3.6	1.7	373 -40~105
STM32F103RB	128/20	LQFP64, TFBGA64	4x16-bit	16x12-bit	51	2/2/2/3/1/1	2.0 to 3.6	1.7	373 -40~105
STM32F103TB	128/20	VFQFPN36	4x16-bit	10x12-bit	26	1/1/1/2/1/1	2.0 to 3.6	1.7	373 -40~105
STM32F103VB	128/20	LFBGA100, LQFP100	4x16-bit	16x12-bit	80	2/2/2/3/1/1	2.0 to 3.6	1.7	373 -40~105

图 3-13　STM32F1 系列主控芯片的片内资源

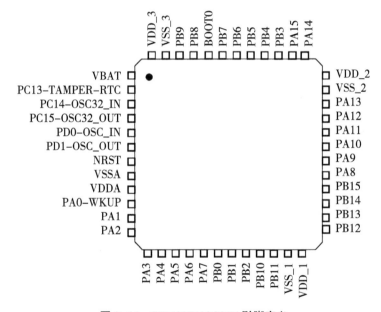

图 3-14　STM32F103C8T6 引脚定义

制。对于蜗杆型闸门，可通过增加光电开关或接近开关实现上下限位的自动控制。另外，智能灌溉控制器还可以接入过重遵循 Modbus 规约的传感器，实现对流量、液位、水质、水势等参数的实时采集，将灌溉闸门/阀门加入物联网系统。

　　智能灌溉控制器采用光储一体绿色供电，内置锂电池保障设备在连续阴天的电能供应，使得控制器在不进行闸门/阀门控制的时候能够实时持续采集水量、水位、水势、

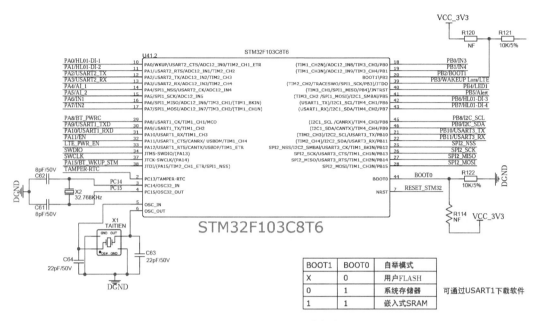

图 3-15　STM32F103C8T6 引脚分配原理

图 3-16　智能灌溉控制器外观

水质等多种传感数据。设备安装后无须布设电源线和信号线，实现绿色用能，随意按需快速部署。内置 AI 算法的自研智能锂电池专用充放电控制模块，可确保锂电池安全充放电，使用寿命可达 10 年以上。如图 3-18 所示，本书研发的智能灌溉控制器共有九大特色功能。

控制器通信采用标准接口可兼容当前主流各类通信模块，支持 BLE+LoRa、CAT.1 和 NB-IoT 等多种双模组网方式。智能灌溉控制器本身不带屏幕，而是标配 BLE 模组，

图 3-17　智能灌溉控制器兼容的设备

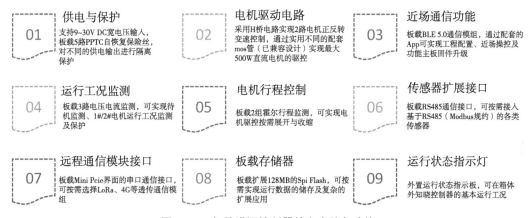

01　供电与保护
支持9~30V DC宽电压输入，板载5路PPTC自恢复保险丝，对不同的供电输出进行隔离保护

02　电机驱动电路
采用H桥电路实现2路电机正反转变速控制，通过实用不同的配套mos管（已兼容设计）实现最大500W直流电机的驱控

03　近场通信功能
板载BLE 5.0通信模组，通过配套的App可实现工程配置、近场操控及功能主板固件升级

04　运行工况监测
板载3路电压电流监测，可实现待机监测、1#/2#电机运行工况监测及保护

05　电机行程控制
板载2组霍尔行程监测，可实现电机驱控按需展开与收缩

06　传感器扩展接口
板载RS485通信接口，可按需接入基于RS485（Modbus规约）的各类传感器

07　远程通信模块接口
板载Mini Pcie界面的串口通信接口，可按需选择LoRa、4G等透传通信模组

08　板载存储器
板载扩展128MB的Spi Flash，可按需实现运行数据的储存及复杂的扩展应用

09　运行状态指示灯
外置运行状态指示板，可在箱体外知晓控制器的基本运行工况

图 3-18　智能灌溉控制器的九大特色功能

利用蓝牙虚拟人机操作界面即可实现人机交互。通过 BLE 近场组网通信，便于傻瓜化工程部署或克隆式运维，同时在平台软件或网络异常时可作为应急近场控制使用。板载标准 MiniPCIe 通信接口及自适配通信协议，可按需配置 LoRa 或 CAT.1 通信模块实现远程通信，适应农田不同通信覆盖条件和不同成本要求，实现灵活部署。LoRa 通信方式采用自研的 LoRa 私有协议，单基站可实现半径 2km 的覆盖，同时支持网络中继或多基站混合组网，实现农田多形态的信号覆盖广度及深度。

对智能灌溉控制器的所有操作均为无线方式进行，例如，控制器可通过无线方式与主控云平台连接，实现对控制器的远程操作，也可通过蓝牙连接控制器实现近场操作。所有操作都遵循图 3-19 所示的灌溉控制协议，协议定义了出厂配置相关内容、日常数据采集与控制规约、空中配置使用不同通信模块对各路电机进行配置的功能。该协议属私有协议，只有遵循该协议的设备才能接入智能灌溉云平台，其他非法设备的通信将被屏蔽。

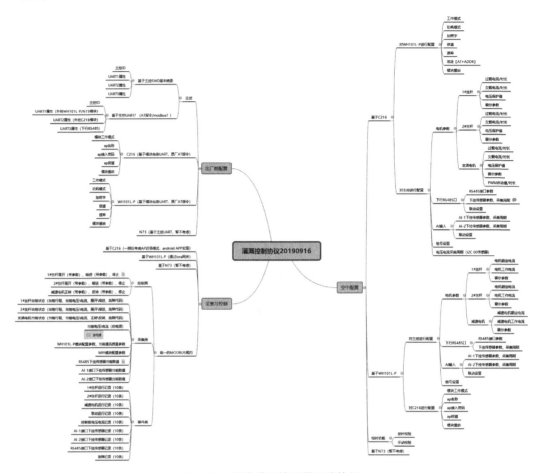

图 3-19　智能灌溉控制器通信协议

第三节　电机驱动电路

智能灌溉控制器的核心功能是控制灌溉闸门/阀门的开关，而闸门/阀门是通过电机带动的，所以实际控制的是电机。而电机控制是通过相应的电机驱动电路来实现的，本节将详细探讨所用的几种电机驱动电路。

对电机的控制之所以需要驱动电路，是因为主控芯片输出的电流和电压都较弱，无法直接带动电机，所以需要通过专门的驱动电路来间接实现对电机的控制。

要想驱动电机，首先要了解电机的特性。按结构及工作原理可分为直流电机、异步电机和同步电机。同步电机还可分为永磁同步电机、磁阻同步电机和磁滞同步电机。异步电机可分为感应电机和交流换向器电机。感应电机又分为三相异步电机、单相异步电机和罩极异步电机等。按运转速度电机可分为高速电机、低速电机、恒速电机、调速电机。按供电类型电机可以分为直流电机和交流电机两大类，显然，对于智能灌溉控制器这样的小型直流嵌入式设备而言，它能驱动的只有直流电机，因此我们研究的电机驱动电路所驱动的都是直流电机。

直流电机里边固定有环状永磁体，电流通过转子上的线圈产生安培力，当转子上的线圈与磁场平行时再继续转，其所受到的磁场方向将改变，因此此时转子末端的电刷跟转换片交替接触，从而线圈上的电流方向也改变，产生的洛伦兹力方向不变，所以电机能保持一个方向转动。

直流电机可以分为有刷电机和无刷电机，有刷电机，顾名思义，就是有刷子，主要作用就是让中间的转子与电源有电气连接，还可以转动。为了让两者之间既有接触、能导电，又有转动，实现电流的变相，一般的常见做法是在碳刷加一个弹簧。这样，换向器与碳刷便有了频繁的摩擦。所以碳刷很容易磨损，必须经常更换。并且磨损掉的碳渣在电机里面形成了积碳，需要经常清理。早期电机都是有刷电机，后来为了解决磨损问题，有了无刷电机。

无刷电机的解决思路就是让磁铁转动，无刷直流电机是近几年来随着微处理器技术的发展和高开关频率、低功耗新型电力电子器件的应用，以及控制方法的优化和低成本、高磁能级的永磁材料的出现而发展起来的一种新型直流电动机。无刷直流电机既保持了传统直流电机良好的调速性能，又具有无滑动接触和换向火花、可靠性高、使用寿命长及噪声低等优点，因而在航空航天、数控机床、机器人、电动汽车、计算机外围设备和家用电器等方面都获得了广泛应用。

对于大田环境而言，电机的结构越简单、造价越低，就越具有适用性。大田智能灌溉系统控制对象中数量最大的是农渠闸门，这种闸门使用推杆电机作为动力源，所以本节讨论的电机驱动电路主要用于驱动推杆电机。

推杆电机又叫电动推杆，主要是由驱动电机、推杆总成和控制装置等机构组成的一种新型直线执行机构，可以实现远距离控制、集中控制。电动推杆在一定范围行程内作往返运动，一般电动推杆标准行程为 100mm、150mm、200mm、250mm、300mm、350mm、400mm，特殊行程也可根据不同应用条件要求设计定做。电动推杆可以根据不同的应用负荷而设计不同推力的电动推杆，一般其最大推力可达 6 000N，空载运行速度为 4~35mm/s。电动推杆以 24V/12V 直流永磁电机为动力源，把电机的旋转运动转化为直线往复运动。推动一组连杆机构来完成风门、阀门、闸门、挡板等切换工作。

驱动电机由转子、磁钢、外壳、碳刷、铜套、螺纹钢、外壳构成。推杆总成主要由推杆、螺杆和外套筒的内管组成。螺杆与推杆的内管通过一个中间有孔的塑料螺钉连接，推杆的内管通过硬橡胶套与外套筒连接。当电机滚动时，由齿轮带动螺杆滚动，推杆的内管由螺杆推动，在外套筒内移动。

采用电动推杆作为执行机构不仅可减少采用气动执行机构所需的气源装置和辅助设备，也可减少执行机构的重量。采用电动推杆执行机构，在改变控制开度时，需要供电，在达到所需开度时就可不再供电，因此从节能角度看，电动推杆执行机构比气动执行机构有明显节能的优点。适用于远距离操纵，广泛用于电力、化工、冶金、矿山、轻工、交通、船舶等部门的风门、阀门、闸门等机构的启闭、物料装卸、流量控制等。现已被越来越多的部门用它来代替机构手、液压阀、减速传动机构的自动装置。基于以上优点，本书选用电动推杆作为农渠闸门的驱动装置。

如图3-20所示，本书大量采用的电动推杆使用的是一个12V供电的有刷直流永磁电机，这种电机的控制状态有三种，即正转、反转、停止。其中正转和反转是相对的，通过改变供电的极性进行切换，停止则通过停止供电来实现，停止供电可以是完全断开电源，也可以是电机的供电线路短接，即都接正极或都接负极，这样在控制电机停止转动的同时可以起到刹车的作用。因此，电机的驱动电路基本功能是控制电机的正反转切换。目前使用的切换方式主要有两种，基于继电器的驱动电路和基于MOS管的驱动电路。

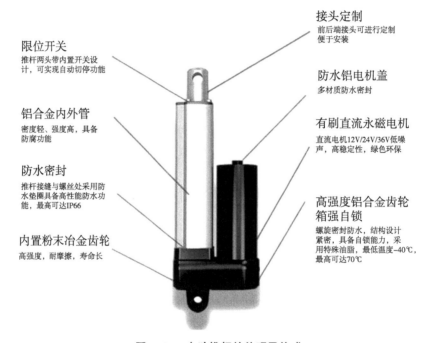

限位开关
推杆两头带内置开关设计，可实现自动切停功能

铝合金内外管
密度轻、强度高，具备防腐功能

防水密封
推杆接缝与螺丝处采用防水垫圈具备高性能防水功能，最高可达IP66

内置粉末冶金齿轮
高强度，耐摩擦，寿命长

接头定制
前后端接头可进行定制便于安装

防水铝电机盖
多材质防水密封

有刷直流永磁电机
直流电机12V/24V/36V低噪声，高稳定性，绿色环保

高强度铝合金齿轮箱强自锁
螺旋密封防水，结构设计紧密，具备自锁能力，采用特殊油脂，最低温度-40℃，最高可达70℃

图3-20 电动推杆的外观及构成

一、基于继电器的驱动电路

继电器是一种小电流控制大电流通断的电气元件，它具有控制系统（又称输入回路）和被控制系统（又称输出回路），通常应用于自动控制电路中，它实际上是用较小的电流去控制较大电流的一种"自动开关"。故在电路中起着自动调节、安全保护、转换电路等作用。继电器的输入信号x从零连续增加达到衔铁开始吸合时的动作值xx，继电器的输出信号立刻从y=0跳跃至y=ym，即常开触点从断到通。一旦触点闭合，输入量x继续增大，输出信号y将不再起变化。当输入量x从某一大于xx值下降到xf，继电器开始释放，常开触点断开。继电器的这种特性称继电特性，也称继电器的输入-输

出特性。

目前实际使用中的继电器根据使用场景不同可分为多个种类，按继电器的工作原理或结构特征可分为以下种类。

（1）电磁继电器。利用输入电路内电流在电磁铁铁芯与衔铁间产生的吸力作用而工作的一种电气继电器。

（2）固体继电器。指电子元件履行其功能而无机械运动构件的输入和输出隔离的一种继电器。

（3）温度继电器。当外界温度达到给定值时而动作的继电器。

（4）舌簧继电器。利用密封在管内，具有触电簧片和衔铁磁路双重作用的舌簧动作来开、闭或转换线路的继电器。

（5）时间继电器。当加上或除去输入信号时，输出部分需延时或限时到规定时间才闭合或断开其被控线路的继电器。

（6）高频继电器。用于切换高频、射频线路而具有最小损耗的继电器。

（7）极化继电器。有极化磁场与控制电流通过控制线圈所产生的磁场综合作用而动作的继电器。继电器的动作方向取决于控制线圈中流过的电流方向。

（8）其他类型的继电器。如光继电器、声继电器、热继电器、仪表式继电器、霍尔效应继电器、差动继电器等。

其中，电磁继电器是使用最广泛的一种，图 3-21 所示为电磁继电器的工作原理。电磁式继电器一般由铁芯、线圈、衔铁、触点簧片等组成的。只要在线圈的 D、E 两端加上一定的电压，线圈中就会流过一定的电流，从而产生电磁效应，衔铁就会在电磁力吸引的作用下克服返回弹簧的拉力吸向铁芯，从而带动衔铁的动触点 B 与静触点 C（常开触点）吸合。当线圈断电后，电磁的吸力也随之消失，衔铁就会在弹簧的反作用力作用下返回原来的位置，使动触点 B 与原来的静触点 A（常闭触点）结合。这样吸合、释放，从而达到了在电路中的导通、切断的目的。对于继电器的"常开、常闭"触点，可以这样来区分：继电器线圈未通电时处于断开状态的静触点，称为"常开触点"；处于接通状态的静触点称为"常闭触点"。

一个继电器只能控制一路电源的通断，要想实现电机的正反转控制，需要 2 个继电

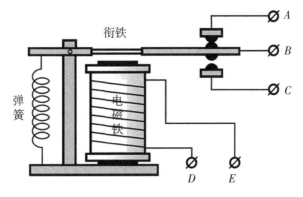

图 3-21 电磁继电器工作原理示意

器配合进行。图 3-22 所示为电磁继电器的实物，4 个继电器组合可控制两路电机。图 3-23 所示为一种继电器驱动电机正反转的原理图，当继电器 K2 铁芯吸合时，电机 M1 的 1 脚接地，2 脚的状态取决于继电器 K1 的状态，当 K1 铁芯吸合时，2 脚接电源正极，此时电机反转。当 K1 铁芯释放时，2 脚断开，此时电机停止。当继电器 K2 铁芯释放时，电机 M1 的 2 脚接地，1 脚状态取决于继电器 K1 的状态，当 K1 铁芯吸合时，1 脚接电源正极，此时电机实现正转，当 K1 铁芯释放时，1 脚断开，此时电机停止。继电器 K1 和 K2 配合使用即可实现电机 M1 的正反转和停止三种状态的控制。另外，为了减少外部信号对控制电路的干扰，图 3-23 中还加入了光耦元件，通过将电信号转换为光信号再转换为电信号的方式实现信号隔离，从而阻断干扰信号的传输，并且可以防止电机端大电路反向输入主控芯片的 IO 口，从而保证主控芯片免受损坏。

图 3-22　电磁继电器

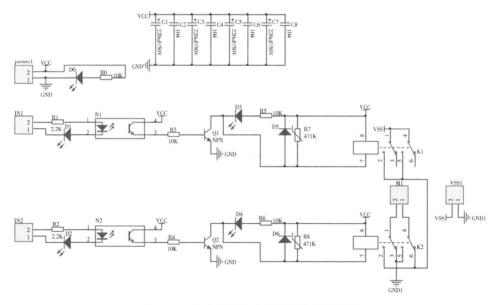

图 3-23　继电器驱动电机正反转电路原理

二、基于 MOS 管的驱动电路

电磁继电器具有价格低廉、电路结构简单的优点，因此应用较广泛，但同时也有一个致命缺点，即其开关切换时存在机械运动，机械运动都有寿命限制，次数多了会造成永久损坏，机械运动也会限制开关切换的速度，从而导致继电器驱动电路无法实现对电机的 PWM 调速。因此，本书在第一代智能灌溉控制器使用继电器驱动电路的基础上，结合使用情况进行了驱动电路的升级，在第二代智能灌溉控制器中全面采用 MOS 管驱动电路。

MOS 管的全称是 MOSFET，即金属-氧化物半导体场效应晶体管，简称金氧半场效晶体管（Metal-Oxide-Semiconductor Field-Effect Transistor，MOSFET）。在一般电子电路中，MOS 管通常被用于放大电路或开关电路。MOSFET 管是 FET 的一种（另一种是 JFET），可以被制造成增强型或耗尽型，P 沟道或 N 沟道（图 3-24），但实际应用的只有增强型的 N 沟道 MOS 管和增强型的 P 沟道 MOS 管，所以通常提到 NMOS，或者 PMOS 指的就是这两种。对于这两种增强型 MOS 管，比较常用的是 NMOS。原因是导通电阻小，且容易制造。MOS 管最显著的特性是开关特性好，所以被广泛应用在需要电子开关的电路中，常见的如开关电源和马达驱动，也有照明调光等。

图 3-25 所示为 N 沟道增强型 MOSFET 的内部结构示意，MOSFET 由源极 S、栅极 G、漏极 D 以及衬底极 U 组成。MOS 管作为开关元件，工作在截止或导通两种状态。由于 MOS 管是电压控制元件，所以主要由栅源电压 U_{GS} 决定其工作状态。U_{GS}<开启电压 UT：MOS 管工作在截止区，漏源电流 i_{DS} 基本为 0，输出电压 $U_{DS} \approx U_{DD}$，MOS 管处于"断开"状态，其等效电路如图 3-26（b）所示。

图 3-24　MOSFET 分类

导通的意思是作为开关，相当于开关闭合。NMOS 的特性，U_{GS} 大于一定的值就会导通，适合用于源极接地时的情况（低端驱动），只要栅极电压达到 4V 或 10V 就可以了。PMOS 的特性，U_{GS} 小于一定的值就会导通，适合用于源极接 VCC 时的情况（高端驱动）。但是，虽然 PMOS 可以很方便地用作高端驱动，但由于导通电阻大、价格贵、替换种类少等原因，在高端驱动中，通常还是使用 NMOS。不管是 NMOS 还是 PMOS，导通后都有导通电阻存在，这样电流就会在这个电阻上消耗能量，这部分消耗的能量称导通损耗。选择导通电阻小的 MOS 管会减小导通损耗。

MOS 管作为开关管使用时期作用与继电器类似，但具有继电器无法企及的优点，

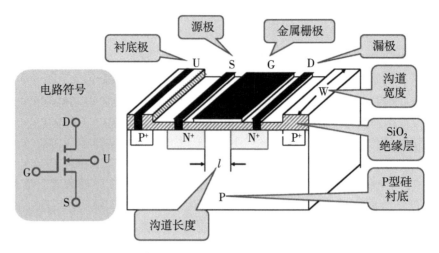

图 3-25　N 沟道增强型 MOSFET 结构示意及电路符号

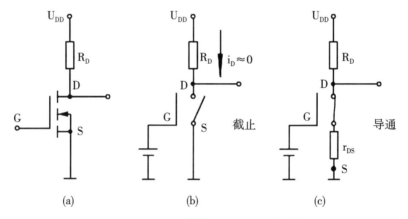

图 3-26　MOS 管截止和导通状态示意

比如开关速度快、无机械运动、寿命长、功耗小等。所以本书研究的智能灌溉控制器在第二代产品中使用了 MOS 管取代继电器作为电机驱动电路的开关元件。使用 MOS 管为开关元件驱动电机正反转的电路称为 H 桥电路。前文所述使用继电器驱动电路，一个电机的正反转需要 2 个继电器驱动，本节选用的 MOS 管驱动电机，一个电机的正反转需要 4 个 MOS 管的配合才能实现。

　　H 桥（H-Bridge）是一个典型的直流电机控制电路，因为它的电路形状酷似字母"H"，故得名"H 桥"。4 个三极管组成"H"的 4 条垂直腿，而电机就是"H"中的横杠。H 桥可使其连接的负载或输出端两端电压反相/电流反向。H 桥使用的是半导体元件，耐过流、耐过热性没继电器好。但通断无噪声、无火花，开关速度快，控制电流小，寿命长。图 3-27 为 H 桥电路示意，H 桥中有 4 个 MOS 管开关元器件 Q1、Q2、Q3、Q4，另外还有一个直流电机 M，D1、D2、D3、D4 是 MOS-FET 的续流二极管。

打开 Q1 和 Q4，关闭 Q2 和 Q3，电机 M 上施加有左正右负的电源电压。此时假设电机正转，这电流依次经过 Q1、M、Q4，在图中使用粗线进行标注，具体如图 3-28 所示。正转和反转是人为规定的方向，实际工程中按照实际情况进行划分即可。

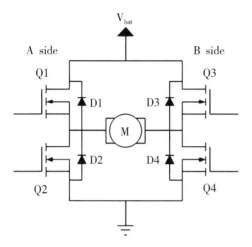

图 3-27　H 桥驱动电路示意

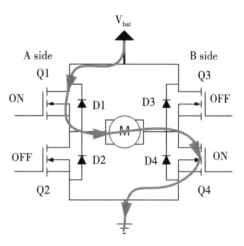

图 3-28　H 桥驱动电机正转示意

关闭 Q1 和 Q4，打开 Q2 和 Q3，电机 M 上施加了相反极性的电源电压。此时电机反转（与前面介绍的情况相反），这电流依次经过 Q3、M、Q2、在图 3-29 中使用粗线进行标注。

如果要对直流电机调速，其中的一种方案是关闭 Q2、Q3，打开 Q1、Q4，输入 50% 占空比的 PWM 波形，这样就达到了降低转速的效果，如果需要增加转速，则将输入 PWM 的占空比设置为 100%。具体如图 3-30 所示。

H 桥控制电机停止运行并不是简单地断开电源，而是如图 3-31 所示，H 桥电路的上半部（或者下半部）的两个晶体管闭合，对应的另外两个晶体管断开。此时电机两端实

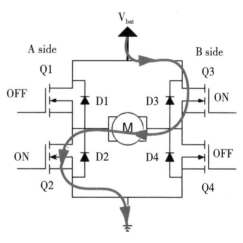

图 3-29　H 桥驱动电机反转示意

际上是被桥电路短接在一起。电机两端电压为 0。如果此时电机在运动，那么它转子的动能会通过所产生的反向电动势（EMF）在外部短路桥电路回路中形成制动电流，电机会快速制动，俗称刹车。

在 H 桥中，永远不要同时关闭 Q1 和 Q2（或 Q3 和 Q4），同时断开是允许的。如果这样做的话，会在电源和地之间创建一条真正的低电阻路径，电源就会通过这两个晶体管形成短路回路。所产生巨大的短路电流通常会毫不客气地将这两个晶体管烧毁。如图 3-32 所示，这种情况的发生会快速破坏 H 桥或电路中的其他元器件。

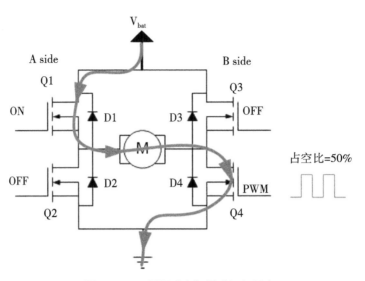

图 3-30 H 桥驱动电机调速运行示意

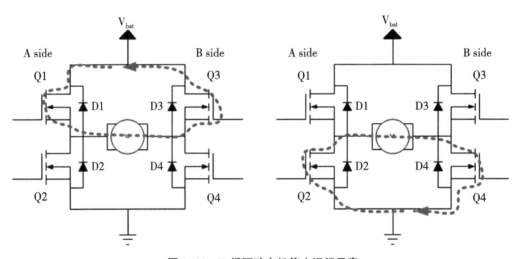

图 3-31 H 桥驱动电机停止运行示意

为避免单侧导通的情况发生，实际使用的 H 桥电路如图 3-33 所示，主控芯片的控制信号是通过一款芯片间接输送到 H 桥的 MOS 管的，这款芯片就是 IR2104。其作用是保证 H 桥单侧的 2 个 MOS 管永远不会被同时导通，且使用一路信号即可控制 H 桥单侧的 2 个 MOS 管，可节省主控芯片的 IO 口。

IR2104 是高电压、高速功率 MOSFET 和 IGBT 的半桥驱动芯片，具有独立的高电平和低电平侧参考输出通道。专有 HVIC 和锁存免疫 CMOS 技术实现加固整体结构。逻辑输入与标准 CMOS 或 LSTL 输出兼容，低至 3.3 V 逻辑，可由主控芯片的 IO 口直接驱动。输出驱动器具有高脉冲电流缓冲级，设计用于最小驱动器交叉传导。浮动沟道可用于驱动高压侧配置的 N 沟道，功率 MOSFET 或 IGBT 工作电压为

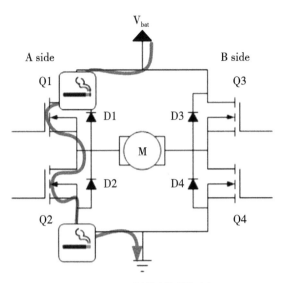

图 3-32 H 桥单侧导通示意

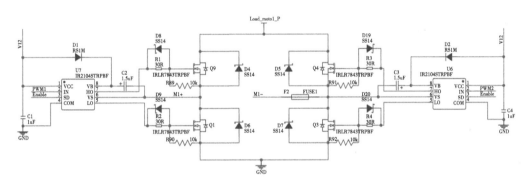

图 3-33 实际使用的 H 桥电路原理

10～600V。

　　IR2014 采用 8 引脚的 PDIP 封装，各个引脚的定义如图 3-34 所示，主要有信号输入引脚 IN、低电平有效的使能引脚 SD、高侧门输出引脚 HO、地测门输出引脚 HL 以及电源和地引脚等。IR2104 应用的典型线路接法如图 3-35 所示。图 3-35 仅显示了电气特性的连接，实际使用的正确的电路板布局在图 3-33 中进行了展示。

　　IR2104 的单侧导通工作原理可由图 3-36 所示的工作时序图清晰看出。图中 SD 为低电平时芯片失能，高侧输出和低侧输出不随输入变化而变化，始终为低电平输出；SD 为高电平时，芯片使能，HO 高侧输出电平与输入信号 IN 一致，HL 低侧输出电平与输入信号 IN 相反，如此则保证了 H 桥单侧永远不会发生短路。由于 IR2104 智能驱动 H 桥的半桥，所以本书研究的智能灌溉控制器的电机驱动电路中使用了 2 片 IR2104 来驱动一个完整的 H 桥电路。

引脚名	功能描述
IN	高、低端栅极驱动器输出（HO和LO）的逻辑输入，与HO同相
SD	停机输入逻辑
V_B	高压侧浮动电源
HO	高侧栅极驱动输出
V_S	高压侧浮动供电回路
V_{CC}	低压侧和逻辑固定电源
LO	低侧栅极驱动输出
COM	低压侧回流

引脚排列

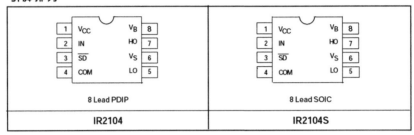

图 3-34　IR2104 引脚定义

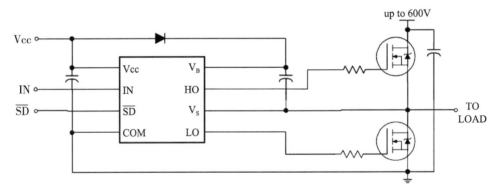

图 3-35　IR2104 典型连接

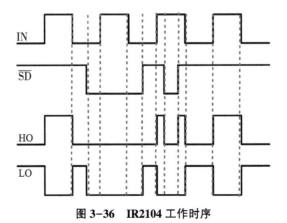

图 3-36　IR2104 工作时序

第四节　闸门/阀门运行工况监测

在实现了闸门/阀门电机的驱动控制功能之后，一款大田智能灌溉控制器的基本功能也就实现了，但是只有基本功能还不够，因为控制了电机进行开或关之后，其运行是否正常我们无从得知，这就导致我们对所有闸门/阀门的控制都是单向的，管理人员无法第一时间得知闸门/阀门故障，从而影响农业生产和用户对智能灌溉产品的信任度。因此，在第二代智能灌溉控制器中加入了闸门/阀门运行工况监测功能。

一、电压电流的获取

闸门/阀门运行工况监测的对象是闸门/阀门驱动电机，监测的主要参数即电机的运行电压和运行电流。这就要求在电机运行时能实时获取其电压电流。电流电压的监测手段有很多种，相应的传感器可分为模拟信号和数字信号输出两种类型，得益于集成电路技术的发展，市面上出现了电压电流一体的测量芯片，可通过一个接口同时测量被测对象的电压和电流值。本书就选用了这样一款一体式的测量芯片 INA226 进行闸门/阀门电机的运行工况监测。

INA226 是一款分流/功率监视器，具有 IIC 或 SMBUS 兼容接口。该器件监视分流压降和总线电源电压。可编程校准值、转换时间和取平均值功能与内部乘法器相结合，可实现电流值（单位为安培）和功率值（单位为瓦）的直接读取。INA226 可在 0~36V 的共模总线电压范围内感测电流，与电源电压无关。该器件由一个 2.7~5.5V 的单电源供电，电源电流典型值为 330μA。该器件的额定工作温度范围为−40~125℃，IIC 兼容接口上具有多达 16 个可编程地址。

如图 3-37 所示，INA226 芯片采用 10-Pin VSSOP 封装，10 个引脚中 1、2 为芯片地址选择引脚，根据所接的不同电平来区分不同芯片，下文会详细介绍。4、5 为 IIC 接口引脚；9、10 采样电阻接入引脚，用于测量电路电流；8 为电压测量脚；6、7 为芯片供电输入脚，可接受 2.7~5.5V 范围电压；3 为多功能警报引脚，可提供开漏输出（图 3-38）。

图 3-39 所示为 INA226 芯片的典型线路连接图，本书选用的是 IIC 接口与 INA226 通信，通信接口和告警接口需接上拉电阻，这是由 IIC 接口的特性决定的。IIC 全称 Inter-

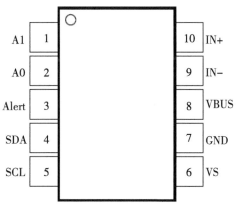

图 3-37　INA226 芯片封装俯视

Integrated Circuit。是由 PHILIPS 公司在 20 世纪 80 年代开发的两线式串行总线，用于连接微控制器及其外围设备。IIC 属于半双工同步通信方式。其总线结构如图 3-40 所示。

引脚		I/O	描述
名称	编号		
A0	2	数字输入	地址引脚，连接到GND、SCL、SDA或VS以表示相应地址
A1	1	数字输入	地址引脚，连接到GND、SCL、SDA或VS以表示相应地址
Alert	3	数字输出	多功能警报，开漏输出
GND	7	模拟地	地线
IN+	10	模拟输入	连接到分流电阻器的供电侧
IN−	9	模拟输入	连接至分流电阻器的负载侧
SCL	5	数字输入	串行总线时钟线，开漏输入
SDA	4	数字I/O	串行总线数据线，开漏输入/输出
VBUS	8	模拟输入	总线电压输入
VS	6	模拟电源	电源，2.7 ～ 5.5 V

图 3-38 INA226 芯片引脚定义

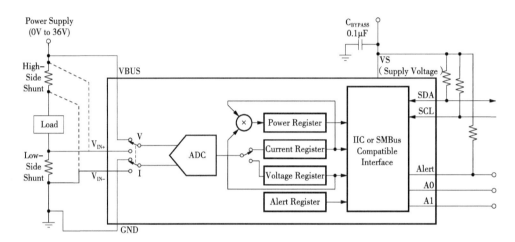

图 3-39 INA226 典型连接

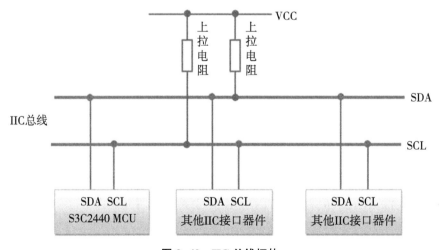

图 3-40 IIC 总线拓扑

由于接口直接在组件之上，因此 IIC 总线占用的空间非常小，减少了电路板的空间和芯片管脚的数量，降低了互联成本。总线的长度可高达 25 英尺（1 英尺≈30.48cm），并且能够以 10kbit/s 的最大传输速率支持 40 个组件。IIC 采用一主多从的通信方式，总线上任何能够进行发送和接收的设备都可以成为主控器件。一个主控能够控制信号的传输和时钟频率。当然，在任何时间点上只能有一个主控。

IIC 串行总线一般有两根信号线，一根是双向的数据线 SDA，另一根是时钟线 SCL，其时钟信号是由主控器件产生。所有接到 IIC 总线设备上的串行数据 SDA 都接到总线的 SDA 上，各设备的时钟线 SCL 接到总线的 SCL 上。对于并联在一条总线上的每个 IC 都有唯一的地址。IIC 总线在传输数据的过程中一共有三种类型信号，分别为开始信号、结束信号和应答信号。这些信号中，起始信号是必需的，结束信号和应答信号都可以不要。

起始信号为当时钟线 SCL 为高期间，数据线 SDA 由高到低的跳变；停止信号为当时钟线 SCL 为高期间，数据线 SDA 由低到高的跳变；空闲状态为当 IIC 总线的数据线 SDA 和时钟线 SCL 两条信号线同时处于高电平时，规定为总线的空闲状态。此时各个器件的输出级场效应管均处在截止状态，即释放总线，由两条信号线各自的上拉电阻把电平拉高。发送器每发送一个字节（8bit），就在时钟脉冲 9 期间释放数据线，由接收器反馈一个应答信号。应答信号为低电平时，规定为有效应答位（ACK，简称应答位），表示接收器已经成功地接收了该字节；应答信号为高电平时，规定为非应答位（NACK），一般表示接收器接收该字节没有成功。通信过程如图 3-41 所示。

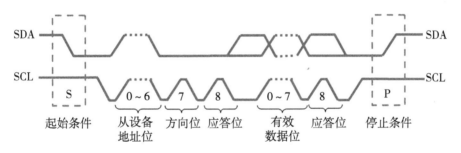

图 3-41　IIC 通信过程示意

IIC 总线上挂载的每个设备都可以作为主设备或者从设备，而且每个设备都会对应一个唯一的地址（地址通过物理接地或者拉高），主从设备之间就通过这个地址来确定与哪个器件进行通信，在通常的应用中，我们把 CPU 带 IIC 总线接口的模块作为主设备，把挂接在总线上的其他设备都作为从设备。

主设备在传输有效数据之前要先指定从设备的地址，地址指定的过程和上面数据传输的过程一样，只不过大多数从设备的地址是 7 位的，然后协议规定再给地址添加一个最低位用来表示接下来数据传输的方向，"0" 表示主设备向从设备写数据，"1" 表示主设备向从设备读数据。

主设备往从设备中写数据。数据传输格式如图 3-42 所示。

淡蓝色部分表示数据由主机向从机传送，粉红色部分则表示数据由从机向主机传送。写用 "0" 来表示（高电平），读用 "1" 来表示（低电平）。

主设备由从设备中读数据。数据传输格式如图 3-43 所示。

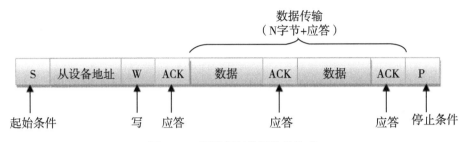

图 3-42 写数据时数据传输格式

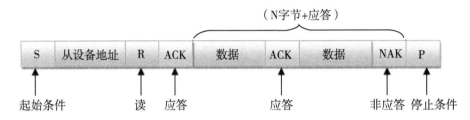

图 3-43 读数据时数据传输格式

在从机产生响应时，主机从发送变成接收，从机从接收变成发送。之后，数据由从机发送，主机接收，每个应答由主机产生，时钟信号仍由主机产生。若主机要终止本次传输，则发送一个非应答信号，接着主机产生停止条件。

主设备往从设备中写数据，然后重启起始条件，紧接着由从设备中读取数据；或者是主设备由从设备中读数据，然后重启起始条件，紧接着主设备往从设备中写数据。数据传输格式如图 3-44 所示。

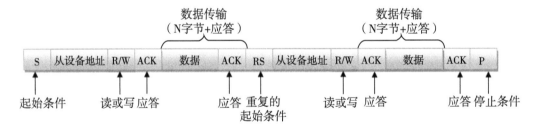

图 3-44 数据传输格式

由上文介绍可见，IIC 这一总线通信方式中，地址是非常重要的。INA226 作为一种 IIC 接口的芯片，其地址定义有自己的特殊规定，必须按照数据手册要求来设定每个芯片的地址，才能实现一个 IIC 接口上连接多个 INA226 芯片，实现多路电流电压的测量。

要与 INA226 通信，主设备必须首先通过从设备地址字节对从设备进行地址寻址。从机地址字节由 7 个地址位和 1 个方向位组成，该方向位指示动作是否为读或写操作。

INA22 有 2 个地址引脚 A0 和 A1，根据其连接的是 AS、GND、SCL、SDA 中的一种组合起来进行地址区分。图 3-45 列出了 16 个可能地址中每个地址的引脚逻辑。该设备在每个总线通信上对引脚 A0 和 A1 的状态进行采样。在接口上发生任何活动之前建立

Pin 状态。图 3-45 中有下划线的 3 个地址为本书采用的地址，分别用来测量电池、1 号电机和 2 号电机的电流和电压。

INA226 仅作为 IIC 总线上的从设备运行。通过将适当的值写入寄存器，可以访问 INA226 上的特定寄存器指针。图 3-46 列出了寄存器和相应地址的完整列表。寄存器的值指针是在从地址最低位 R/W 标志位之后传输的第一个字节。每个对设备的写入操作都需要寄存器指针的值。

A1脚连接	A0脚连接	从机地址
GND	GND	1000000
GND	VS	1000001
GND	SDA	1000010
GND	SCL	1000011
VS	GND	1000100
VS	VS	1000101
VS	SDA	1000110
VS	SCL	1000111
SDA	GND	1001000
SDA	VS	1001001
SDA	SDA	1001010
SDA	SCL	1001011
SCL	GND	1001100
SCL	VS	1001101
SCL	SDA	1001110
SCL	SCL	1001111

图 3-45　INA226 地址定义

指针地址	寄存器名	功能描述	上电复位值		读写类型
十六进制			二进制	十六进制	
00h	配置寄存器	所有寄存器复位、分压电压和总线电压ADC转换时间和平均值，工作模式	01000001 00100111	4127	可读可写
01h	分压电压寄存器	分压电压测量数据	00000000 00000000	0000	只读
02h	总线电压寄存器	总线电压测量数据	00000000 00000000	0000	只读
03h	功率寄存器	传送给负载的功率计算值	00000000 00000000	0000	只读
04h	电流寄存器	分压电阻上流过的电流值	00000000 00000000	0000	只读

图 3-46　INA226 寄存器集摘要（部分）

INA226 具有一个重要特征就是，它不是必然会测量电流或功率的。该芯片测量施加在 IN+ 和 IN- 输入引脚之间的差分电压以及施加 VBUS 引脚上的输入电压。为了让芯片同时测量电流值和功率值，必须对电流寄存器（04h）的分辨率和电路中采用的分流电阻器的值进行编程，以测量施加在输入引脚之间的差分电压。电流最低有效位 LSB 和分流电阻器值均用于计算校准寄存器值，芯片根据测量的分流电压和母线电压以及设定的分流电阻的阻值计算相应的电流和功率值。

芯片会始终测量电压值，但要测量电流值则需要在芯片每次上电后对其进行校准，校准方法为根据选取的电压量程、电流最低有效位、分压电阻值，带入 INA226 数据手册中提供的校准公式后计算出校准值后写入相应的校准寄存器，校准之后则芯片可以测量电流值。但根据实际使用情况来看，官方提供的校准公式计算出来的校准值并不能准确测量电流，需要根据电流测量值和电流实际值的偏差对校准值进行微调才能测得准确的电流值。

二、闸门/阀门工况数据的应用

在利用 INA226 准确测得闸门/阀门相关的电压电流等工况数据之后，即可根据这些数据采取一些保护措施。本书目前实现的闸门/阀门工况数据的应用有以下几个方面。

1. 工况数据实时查询

通过灌溉小助手 App 对智能灌溉控制器进行近场操作时，可以由小助手实时查询电机运行时的电压、电流以及锂电池的电压、电流，从而知道电池供电是否正常，电机运行是否正常，适于在出厂配置或者现场安装调试时对设备状态进行及时研判。

2. 闸门/阀门电机的自我保护

将实时检测到的工况数据与设定的额定电压、额定电流等参数进行对比，发现异常时及时做出相应的处理，采取保护措施避免故障进一步恶化。

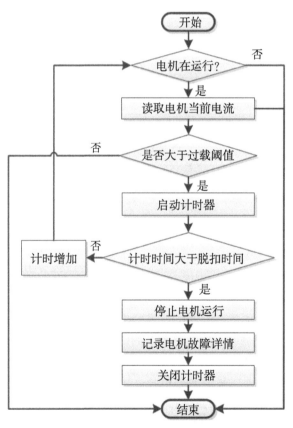

如图 3-47 所示为智能灌溉控制器中电机堵转保护算法主流程，在主程序中保护算法启动后首先检测电机是否在运行，在运行才启动保护功能。保护功能通过不断检测电机运行时的实时电流，并将该电流与设定的过载阈值进行对比，若超过载阈值则应采取保护措施。考虑到时间运行时电机电流不稳定或者 INA226 测量值偶尔不准等可能因素，保护算法在第一次检测到电流超阈值之后并不马上采取保护措施，而是开启定时器，之后继续进行电流检测和对比，如果超过设定的故障脱扣时间电流依然超过过载阈值，则可断定电机此时发生了堵转，应立即停止电机的运行。此算法通过多次检测和判断的方式避免了对运行工况的误判，从而保证既能有效保护电机又能避免无故停止电机的正常运行。

图 3-47 堵转保护程序流程

3. 设备故障记录及查询

根据运行工况判断出电机运行故障，并据此采取保护措施都是在智能灌溉控制器内自主完成的，如果事后要排查故障就需要故障发生时的设备工况数据。因此，本书在研发智能灌溉控制器时，加入了设备故障记录与查询功能。

如图 3-48 所示，将电机运行时的一些异常状态根据验证程度划分为告警信息和故障信息。告警信息指一些不会对电机继续运行造成设备损坏的非正常状态，这些信息存储下来方便后续查找或改进软硬件缺陷使用。故障信息则是会对灌溉系统硬件造成严重损坏的一些非正常状态，比如前文提到的堵转，当系统判断堵转发生时除立马停止电机运行外，还会将堵转发生的时间、发生时的电机电压、电机电流的信息存入 FLASH 存储器中进行掉电保存，以便后续检修人员查询或后台运维人员远程查看。

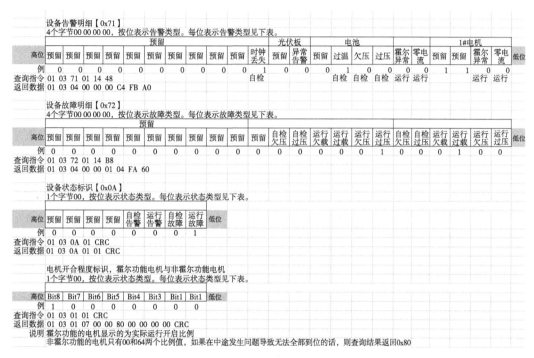

图 3-48　电机运行工况记录数据结构

第五节　闸门/阀门开启度控制

按照最初的设计，对灌溉闸门/阀门的操作只有开、关、急停等三种，但随着第一代产品的投入使用，逐渐发现仅有这三种操作并不能完全满足实际需要，比如有时希望灌溉闸门/阀门不完全打开，而是根据需要开启一定的比例，进行小水流灌溉，在只有开、关、停三种操作的情况下要实现这一功能，就只能由管水人员目视闸门/阀门开到需要的大小时发送停止命令让电机停下来，显然，这种方式无法实现远程操作，且费时费力，背离了使用大田智能灌溉系统的初衷。因此，在第二代产品中加入了闸门/阀门开启度控制功能。

闸门/阀门开启度控制即用户设定一个开启比例发送给智能灌溉控制器，控制器根据设定的比例控制闸门/阀门开启到位后自动控制电机停止，整个过程由控制器自动执行，无须人工干预。这个功能说起来简单，但是实现起来却相当复杂，因为大田智能灌溉系统出于成本和使用环境的考虑，不适合使用步进电机这种可以精准控制行程的设备，而是使用了结构最简单的直流电机。

闸门/阀门开启度控制本质上是对电机的行程控制，所以问题的解决要归结到对直流电机行程的控制。以使用量最大的推杆电机为例进行闸门/阀门开启度控制的介绍。工业上涉及行程控制的地方多使用步进电机来实现，步进电机是一种将电脉冲信号转换成相应角位移或线位移的电动机。每输入一个脉冲信号，转子就转动一个角度或前进一步，其输出的角位移或线位移与输入的脉冲数成正比，转速与脉冲频率成正比。因此，步进电动机又称脉冲电动机。使用步进电机可实现精准的行程控制，然而这种电机结构复杂、造价高，对于农业生产特别是大田种植业生产而言，高昂的成本使其难以大面积推广，且农业大田的户外露天环境常年高湿多尘，也不利于这种高精密电机的应用。

推杆电机是一种将电动机的旋转运动转变为推杆的直线往复运动的电力驱动装置。可用于各种简单或复杂的工艺流程中作为执行机械使用，多用于家用电器、厨具、医疗器械、汽车等行业的运动驱动单元，以实现远距离控制、集中控制或自动控制。推杆电机结构简单、造价低，也比较适用于农业生产。但推杆电机是一种简单的直流电机，只能通过通电和断电来实现电机的运行和停止，以及通过切换电源的正负极实现电机的正转和反转，因此目前农业上的应用都只能实现完全打开或者完全关闭（推杆电机自带两个限位开关，推杆完全伸出或完全缩回后电机触发限位开关而自动停止运行），有些需要控制开启度的地方，目前的解决方法是由人工目视闸门/阀门或天窗开启到需要的位置时手动关闭电机电源来实现，显然这种方式需要耗费人力且控制也不精确。

推杆电机要实现自动的行程控制还有一种方法，即定时法。对一款确定型号的推杆电机而言，其伸出的最大长度是一定的，从完全缩回到完全伸出所用的时长也是一定的，因此可以通过控制电机的通电时间来控制其行程，但这种控制方法有两个前提，即电机的负载是一定的且电源的电压和电流也是一定的。但农业大田灌溉环境中受水位、水压以及淤泥等影响，推杆电机的负载总是在变化，如果通过通电时长来控制行程，会因误差的长期累积而导致行程发生混乱。

本书最终选择的解决方法是通过对普通推杆电机加装两个霍尔传感器对电机运转圈数进行计数来实现行程控制，只需设置开合度百分比电机即可自动运行到相应的位置。

一、开启度控制算法的基本原理

闸门/阀门开启度控制算法的实现基于这样一个基本原理：推杆的伸出长度与电机的运转圈数是成固定比例的，这一比例只与推杆电机的机械结构有关而不会因其他外部因素的干扰而改变，因此算法的基本思想是通过计算电机运行的圈数来控制推杆的伸出长度。在下文的论述中会涉及电机正转、电机反转、推杆伸出、推杆缩回、闸门/阀门打开、闸门/阀门关闭等词语，由于电机正转和反转是相对量，为便于描述避免理解混乱，这里做一个约定，电机正转等同于推杆伸出，也等同于闸门/阀门打开；电机反转等同于推杆缩回，也等同于闸门/阀门关闭。

如图 3-49 所示为算法的总体架构，包括行程判断模块、霍尔计数模块、电机自动停止检测模块、电机驱动模块和行程控制接口，其中行程判断模块为本算法的核心模块，它在运行中会调用其他模块，每个模块的具体功能如下。

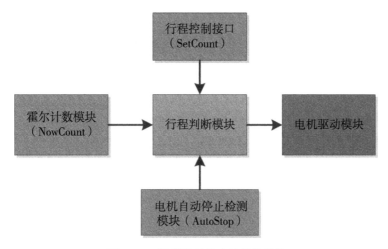

图 3-49 行程控制算法的整体结构

1. 霍尔计数模块

霍尔计数模块是本算法的基础，负责获取电机的运转圈数，并通过霍尔传感器将圈数值转换为控制器可识别的霍尔计数值 NowCount，同时还负责计算推杆从完全缩回运行到完成伸出的霍尔计数总数 TotalCount。

2. 行程控制接口

负责将用户设定的行程值（推杆伸出百分比 0~100%）根据霍尔计数总数转换为霍尔设定值 SetCount。

3. 电机自动停止检测模块

根据算法记录的电机当前运行状态（共记录 3 种状态：停止、正在伸出、正在缩回）以及电机的当前电流值判断电机是否已经因完全伸出或完全缩回触发了限位开关而自动停止，每秒检测一次，检测结果供行程判断模块调用。

4. 电机驱动模块

该模块提供电机控制的基本驱动函数，包括电机正转（伸出）控制函数、电机反转（缩回）控制函数和电机急停控制函数，使用前文介绍的电机驱动电路来执行，行程控制算法的最终执行结果靠调用该模块实现。

5. 行程判断模块

行程判断模块是本算法的核心实现，该模块基于霍尔计数模块提供的当前计数值 NowCount 和行程控制接口模块提供的霍尔设定值 SetCount 来判断当前丝杆运行位置以及是否应该停止或者改变电机运行方向。另外，结合电机自动停止检测模块的检测结果决定是否切断电机的电源供应（正负极都接地，起刹车作用）。该模块的所有判断结果都通过调用电机驱动模块来执行。

二、霍尔计数的原理与实现

电机运行圈数的获取是整个开合度控制算法的基础，本书采用霍尔传感器实现电机运行计数。霍尔传感器是采用霍尔效应工作的传感器，霍尔效应在 1879 年被物理学家霍尔发现，它定义了磁场和感应电压之间的关系，这种效应和传统的感应效果完全不同。当电流通过一个位于磁场中的导体的时候，磁场会对导体中的电子产生一个垂直于电子运动方向上的作用力，从而在导体的两端产生电压差。一个霍尔元件一般有四个引出端子，其中两个是霍尔元件的偏置电流 IC 的输入端，另外两个是霍尔电压的输出端。霍尔传感器目前已在电机转子位置观测、电机运转速度估测、枪弹计数、打捆机计数、数字电度表等诸多方面有所应用，本书使用的是霍尔元件的开关量检测功能。

按照最基本的思路，只需在推杆电机上增加一个霍尔传感器使电机每转动一圈霍尔传感器输出一个脉冲，对该脉冲进行计数即可知道推杆电机的当前行程位置。但是实际使用下来会发现，这种单传感器计数的方式极易受到各种外部电磁干扰而使得霍尔计数值与电机实际运转圈数不符，继而导致行程控制无法实现。并且单霍尔计数也无法判断出电机在正转还是反转。

为解决这一问题，使用了双霍尔计数的方式。双霍尔计数的方法在汽车车窗防夹和磁悬浮位置控制系统中已见应用，但在农业相关控制中尚无应用实例。本书使用的双霍尔传感器在电机中的安装位置如图 3-50 所示，双霍尔传感器分别称为 1 号霍尔传感器和 2 号霍尔传感器，安装在以电机转轴为同心圆的外壳上，霍尔传感器不随电机转动而转动，同时在电机转轴上加装一个永磁体，该永磁体与电机转轴一起转动。

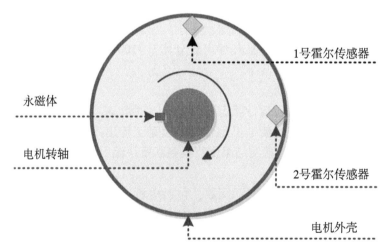

图 3-50 双霍尔传感器在电机中的安装示意

双霍尔传感器安装在电机转轴同心圆的 12 点和 3 点位置，电机每转动一圈，转轴上的永磁体会分别触发两个霍尔传感器各自输出一个脉冲信号，分别定义为 A 相信号和 B 相信号。当电机正转时会先触发 1 号霍尔传感器输出 A 相信号，继续运转 90°后会触发 2 号霍尔传感器输出 B 相信号；电机反转时触发两个霍尔传感器的先后顺序也相反，用示波器检测两个霍尔传感器的输出信号可以得到图 3-51 所示的波形图，电机正转时 A 相比 B 相超前 1/4 周期，电机反转时 A 相比 B 相落后 1/4 周期，后续的霍尔计数将以此波形为基础来实现。

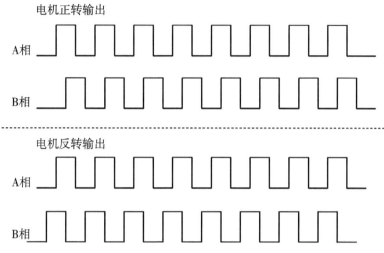

图 3-51　电机运转时双霍尔传感器输出波形

采用双霍尔传感器得到图 3-51 所示的输出波形后，可以发现 A 相信号和 B 相信号之间存在着两种固定的对应关系，并分别与电机的正反转相关。电机正转时，则是当 A 相波形为下降沿时，B 相必然为高电平，A 相波形为上升沿时，B 相必然为低电平；电机反转时，则是当 A 相波形为下降沿时，B 相必然为低电平，A 相波形为上升沿时，B 相必然为高电平。基于这一事实，算法中霍尔计数模块的工作原理是由 A 相信号的高低跳变来触发中断的，在中断程序中同时判断 A 相信号是上升沿还是下降沿，以及 B 相信号的电平高低，二者的组合符合正转特性时当前计数值 NowCount 加 1，符合反转特征时当前计数值 NowCount 减 1，软件流程如图 3-52 所示。

上文提到，使用单霍尔计数时会因外部干扰而导致计数不准，而使用双霍尔计数方法，除了可以判断出电机正反转之外，还可以有效地消除掉绝大多数外部干扰。其工作过程如图 3-53 所示，图中 1~4 区间和 13~16 区间为电机正转实例，根据前文所述原理，当前计数值 NowCount 增加；9~12 区间为电机反转实例，当前计数值 NowCount 减小；5~8 区间为 A 相信号受到干扰发生抖动的情况，此时计数值 NowCount 先增加后减小，最终将干扰抵消掉；12~13 区间为 B 相信号受到干扰，由于此时 A 相无跳变，故计数值 NowCount 不变，同样达到抗干扰的效果。

三、行程控制算法的具体实现

前文介绍的是行程控制算法的实施基础，在获取到可靠的霍尔计数值之后，行程判断模块即可开始工作，工作流程如图 3-54 所示。

行程控制算法的核心思想是对行程控制接口获取的用户设定值 SetCount 进行判断，进而将整个行程控制分为五个区间：急停控制、完全缩回控制、完全伸出控制、临界状

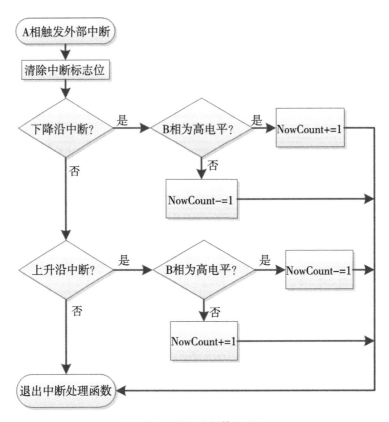

图 3-52　霍尔计数算法流程

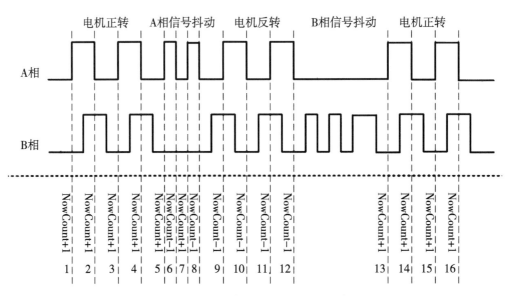

图 3-53　双霍尔计数抗干扰原理示意

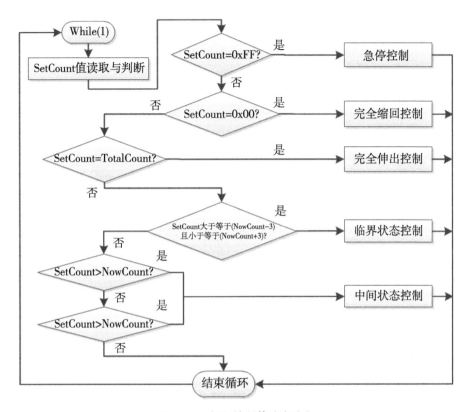

图 3-54 行程控制算法主流程

态控制、中间状态控制。这五种控制是逐一排除的关系，即首先排除急停、全关、全开等特殊状态的控制，之后才能进行中间其他状态的控制，这样整个控制算法才能思路清晰地进行。算法的执行过程是一个死循环，会不断检测用户设定值，每次当设定值有变化时即执行一次主流程。下面逐一对每个控制区间的实现方法进行具体介绍。

1. 全开全闭及急停控制

全开、全闭和急停是三种特殊的控制状态，即使不带行程控制的第一代智能灌溉控制器也会实现这三种功能，比如急停直接断电、全开和全关则会由电机自带的限位开关在电机运行到相应位置后自动控制电机停止等。但是加入行程控制功能后，这三种控制除实现基本功能外还要进行一些控制量的记录和判断，三种特殊状态的控制流程见图 3-55。

对于急停控制，算法首先判断程序记录的电机当前运行状态（共记录三种状态：停止、正在伸出、正在缩回）是否为停止状态，若是，则计算并更新当前丝杆的行程位置并结束流程，若不是，则立即执行停止函数控制电机停止运行，然后依次更新电机当前运行状态为停止，计算并更新当前开合度，最后结束急停控制流程。

全关控制流程主要根据电机是否已经自动停止以及程序记录的电机当前运行状态来判断是否执行电机缩回函数。如果电机已经自动停止且程序记录的电机当前运行状态也为停止，则直接结束本流程，否则将更新电机当前运行状态为停止或者正在缩回，其中

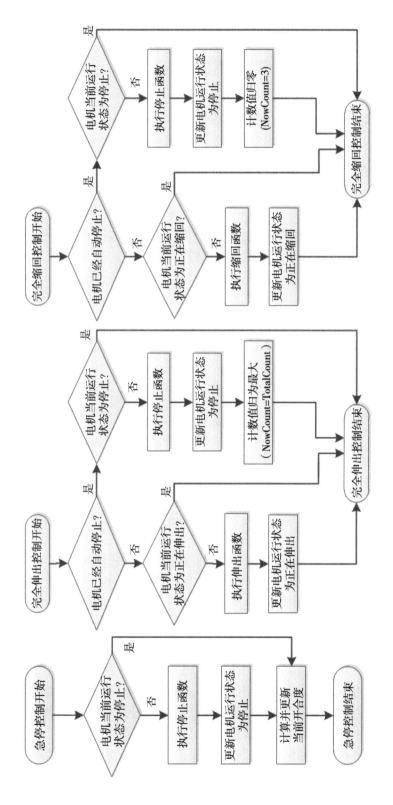

图3-55　急停和全开全关控制流程

当电机完全缩回完成时，还对当前计数值 NowCount 进行归零处理以消除误差，本算法中，归零并不是将其值设为 0，而是设为 3，以避免偶然误差导致计数值由 0 变为负值。

全开控制的执行流程与全关流程类似，不同之处是该流程可能会调用的是电机伸出函数，可能将电机当前运行状态更新为停止或正在伸出，当推杆完全伸出完成时，还将当前计数值 NowCount 归为最大以消除误差，即将其值设定为 TotalCount。其实电机自带的限位开关就能实现全开全闭后的自动停止，本书之所以要进行全开全闭的控制流程，主要是为了在电机已经因触发了限位开关而自行停止之后，及时调用停止函数控制电机驱动电路停止 PWM 信号的输出以节省电量。另外，也可以确认闸门/阀门的全开全闭是否执行到位。

2. 临界状态和中间状态控制

所谓临界状态，即电机运行位置已经到达设定值或者达到了设定值的附近，此时应及时执行电机停止函数以免走过头而反复运转。本算法将电机运行霍尔计数值在设定值±3 范围内时都认为已经到达设定值而将电机停止，从而避免电机反复摆动。临界状态控制程序软件流程如图 3-56 左侧所示，该流程首先判断程序记录的当前电机状态是否为停止，若不是，则执行停止函数并更新相关状态，若是，则说明不是第一次执行此流程，无须进行状态更新，直接退出该流程。

排除全开、全闭、急停、临界四种情况后，行程控制接口模块传来的设定值 SetCount 依然大于或小于 NowCount 时，则说明当前行程确实没有达到设定位置，此时开始执行中间状态控制程序，其软件流程如图 3-56 右侧所示，此流程主要用来判断是

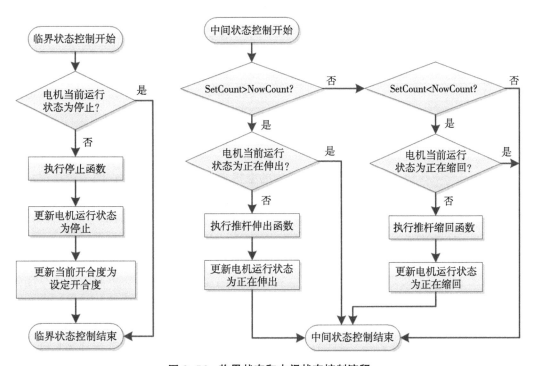

图 3-56　临界状态和中间状态控制流程

否应该改变电机的当前运行方向，所以可能会调用推杆伸出函数和推杆缩回函数，并可能更改电机当前运行状态为正在伸出或正在缩回。以上五种控制子程序中除完全缩回控制和完全伸出控制二者执行顺序可调换外，其他均应按照流程图 3-54 中的先后顺序执行，图 3-54 所示的整个流程无限循环运行即可实现推杆电机行程的精准自动控制。

四、闸门/阀门开启度控制效果分析

算法编程实现后，本书以 STM32F103C8T6 控制器为核心搭建了硬件平台进行行程控制测试，硬件平台使用 H 桥作为电机驱动电路，实现了电机驱动模块，可同时驱动两路推杆电机；如图 3-57 所示，其中每路电机使用两路霍尔信号进行行程检测，每路霍尔信号的输入都经过光耦元件 TLP2362 进行光电隔离，以减小外部干扰信号对霍尔计数的影响。

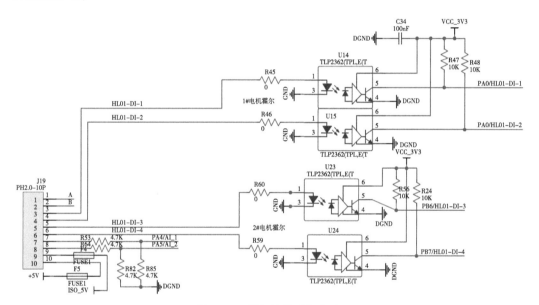

图 3-57　霍尔信号采集电路

使用 2 个电流传感器实现了图 3-49 中的电机自动停止检测模块；使用蓝牙模块建立测试平台与手机 App 的通信，作为图 3-49 中的行程控制接口，图 3-58 所示为手机 App 的界面截图，图中的一号闸门对应为 1 号推杆电机，二号闸门对应 2 号推杆电机，所有测试设定值都通过操作该 App 进行输入。

图 3-59 为测试所选用的 2 台 12V 供电的直流电机推杆，推杆最大行程分别为 600mm 和 350mm，极限负载 1 000N，空载速度 7mm/s。测试过程为控制电机由全闭走到全开，然后由全开再走到全闭，两个全程分别分为 10 个行程挡位进行测试，即先由全闭开到 10%，再开到 20%，再开到 30%……90%，再开到 100%，之后再由 100% 到 90%……20% 到 10% 到全闭，其间对每个行程挡位推杆的实际伸出长度和理论长度进行对比，计算其误差，测试结果如图 3-60 所示。由测试数据可见，全开时的误差是电机自身的系统误差，大概为 0.5%，与本算法无关，行程控制的误差随行程的增加呈减小

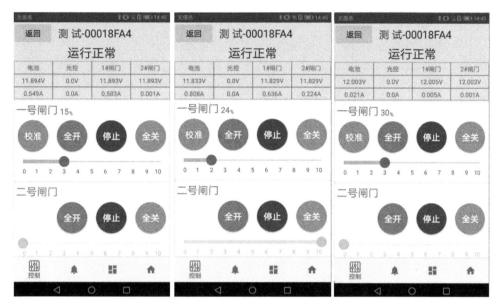

图 3-58　行程控制测试 App 界面

趋势，这是因为每次行程控制中都存在着固定的系统误差值，随着行程基数的增大，误差比例自然降低，即使在未扣除系统误差的情况下进行测试，本算法的行程控制总体误差仍不到 1%，这对于农业生产而言控制精度是足够的。

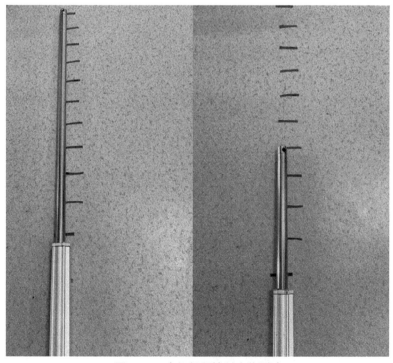

图 3-59　电机行程控制实物测试

行程档位	350mm推杆测试					600mm推杆测试				
	理论长度/mm	实测长度1/mm	误差百分比/%	实测长度2/mm	误差百分比/%	理论长度/mm	实测长度1/mm	误差百分比/%	实测长度2/mm	误差百分比/%
10%	35	33.3	4.86	34.2	2.29	60	59.5	0.83	59.8	0.33
20%	70	68.7	1.86	69.6	0.57	120	118.4	0.50	118.7	1.08
30%	105	103.5	1.43	104.3	0.67	180	177.5	1.39	179.5	0.28
40%	140	138.6	1.00	139.8	0.14	240	238.3	0.71	239.6	0.17
50%	175	172.3	1.54	174.7	0.17	300	298.9	0.37	300.5	0.17
60%	210	208.2	0.86	210	0	360	360.1	0.03	359.9	0.03
70%	245	242.7	0.94	245.6	0.24	420	423.2	0.76	419.1	0.21
80%	280	277.3	0.96	280.8	0.29	480	482.6	0.54	478	0.42
90%	315	312.4	0.83	315.2	0.06	540	542.2	0.41	538.7	0.24
100%	350	348.3	0.49	348.3	0.49	600	597.2	0.47	597.2	0.47

图 3-60　推杆电机行程控制测试结果

　　本书所研究的算法解决了传统推杆电机无法自动控制行程的问题，使得原来只能由人工现场控制行程的方式转变为无人值守的自动控制，继而可以实现精准控制和远程控制。算法所使用的计数功能选用的是 2 个造价不足 1 元人民币的普通霍尔传感器，非常适合对成本比较敏感的大田农业。针对农业生产环境高湿度多尘土的特点，实现了一种简易可靠的电机行程控制算法，适合在智慧农业中推广使用。该算法既可作为单独模块使用，也可集成到现有的农业闸门/阀门控制器中作为一个智能驱动模块，可以精准控制闸门/阀门的开启度，为精准灌溉提供便利的实施条件，且实施方式灵活。本算法低成本、易推广的特性将使其能够在农业信息化中发挥重要作用，大大提高我国农业信息化水平。

第六节　闸门/阀门控制接口：近场与远程

　　闸门/阀门控制接口是用户操作智能灌溉控制器的唯一通道。本书所研发的大田智能灌溉系统作为一种物联网在农业上的应用，其核心特征就是要实现远程控制，因此闸门/阀门控制接口必须具有远程通信功能。另外，在施工阶段，远程通信环境尚未搭建完成，此时要测试智能灌溉控制器是否正常工作、对其运行参数进行配置、临时现场应急控制等，种种因素都要求在远程接口之外再配置一种近场控制接口。

一、近场控制接口

　　近场控制接口最初的设计目的是作为一种备份，以防止远程控制失灵时整个灌溉系统瘫痪。因此在第一代产品中设计的近场控制接口是 2 个物理按钮，这种方式简单可靠，且操作方式易于被无信息化操作经验的农田用水管理人员接受。如图 3-61 所示，在智能灌溉控制器的前面板外壳上开 2 个圆形孔，孔中安装 2 个单触点开关，开关与主控板连接。主控板循环监测开关的触发状态，第一次触发时控制电机正转，第二次触发时控制电机反转，第三次触发时控制电机停止，第四次触发时与第一次相同，当然，在任何一次触发之后超过2min未有新的动作，则再按按键认为是第一次触发，如此无限循环。

物理按键控制虽然具有简单易学的优点，但同时也有缺点。例如，在控制器的结构上，因为增加了按键而导致控制器外壳上多了2个孔，从而增加了防水难度，使得控制器进水的概率增大；另外，物理按键的功能是定死的，且只能实现简单的开、关、停等命令，无法通过其查看控制器当前的运行状态。基于以上缺点，我们在第二代智能灌溉控制器中淘汰了物理按键，改用无线通信方式实现近场控制。

取消物理按键之后要想实现对控制器的近场控制，就意味着要选用新的人机交互接口，很容易想到的替代方案就是触摸屏。但是在控制器上直接增加触摸屏会同样导致壳体上要多开一个孔，且这个孔洞比按键洞更大。另外，触摸屏属高精密电子元件，并不适于在大田这种高温高湿的环境中长期使用，且给每台控制器都增加触摸屏的话也会大大增加单台控制器的成本，不利于大田智能灌溉系统的推广使用。

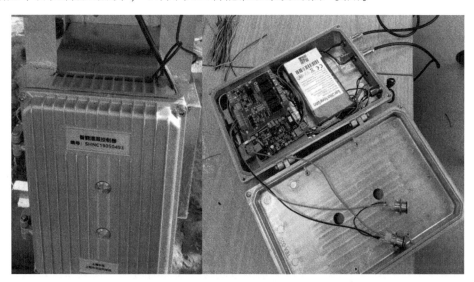

图3-61　物理按钮控制接口

鉴于此，最终解决方案是，使用越来越普及的手机的屏幕作为近场控制的人机操作接口。现如今触摸屏基本是手机的标配，我们完全可以利用这块触摸屏实现对智能灌溉控制器的近场控制。

利用手机触摸屏实现对智能灌溉控制器的近场控制这一方案的实现需要解决2个问题：一是手机和智能灌溉控制器的通信方式问题，二是手机上控制命令的发送和接收问题。先说第一个问题，手机与控制器的通信。通信分有线和无线两种，有线方式即利用手机自带的数据接口通过数据线与智能灌溉控制器建立通信连接，显然这种方式需要控制器上也配置相应的数据线插口，同样需要在外壳上开孔，且每次对智能灌溉控制器进行近场控制时都要插拔数据线也是极不方便的。因此，有线方式并不可行，只有无线方式了。

手机上目前可使用的无线通信方式有三种：移动通信方式（3G、4G、5G 等）、Wi-Fi 通信方式、蓝牙通信方式。移动通信方式主要是通过移动基站的中转实现远程通信的，因此近场通信予以排除，另外 2 种无线通信方式中我们首先想到的是使用 Wi-Fi，并通过在智能灌溉控制器内加装一款 Wi-Fi 模块，从而实现了通过手机实现近场控制的功能。

Wi-Fi，英文全称为 Wireless Fidelity（无线保真），它是当前流行的一种无线局域网技术，是计算机网络与无线通信相结合的产物，也是 IEEE 定义的一个无线网络通信的工业标准，又称 802.11 标准，一般工作在 2.4GHz 频段。IEEE 802.11 系列协议从诞生至今已经发展了数代，如 802.11——过于平庸的一代；802.11a——生不逢时的一代；802.11b——奠定基础的一代；802.11g——融合前人的一代；802.11n——初露锋芒的一代；802.11ac——锋芒毕露的一代；802.11ax——肩负使命的一代。

Wi-Fi 凭借其传输快、广覆盖、安全性高等优势得到大众的宠爱，能将电脑、手机等设备以无线方式互相通信。Wi-Fi 同蓝牙技术类似，但比蓝牙有着更远的传输距离和更高的传输速率（图 3-62）。

图 3-62　Wi-Fi 的标准系列

基于 Wi-Fi 的以上优点，最初使用 Wi-Fi 方案开发完成了近场控制功能，选用的 Wi-Fi 模块型号为 ESP8266。ESP8266 系列无线模块是深圳市安信可科技有限公司自主研发设计的一系列高性价比 Wi-Fi SOC 模组。该系列模块支持标准的 IEEE802.11 b/g/n 协议，内置完整的 TCP/IP 协议栈。用户可以使用该系列模块为现有的设备添加联网功能，也可以构建独立的网络控制器。

如图 3-63 所示，ESP8266 通过 2 根信号线与主控制器通信，板载 Wi-Fi 天线可以

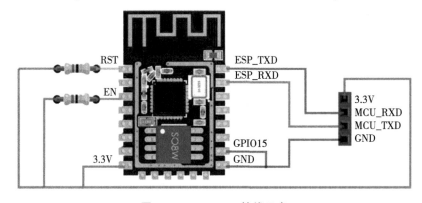

图 3-63　ESP-12S 接线示意

使得整个模块安装在智能灌溉控制器内部，不需要另外为天线开孔，因此达到了增强壳体防水性的目的。

ESP8266 可设置为服务器模式和站点模式，一般由站点主动发起连接请求，服务器等待连接，收到站点的连接请求之后与之建立连接。对于安装在大田中的智能灌溉控制器而言，如果将其设为站点模式，则将一直发送连接请求，但是用户可能很久才会进行一次近场控制，所以大多数时候的连接请求是不需要的，这样会造成很大的电能浪费（智能灌溉控制器使用太阳能和锂电池供电），从而减少智能灌溉控制器的续航时间。另外，一片农田里会存在多个智能灌溉控制器，每个都同时发送连接请求也会导致所有的站点都无法成功连接。

因此，最终将 ESP8266 设为了服务器模式，当用户需要近场只需携带手机走到所要操作的控制器旁边，找到该控制器的 SSID 名称进行连接即可。图 3-64 所示为 Wi-Fi 模块初始化的流程之一，设置 ESP8266 工作在 AP 模式，即服务器模式，并设置相应的 SSID，即 Wi-Fi 热点的名称，以供手机对其发起连接请求并区分出不同的智能灌溉控制器。

```
]/********************************************
 *
 * [WiFi_SetSSID 设置ESP8266的wifi参数]
 * @param  cmd   [需要发送的AT指令]
 * @param  reply [期望模块回显的内容]
 * @param  wait  [等待时间(ms)]
 * @return       [实际回显等于期望返回1,否则0]
 *
 ********************************************/
u8 WiFi_SetSSID(char* ssid, char* pwd)
{
    //AT+CWSAP_DEF="ESP8266","1234567890",5,3  len=14+ssidlen+3+pwdlen+5
    //char tmpstr[] = "AT+CWSAP=\"ESP8266\",\"1234567890\",5,3"; //不保存到flash
    u8 ret=0,ssidlen=0,pwdlen=0;
    char* pCmd = NULL;
    ssidlen = strlen(ssid);
    pwdlen = strlen(pwd);
    //不保存到flash
//  pCmd = malloc(ssidlen+pwdlen+18);//动态内存分配
//  memcpy(pCmd,"AT+CWSAP=\"",10);
//  memcpy(&pCmd[10],ssid,ssidlen); memcpy(&pCmd[10+ssidlen],"\",\"",3);
//  memcpy(&pCmd[10+ssidlen+3],pwd,pwdlen);memcpy(&pCmd[13+ssidlen+pwdlen],"\",5,3",5);
    //保存到flash
    pCmd = malloc(ssidlen+pwdlen+22);//动态内存分配
    memcpy(pCmd,"AT+CWSAP_DEF=\"",14);
    memcpy(&pCmd[14],ssid,ssidlen); memcpy(&pCmd[14+ssidlen],"\",\"",3);
    memcpy(&pCmd[14+ssidlen+3],pwd,pwdlen);memcpy(&pCmd[17+ssidlen+pwdlen],"\",5,3",5);

    //uart2_send_buff((u8*)pCmd,ssidlen+pwdlen+22);//调试用

    UART1_Send_Data((u8*)"+++",3);
    //ret &= WiFi_ATCmdSend("ATE0","OK",100);//关闭回显
    ret &= WiFi_ATCmdSend("AT+CWMODE_DEF=2","OK",200);//设置为AP模式,保存到flash
    ret &= WiFi_ATCmdSend("AT+CIPAP_DEF=\"192.168.1.1\"","OK",200);//设置为AP的IP地址
    ret &= WiFi_ATCmdSend(pCmd,"OK",200);//开启WiFi热点

    free(pCmd);//释放动态内存
    delay_ms(500);//热点开启后等待500毫秒再进行其他操作
    return ret;
}
```

图 3-64　Wi-Fi 模块设置 SSID 代码

将 ESP8266 设置为热点，即服务器模式后，还要进行一些其他设置才能正常工作。比如首先要断开其他连接、禁用透传模式、使能多连接、开启服务器等，如图 3-65 所示，经过这些设置之后模块才能正常接受手机发起的连接请求并建立连接，之后可通过Wi-Fi 链路与手机通信，实现近场控制功能。

```
/*****************************************************
 *
 * [WiFi_SetTCPserver 设置ESP8266为TCP服务器]
 * @param
 * @param
 * @param
 * @return
 *
 *****************************************************/
u8 WiFi_SetTCPserver(void)
{
    u8 ret=0;
    ret &= WiFi_ATCmdSend("AT+CIPSERVER=0","OK",200);//先断开其它连接
    ret &= WiFi_ATCmdSend("AT+CIPMODE=0","OK",200);//禁用透传模式
    ret &= WiFi_ATCmdSend("AT+CIPMUX=1","OK",200);//使能多连接
    ret &= WiFi_ATCmdSend("AT+CIPSERVER=1,2020","OK",200);//开启服务器，端口2020
    return ret;
}
```

图 3-65　设置 Wi-Fi 模块工作模式代码

在辛辛苦苦实现了基于 Wi-Fi 的近场通信功能后，还没投入使用就发现了一个致命问题：通过 Wi-Fi 与智能灌溉控制器建立连接后手机不能上网了！因为目前手机操作系统的工作逻辑是同一时间只能使用一种方式接入互联网，要么通过 Wi-Fi 接入，要么通过移动通信网络使用流量接入，且 Wi-Fi 模式优先，即通过 Wi-Fi 接入后会自动断开流量接入方式。所以导致手机与控制器建立 Wi-Fi 连接之后手机无法上网，这样虽不影响近场控制功能的使用，但是我们后续的功能设计上希望实现对近场控制的信息实时上传后台，并且从后台获取配置信息对智能灌溉控制器进行配置，这就要求手机与控制器建立连接的同时还能正常上网，而不是手动在移动通信网络和 Wi-Fi 之间来回切换。

基于以上原因，通过 Wi-Fi 网络实现近场控制的方案也只能被否决，最后可选的方式只剩蓝牙。

蓝牙（Bluetooth）是一种无线技术标准，可实现固定设备、移动设备和楼宇个人域网之间的短距离数据交换（使用 2.4~2.485GHz 的 ISM 波段的 UHF 无线电波）。蓝牙技术最初由电信巨头爱立信公司于 1994 年创制，当时是作为 RS232 数据线的替代方案。蓝牙可连接多个设备，克服了数据同步的难题。

如今蓝牙由蓝牙技术联盟（Bluetooth Special Interest Group，简称 SIG）管理（图3-66）。蓝牙技术联盟在全球拥有超过 25 000 家成员公司，它们分布在电信、计算机、网络和电子消费等多个领域。IEEE 将蓝牙技术列为 IEEE 802.15.1，但如今已不再维持该标准。蓝牙技术联盟负责监督蓝牙规范的开发，管理认证项目，并维护商标权益。制造商的设备必须符合蓝牙技术联盟的标准才能以"蓝牙设备"的名义进入市场。蓝牙技术拥有一套专利网络，可发放给符合标准的设备。

　　Bluetooth 技术提供了两种无线电选择，为开发者提供了一套多功能的全栈式、适合目的的解决方案，以满足对无线连接不断扩大的需求。无论产品是在智能手机和扬声器之间传输高质量的音频，还是在平板电脑和医疗设备之间传输数据，或是在楼宇自动化解决方案中的数千个节点之间发送消息，Bluetooth 低能耗（BLE）和基本速率/增强数据速率（BR/EDR）无线电台都是为了满足全球开发人员的独特需求而设计的。

图 3-66　蓝牙技术联盟 Logo

　　Bluetooth Classic 无线电，也被称为 Bluetooth 基本速率/增强数据速率（BR/EDR），是一种低功率无线电，在 2.4GHz 非授权工业、科学和医疗（ISM）频段的 79 个频道上进行数据流。支持点对点设备通信，Bluetooth Classic 主要用于实现无线音频流，已成为无线扬声器、耳机和车载娱乐系统背后的标准无线电协议。Bluetooth Classic 无线电还能实现数据传输应用，包括移动打印。

　　BLE 无线电是为非常低的功率操作而设计的。BLE 无线电在 2.4GHz 非授权 ISM 频段的 40 个信道上传输数据，为开发者提供了巨大的灵活性，以构建满足其市场独特连接要求的产品。Mesh 使 Bluetooth 技术能够支持创建可靠的、大规模的设备网络。虽然最初以其设备通信功能而闻名，但 BLE 现在也被广泛用作设备定位技术，以满足对高精度室内定位服务日益增长的需求。最初支持简单的存在和接近功能，BLE 现在支持 Bluetooth 方向查找，并很快支持高精度距离测量。

　　本书使用的是 BLE 技术实现手机与智能灌溉控制器的近场通信，BLE 模块选用的是 JDY-23 超低功耗蓝牙 5.0 模块。JDY-23 透传模块是基于蓝牙 5.0 协议标准，工作频段为 2.4GHz 范围，调制方式为 GFSK，最大发射功率为 4dB，最大发射距离为 60m，采用进口原装芯片设计，支持用户通过 AT 命令修改设备名、调制速率等指令，方便快捷，使用灵活。JDY-23 蓝牙模块可以实现模块与手机的数据传输，默认无须配置即可快速使用 BLE 进行产品应用，让 BLE 在产品应用中更加快捷方便。

　　如图 3-67 所示，JDY-23 蓝牙模块架起了手机与智能灌溉控制器无线通信的桥梁，手机通过标配的蓝牙模块与 JDY-23 模块建立蓝牙连接，JDY-23 模块通过串口与智能灌溉控制器的主控芯片进行通信，将来自手机的控制命令发送给 MCU，并将 MCU 返回的数据发送给手机，从而实现智能灌溉控制器的近场控制。

　　如图 3-68 所示为蓝牙模块 JDY-23 的引脚定义及其与主控芯片连接的接线图，图中 RXD 和 TXD 为数据收发引脚，PWRC 引脚具有 2 种作用，例如，用户需要睡眠可通

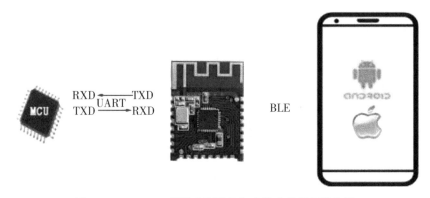

图 3-67　JDY-23 模块实现手机与主控芯片的无线连接

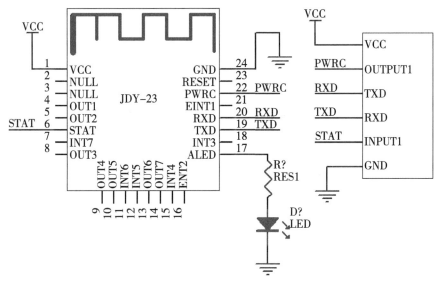

图 3-68　JDY-23 模块与 MCU 串口透传接线

过 AT+SLEEP 指令控制，唤醒可通过 PWRC 引脚低电平唤醒；已连接状态下可通过将 PWRC 引脚拉低发 AT 指令或直接设置工作模式。STAT 引脚用于指示连接状态，已连接高电平，未连接低电平。

　　智能灌溉控制器中的蓝牙模块通过广播名被手机上的蓝牙 App 发现，所以控制器上电后需要设置蓝牙模块的广播名。本书设置的蓝牙广播名为从 LoRa 模块中获取的 NID，因为每个 LoRa 模块的 NID 都具有唯一性，关于 LoRa 模块和 NID 将在后续章节中进行详细介绍。图 3-69 所示为设置 JDY-23 模块广播名的操作函数源代码，首先获取要设置的蓝牙名，然后通过拉低 PWRC 引脚控制 JDY-23 模块进入 AT 模式，之后通过 AT 指令设置蓝牙广播名，设置完成后将 PWRC 引脚拉高，以恢复蓝牙模块到透传模式。通过以上过程设置完成广播名后，手机 App 即可搜索到设置好的蓝牙名，点击进行连接即可实现手机与智能灌溉控制器的近场通信。

　　使用蓝牙实现近场控制的好处是首先解决了对控制器开孔及机械按钮易损坏的缺

点，整个蓝牙模块可以完全密封在控制器壳体中，通过蓝牙模块的板载天线与外界通信。另外，在手机与控制器连接的同时，手机可以正常上网，继而可以从后台获取该控制器的配置参数等信息进行配置，并将配置结果实时反馈给后台。由于蓝牙通信距离有限，所以在一片大田里即使同时存在成百上千个控制器，但我们在手机 App 上只能搜索到附近的几个，且信号最强的就是离操作人员最近的，所以可以很好地避免连接到其他控制器上。

```c
/*********************************************
 *
 * [BLE_SetName 设置JDY-23的广播名]
 * @param   name    [要设置的蓝牙名]
 * @param
 * @param
 * @return          [实际回显等于期望返回1,否则0]
 *
 *********************************************/
u8 BLE_SetName(char* name)
{
    //AT+NAMExxx   xxx为蓝牙广播名，最长24字节
    u8 ret=0,namelen=0;
    char* pCmd = NULL;
    //namelen = strlen(name);
    namelen = 11;//长度固定为11字节

    pCmd = malloc(namelen+7);//动态内存分配
    memcpy(pCmd,"AT+NAME",7);
    memcpy(&pCmd[7],name,namelen);

    //uart2_send_buff((u8*)pCmd,ssidlen+pwdlen+22);//调试用
    GPIO_ResetBits(GPIOA, GPIO_Pin_8);//拉低PWRC引脚后发送AT指令
    ret &= BLE_ATCmdSend(pCmd,"OK",200);//设置蓝牙名称
    ret &= BLE_ATCmdSend(pCmd,"OK",200);//发两遍
    GPIO_SetBits(GPIOA, GPIO_Pin_8);//发送之后拉高PWRC引脚

    free(pCmd);//释放动态内存
    delay_ms(50);//设置后等待50毫秒再进行其他操作
    return ret;
}
```

图 3-69　MCU 设置 JDY-23 模块的蓝牙广播名

二、远程控制接口

远程控制接口是本系统日常使用的主要方式，近场控制接口只作为施工时参数配置接口以及作为远程控制失效时的备用接口。所以远程控制接口及其重要。远程控制接口的主要作用是实现与云管理平台的通信，接收用户发来的远程控制命令或配置命令，并将控制器的执行结果返回给云平台。

本书设计的远程通信接口兼容 2 种方式，一是通过搭载 4G Cat.1 模块实现每个智能灌溉控制器直接与云平台的连接，二是通过搭载 LoRa 模块实现与 LoRa 网关的直接连接，通过 LoRa 网关间接接入云平台。无论哪种模式，其采用的通信模块都是通过串口与智能灌溉控制器的主控芯片进行通信，且两种模块使用统一的物理接口，MiniPCIe 接口，模块出现故障时可随时插拔更换（图 3-70）。

图 3-70　MiniPCIe 接口模块和插槽

MiniPCIe 是基于 PCI-E 总线的接口，MiniPCIe 是基于 PCI 总线的接口，两种接口在电气性能上不同，MiniPCIe 主要用于笔记本和数码设备。MiniPCIe 采用了目前业内流行的点对点串行连接，比起 PCI 以及更早期的计算机总线的共享并行架构，每个设备都有自己的专用连接。工业平板电脑或工控机中都会配备有无线设备这一接口。MiniPCIe 是基于 PCI-E 总线可以为工控一体机扩展外围设备，如蓝牙模块、4G 模块、无线网卡模块、MiniPCIe 接口的固态硬盘等。不过 MiniPCIe 接口带宽不高，比较适合一些对数据吞吐量要求不是非常高的外围设备使用。部分主板内部有多个 MiniPCIe 接口，除内置无线网卡外，还会多预留至少一个给 4G 模块用（并且预埋有天线）。本书使用的是 MiniPCIe 接口的电气和尺寸定义，并未实现其通信协议，实践的数据传输依然使用的是串口。图 3-71 所示为 MiniPCIe 接口的引脚定义，图 3-72 所示为本书所设计的智能灌溉控制器中使用的 MiniPCIe 接口的电路原理。使用改接口并非看中去高速率，而是为了使同一块主板上可以通过插拔的方式方便地更换不同的远程通信模块。

Cat.1 是 4G 通信 LTE 网络下用户终端类别的一个标准。具有低延时、低成本、移动性好的特征，可支持高达 10Mbit/s 的终端下行链路速率，从而能够以更低的功耗和更低的成本 IoT 设备连接到 LTE 网络。非常适用于对性价比、时延性、覆盖范围、通信速度有要求的应用场景。

4G 是指第四代移动通信技术（缩写为"4G"）。"4G"包括 TD-LTE 和 FDD-LTE。这是 3G 技术的更好改进。与 3G 通信技术相比，它具有更大的优势。它是 WLAN 技术和 3G 通信技术的完美结合，可以使图像传输速度更快。使传输的图像质量和图像看起来更清晰。4G 通信技术在智能通信设备中的应用使用户的互联网速度更快，速度可高达 100Mbit/s。

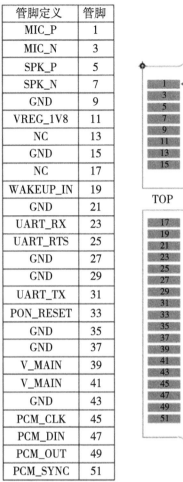

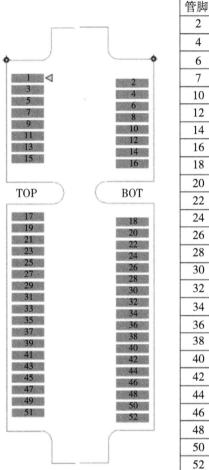

管脚定义	管脚
MIC_P	1
MIC_N	3
SPK_P	5
SPK_N	7
GND	9
VREG_1V8	11
NC	13
GND	15
NC	17
WAKEUP_IN	19
GND	21
UART_RX	23
UART_RTS	25
GND	27
GND	29
UART_TX	31
PON_RESET	33
GND	35
GND	37
V_MAIN	39
V_MAIN	41
GND	43
PCM_CLK	45
PCM_DIN	47
PCM_OUT	49
PCM_SYNC	51

管脚	管脚定义
2	V_MAIN
4	GND
6	NC
7	V_USIM
10	USIM_DATA
12	USIM_CLK
14	USIM_RST
16	NC
18	GND
20	W_DISABLE
22	PON_RESET
24	V_MAIN
26	GND
28	UART_CTS
30	UART_DCD
32	WAKEUP_OUT
34	GND
36	USB_D–
38	USB_D+
40	GND
42	LED_WWAN
44	USIM_DETECT
46	UART_DTR
48	NC
50	GND
52	V_MAIN

图 3-71　MiniPCIe 接口引脚定义

　　Cat.1 的全称是 LTEUE-Category1，其中 UE 指的是用户设备，它是 LTE 网络下用户终端设备的无线性能的分类。根据 3GPP 的定义，UE 类别以 1~15 分为 15 个等级。Cat.1 的最终目标是服务于物联网并实现低功耗和低成本 LTE 连接的目的，这对物联网的发展具有重要意义。Cat.1 属于 4G 系列，可以完全重用现有的 4G 资源。尽管 4g 模块主要使用 Cat.4，下载速率可以达到 150Mbit/s，但是大多数 IoT 场景并没有如此高的速率要求。随着成熟的 4G 产业链的发展，Cat.1 作为 4G 的低端版本，只需要对现有 4G 产品进行少量改动，就可以迅速推向市场并降低成本，达到行业预期范围。Cat.1 是配置为最低版本参数的用户终端级别，可让业界以低成本设计低端 4G 终端（图 3-73）。

　　2G 退、4G 贵、NB 慢，Cat.1 成了 IoT 远程通信的最佳选择。随着 2G、3G 的退网，基于 4G/5G（NB-IoT+4G+5GNR）的物联网技术将担当起开启万物互联的大任。与 NB-IoT 和 2G 模块相比，Cat.1 在网络覆盖范围、速度和延迟方面具有优势。与传统的 Cat.4 模块相比，它具有成本低、功耗低的优点。同时，Cat.1 适用于当前的家用 4G 网

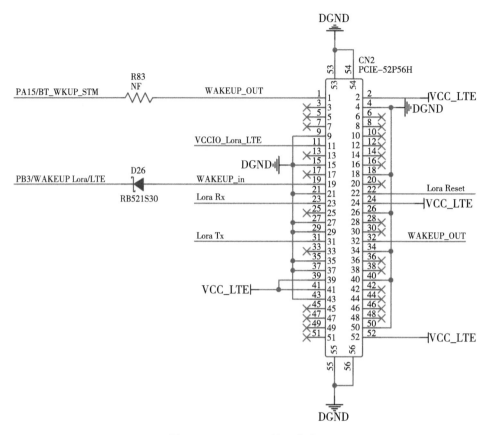

图 3-72　MiniPCIe 接口电路

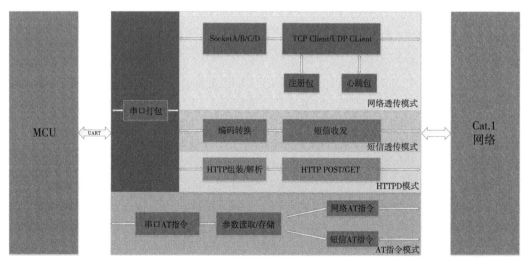

图 3-73　Cat.1 模块的几种工作模式

络，非常适合需要成本性能、延迟、覆盖范围和通信速度的应用场景。因此本书选用
Cat.1 模块作为传统 GPRS 模块的替代品实现远程通信功能。

基于 4G Cat. 1 模块的远程通信接口方式只适用于小规模的灌溉系统，因为 4G 模块造价高及其需要流量消耗的特性决定了其单个模块的使用成本也较高，小规模使用时可以不用架设专门的基站而降低成本，但大规模使用的话，整个灌溉系统将成本大增，因此需要有一种替代方案。

针对 4G Cat. 1 模块的缺点，本书研究的大田智能灌溉系统可同时兼容另一种远程控制模式，即基于 LoRa 的通信方式。这种方式的基本原理是在大田灌溉区域内架设一个无线基站，区域内所有智能灌溉控制器搭载 LoRa 模块与基站直接组网，最终建立一个无线局域网，整个 LoRa 无线局域网只通过基站接入互联网，局域网内的其他模块通过基站间接实现远程通信。这一方式减少了流量支出，且由于 LoRa 模块单价比 4G Cat. 1 模块低，所以较适用于规模较大的大型农场，也是本书研究的大田智能灌溉系统所采用的主要远程通信方式，关于这块内容，本书后续章节中会进行专门研究。

第七节　参数存储与事件记录

一、参数存储

在前文部分章节中多次提到过配置参数，那么这些参数具体是什么？有什么作用？为什么要存储？需要怎么存储？针对这些疑问，本节将进行详细介绍。

本书所研究的大田智能灌溉系统要正常运行需要配置多种参数，这些参数按其所存储的位置可以划分为三大类：一是智能灌溉控制器开机后需要使用，但关机后不需要保存的，这类参数存储于系统内存中，即 RAM 存储器中；二是关机或意外断掉后也需要永久保存的，这类参数存储于非易失存储器中，即 FLASH 存储器中；第三类为出厂设置之后不会再改变的参数，这类参数在之后的使用中只会被读取不会被写入，所以其存储位置为程序存储区，即等同于只读存储器 ROM。

目前，系统中需要存储在只读存储器 ROM 中的参数只有一种，即系统的固件版本号，该数据是跟随程序编译之后即固定不能更改的，所以我们的处理方式是将该数据作为一个字符串存储在程序代码中，其存储位置由编译器在编译时在程序存储器分配固定位置，当需要读取时直接通过串口传输出来，但不设置修改功能。

数量第二多的是存储于 RAM 存储器中的参数，如图 3-74 所示。其中的电机开关状态、光控地址、LoRa 地址、Wi-Fi 地址、蓝牙地址、设备状态标识等参数对于用户而言是只读的，即只可查询不可修改，但这些参数却并不是一成不变的，比如蓝牙地址是根据 LoRa 或 4G 模块的地址设置的，而 LoRa 或 4G 模块的地址每个模块是固定的，但更换了模块就会发生改变，所以我们设计的智能灌溉控制器是在每次上电开机后重新对 LoRa 或 4G 模块的地址进行读取，并从读取的地址中截取固定长度设置为蓝牙地址，所以这几个地址都是在开机时重新设定的，对用户而言只读，但对智能灌溉控制器而言是可读可写的，因此被分配在掉电不保存的 RAM 存储器中。而对于电机保护开关、LoRa NID 等参数，则是用户可以读也可以写的，但同样因为更换模块或者重启清零等需要，这些参数也不需要掉电保存，所以同样被分配在 RAM 存储器中。

地址位	内容	存储类型	字节数	读写模式	通信方式	默认值
0×01	1#电机开关状态位	RAM	1	R	L/B	0×00
0×02	2#电机开关状态位	RAM	1	R	L/B	0×00
0×03	光控地址位	RAM	1	R	L/B	—
0×04	LoRa地址位	RAM	1	R	L/B	—
0×07	LoRa/4G配置地址位	RAM	1	R	L/B	0×00
0×08	Wi-Fi AT地址位	RAM	1	R	L/B	—
0×09	蓝牙地址位	RAM	11	R	L/B	—
0×0A	设备状态标识	RAM	1	R	L/B	00
0×1C	1#电机保护开关	RAM	1	R/W	L/B	00
0×32	2#电机保护开关	RAM	1	R/W	L/B	00
0×49	LoRaNID	RAM	4	R/W	B	—
0×6C	系统当前时间	RAM	4			

图 3-74　存储于 RAM 存储器中的参数汇总

最后，数量最多也是最重要的参数就是需要掉电保存的参数，如图 3-75 所示，它们被分配在 FLASH 存储器中。这些参数是智能灌溉控制器运行时执行一些电机控制和保护功能的判断依据，比如两路电机各自的额定电压、额定电流、过压阈值、欠压阈值、过载阈值、欠载阈值、自检间隔时间等，都是用于进行电机保护的重要参数，这些参数需要用户根据实际情况以及所接电机的性能参数进行设置，且一般都是在施工安装之后进行设置的，因此要求设置之后断电不丢失，不然每次开机都要设一次也是不现实的。

另外，电机类型、霍尔设定值、电机正反转标识、电机上下限位标识、电机 PWM 速度等参数是用于控制电机运行的，例如，电机类型可设置的选项有无法控制行程的普通电机、可精确控制行程的霍尔电机、可调速但是需要加装限位开关的 PWM 蜗杆电机等，只有根据电机类型对这些参数进行准确的设置才能实现对电机或者闸门/阀门进行准确控制的目的。所以这些参数都是应该在智能灌溉控制器投入使用前进行设置的，并且设置之后永不丢失，除非用户根据需要进行主动修改，否则数值不会被改变。

存储在 FLASH 非易失存储器中的数据除以上介绍的电机运行控制和电机保护相关的参数外，还有一类数据，即电机运行故障和事件的记录。这类数据不需要用户进行设置，而是由智能灌溉控制器的自检功能生成并自动存储，以供用户或检修人员查询。比如设备运行时发现异常的话会根据异常的严重程度进行分类，分别生成设备告警明细码和设备故障明细码以简要记录异常的情况。另外，对于具体的保护功能，设备会生成事件记录进行存储，为节省存储空间，每个电机的事件记录最多 10 条，并且循环存储，达到 10 条以后自动覆盖第一条记录。

除针对电机运行的参数外，还有针对控制器本身的参数，比如设备经纬度。这个参数也需要可设置，且设置之后掉电不丢失。因为出于成本考虑我们的智能灌溉控制器中并未配置 GPS 模块，所以设备无法自己获取经纬度信息，而是在施工配置时由施工人员从配置手机上获取安装位置的经纬度信息发送给控制器进行存储的。

内容	存储类型	字节数	读写模式	通信方式
主板自检间隔时间	FLASH	2	R/W	L/B
1#电机额定电压设定	FLASH	2	R/W	L/B
1#电机过压域值设定	FLASH	2	R/W	L/B
1#电机欠压域值设定	FLASH	2	R/W	L/B
1#电机额定电流	FLASH	2	R/W	L/B
1#电机过载域值设定	FLASH	2	R/W	L/B
1#电机欠载域值设定	FLASH	2	R/W	L/B
1#电机霍尔量设定	FLASH	2	R/W	L/B
1#电机上下限位标志位	FLASH	1	R/W	L/B
1#电机正反转标识位	FLASH	1	R/W	L/B
1#电机类型	FLASH	1	R/W	L/B
2#电机额定电压设定	FLASH	2	R/W	L/B
2#电机过压域值设定	FLASH	2	R/W	L/B
2#电机欠压域值设定	FLASH	2	R/W	L/B
2#电机额定电流	FLASH	2	R/W	L/B
2#电机过载域值设定	FLASH	2	R/W	L/B
2#电机欠载域值设定	FLASH	2	R/W	L/B
2#电机霍尔量设定	FLASH	2	R/W	L/B
2#电机上下限位标志位	FLASH	1	R/W	L/B
2#电机正反转标识位	FLASH	1	R/W	L/B
2#电机类型	FLASH	1	R/W	L/B
PWM速度1#电机	FLASH	1	R/W	L/B
PWM速度2#电机	FLASH	1	R/W	L/B
设备经纬度	FLASH	4	R/W	L/B
设备告警明细码	FLASH	4	R	L/B
设备故障明细码	FLASH	4	R	L/B
1#电机事件记录1	FLASH	20	R	L/B
1#电机事件记录2	FLASH	20	R	L/B
1#电机事件记录3	FLASH	20	R	L/B
1#电机事件记录4	FLASH	20	R	L/B
1#电机事件记录5	FLASH	20	R	L/B
1#电机事件记录6	FLASH	20	R	L/B
1#电机事件记录7	FLASH	20	R	L/B
1#电机事件记录8	FLASH	20	R	L/B
1#电机事件记录9	FLASH	20	R	L/B
1#电机事件记录10	FLASH	20	R	L/B
2#电机事件记录1	FLASH	20	R	L/B

图 3-75　存储于 FLASH 存储器中的参数汇总（部分）

以上三种类型的存储设备中，RAM 和 ROM 都是在主控芯片内部的，存储是直接在程序中定义相应的变量或数据即可，只有第三类参数用到了 FLASH 存储器，虽然本书选用的主控芯片内部自带有 FLASH 存储器，但是该存储器空间容量有限，且和程序存储区统一编址，如果程序代码占用了就不能再用于存储数据，因此，为了保障数据存储的安全性，我们设计了外挂 FLASH 存储芯片，专门用于存储需要掉电保存的参数和数据。

前文提到的 RAM，英文全称是 Random Access Memory，随机存储器，之所以叫随机存储器是因为当对 RAM 进行数据读取或写入的时候，花费的时间和这段信息所在位置或写入位置无关。RAM 分为两大类，即 SRAM 和 DRAM。SRAM 是静态 RAM，静态不需要刷新电路，数据不会丢失，SRAM 速度非常快，是目前读写最快的存储设备。DRAM 是动态 RAM，每隔一段时间刷新一次数据才能保存数据，速度也比 SRAM 慢，不过它还是比任何 ROM 都要快。

ROM 英文名 Read-Only Memory，只读存储器，里面数据在正常应用的时候只能读，不能写，存储速度不如 RAM。ROM 掉电不丢失数据，容量大，价格便宜。PROM 为可编程 ROM，根据用户需求，来写入内容，但是只能写一次，就不能再改变了；EPROM 为 PROM 的升级版，可以多次编程更改，只能使用紫外线擦除；EEPROM 为 EPROM 的升级版，可以多次编程更改，使用电擦除。

FLASH 存储器又称闪存，它结合了 ROM 和 RAM 的长处，不仅具备电子可擦除可编程的性能，还不会断电丢失数据，同时可以快速读取数据，U 盘和 MP3 里用的就是这种存储器。在过去的 20 年里，嵌入式系统一直使用 ROM（EPROM）作为它们的存储设备，然而近年来 FLASH 全面代替了 ROM（EPROM）在嵌入式系统中的地位，用于存储 Bootloader 以及操作系统或者程序代码，也可以直接当硬盘使用。

FLASH 存储器分为 NAND FLASH 和 NOR FLASH，NOR FLASH 读取速度比 NAND FLASH 快，但是容量不如 NAND FLASH，价格上也更高，但是 NOR FLASH 可以芯片内执行，应用程序可以直接在 FLASH 闪存内运行，不必再把代码读到系统 RAM 中。NAND FLASH 密度更大，可以作为大数据的存储器。本书选用的 FLASH 存储芯片是 GD25Q128E，该芯片是兆易创新科技集团股份有限公司生产的 SPI NOR FLASH，因此读取速度较快。

GD25Q128E 可存储 128MB 位数据，串行闪存支持标准串行外围接口（SPI）和双/四 SPI：串行时钟、芯片选择、串行数据 I/O0（SI）、I/O1（SO）、I/O2（WP）、I/O3（保持/复位）。双 I/O 数据以 266Mbit/s 的速度传输，四 I/O 数据以 532Mbit/s 的速度传输。

GD25Q128E 芯片有多种封装形式，如 SOP8、DIP8、USON8、WSON8、SOP16 等，我们选用的是 SOP8 封装的芯片，其封装外观如图 3-76 所示，8 个引脚的定义如图 3-77 所示。芯片内容功能模块如图 3-78 所示。

主控芯片与 GD25Q128E 通信使用的是 SPI 接口，SPI（Serial Peripheral Interface）是一种同步串行通信协议，由一个主设备和一个或多个从设备组成，主设备启动与从设备同步通信，从而完成数据的交换。SPI 是一种高速全双工同步通信总线，标准的 SPI 仅仅使用 4 个引脚，主要应用在 EEPROM、FLASH、

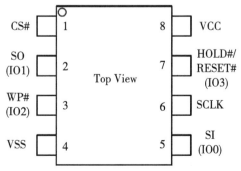

图 3-76　GD25Q128E SOP8 封装外观

引脚号	引脚名	输入/输出	功能描述
1	CS#	I	芯片选择输入
2	SO (IO1)	I/O	数据输出（数据输入输出1）
3	WP# (IO2)	I/O	写保护输入（数据输入输出2）
4	VSS		地
5	SI (IO0)	I/O	数据输入（数据输入输出0）
6	SCLK	I	串行时钟输入
7	HOLD#/RESET# (IO3)	I/O	保持或复位输入（数据输入输出3）
8	VCC		电源

图 3-77　GD25Q128E 引脚定义

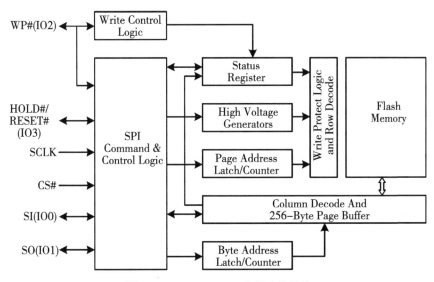

图 3-78　GD25Q128E 内部功能模块

实时时钟（RTC）、模数转换器（ADC）、数字信号处理器（DSP）和数字信号解码器。SPI 总线首次推出是在 1979 年，Motorola 公司将 SPI 总线集成在他们第一支改自 68000 微处理器的微控制器芯片上。由于在芯片中只占用四根管脚（Pin）用来控制和进行数据传输，节约了芯片的 Pin 数目，同时为 PCB 在布局上节省了空间。正是出于这种简单易用的特性，现在越来越多的芯片上都集成了 SPI 技术。

GD25Q128E 的 SPI 接口支持标准 SPI（Standard SPI）、双 SPI（Dual SPI）和四 SPI（Quad SPI）。

标准 SPI：GD25Q128E 具有 4 信号总线上的串行外围接口：串行时钟（SCLK）、芯片选择（CS）、串行数据输入（SI）和串行数据输出（SO）。支持 SPI 总线模式 0 和 3。输入数据锁存在 SCLK 的上升沿，数据在 SCLK 的下降沿移出。

双 SPI：当使用"双输出快速读取"和"双 I/O 快速读取"（3BH 和 BBH）命令时，GD25Q128E 支持双 SPI 操作。这些命令允许以两倍于标准 SPI 的速率向设备传输数据或向从设备传输数据。使用双 SPI 命令时，SI 和 SO 引脚变为双向 I/O 引脚，即

IO0 和 IO1。

四 SPI：GD25Q128E 在使用"四路输出快速读取""四路 I/O 快速读取"（6BH，EBH）命令时支持四路 SPI 操作。这些命令允许以标准 SPI 的四倍速率向设备传输数据或向从设备传输数据。使用四 SPI 命令时，SI 和 SO 引脚变为双向 I/O 引脚，即 IO0 和 IO1；WP#和 HOLD#/RESET#引脚变为双向 I/O 引脚，即 IO2 和 IO3。Quad SPI 命令要求状态寄存器中的非易失性四元启用位（QE）设置为 1。

本书使用的是 GD25Q128E 芯片的标准 SPI 接口，SPI 规定了两个 SPI 设备之间通信必须由主设备（Master）来控制次设备（Slave）。Master 设备可以通过提供 Clock 以及对 Slave 设备进行片选（Slave Select）来控制多个 Slave 设备，SPI 协议还规定 Slave 设备的 Clock 由 Master 设备通过 SCK 管脚提供给 Slave 设备，Slave 设备本身不能产生或控制 Clock，没有 Clock 则 Slave 设备不能正常工作。标准 SPI 的数据传输过程如图 3-79 所示，本书中智能灌溉控制器主控芯片作为主设备，GD25Q128E 芯片作为从设备。

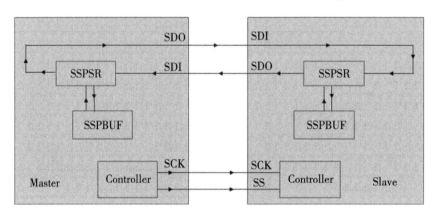

图 3-79　SPI 主从设备通信过程示意

SPI 总线传输一共有 4 种模式，这 4 种模式分别由时钟极性（CPOL，Clock Polarity）和时钟相位（CPHA，Clock Phase）来定义，其中 CPOL 参数规定了 SCK 时钟信号空闲状态的电平，CPHA 规定了数据是在 SCK 时钟的上升沿被采样还是在下降沿被采样。这四种模式的时序图如图 3-80 所示。

模式 0：CPOL=0，CPHA=0。SCK 串行时钟线空闲时为低电平，数据在 SCK 时钟的上升沿被采样，数据在 SCK 时钟的下降沿切换。

模式 1：CPOL=0，CPHA=1。SCK 串行时钟线空闲时为低电平，数据在 SCK 时钟的下降沿被采样，数据在 SCK 时钟的上升沿切换。

模式 2：CPOL=1，CPHA=0。SCK 串行时钟线空闲时为高电平，数据在 SCK 时钟的下降沿被采样，数据在 SCK 时钟的上升沿切换。

模式 3：CPOL=1，CPHA=1。SCK 串行时钟线空闲时为高电平，数据在 SCK 时钟的上升沿被采样，数据在 SCK 时钟的下降沿切换。

其中比较常用的模式是模式 0 和模式 3，GD25Q128E 支持 SPI 总线模式 0 和 3。如图 3-81 SPI 接口初始化源代码所示，本文使用的是 SPI 模式 3，SPI 为主模式，使用双

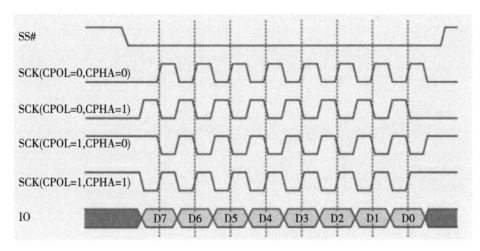

图 3-80 SPI 总线传输的 4 种模式

线双向全双工，数据传输从 MSB 位开始。

SPI 接口初始化完成之后，即可开始对 GD25Q128E 芯片进行读写操作。要将数据安全地存入 GD25Q128E FLASH 芯片，需要对其存储单元的组织结构及操作方式了解清楚。如图 3-82 所示为 GD25Q128E 芯片内部组织结构，该芯片容量为 16MB，分为 256 个块（Block），每个块容量为 64kB，这 64kB 又被分为 16 个扇区（Sector），每个扇区的大小为 4kB。GD25Q128E 的每个字节都可以单独读出，因此可以指定从任意地址处连续读取任意字节。

写数据虽然也可以对任意地址进行字节写，但是写数据之前需要先擦除该字节内容，即将其内容写为 0xFF，而且不能一次擦除一个字节，必须同时擦除整个扇区，故写操作远比读操作复杂，为保证数据不丢失，需要使用 4kB 的缓存先将要写的扇区内容读到内存中，在内存中对要写的内容进行修改后再写入该扇区。对一个字节的写入如此操作，但如果一次写入多个字节，且这多个字节还有跨扇区的情况的话，操作起来就比较复杂了。如图 3-83 所示为跨扇区写操作的函数源代码，在写的过程中要判读待写的数据是否已属于下一扇区，每次写之前都要对数据进行保护处理之后再擦除扇区，之后写入，感兴趣的读者可以仔细看图 3-83 的实现原理，这里不再赘述。

通过 SPI 与 GD25Q128E 芯片实现正常通信之后，即可调用相应的读写函数将需要存储的参数存入 FLSAH 或者从 FLASH 中读出。本书对需要掉电保存数据的处理逻辑是创建一个结构体，将所有待存储参数放入其中，智能灌溉控制器每次开机后都将该结构体的所有数据初始化为预设值，并判断 GD25Q128E 芯片中是否已经存储过该结构体，如果已经存储过则读出存储的数据到该结构体，如果没有存储过则将初始化的结构体数据写入 GD25Q128E 芯片。在智能灌溉控制器运行过程中，如果有用户需要读取设置的参数则直接从结构体中找到该参数并返回给用户，如果用户需要修改某个或某几个参数，则将收到的参数先赋值给结构体，然后立即将新的结构体数据写入 GD25Q128E 芯片。所使用的参数存储结构体如图 3-84 所示，当有新的参数需要存储时，在该结构体中增加成员即可。

```
/*******************************************
//SPI 初始化函数
//data: 2019-12-26
//PA4(SPI1_NSS);PA5(SPI1_SCK);PA6(SPI1_MISO);PA7(SPI1_MOSI)
//PB12(SPI2_NSS);PB13(SPI2_SCK);PB14(SPI2_MISO);PB15(SPI2_MOSI)
********************************************/
SPI_InitTypeDef  SPI_InitStructure;
void SPI2_Init(void)
{
    GPIO_InitTypeDef GPIO_InitStructure;

    RCC_APB2PeriphClockCmd( RCC_APB2Periph_GPIOB|RCC_APB2Periph_AFIO, ENABLE );
    RCC_APB1PeriphClockCmd(RCC_APB1Periph_SPI2, ENABLE );

    GPIO_InitStructure.GPIO_Pin = SpiFlash_nCs;
    GPIO_InitStructure.GPIO_Speed = GPIO_Speed_50MHz;
    GPIO_InitStructure.GPIO_Mode = GPIO_Mode_Out_PP;
    GPIO_Init(GPIOB,&GPIO_InitStructure);

    GPIO_InitStructure.GPIO_Pin = SpiFlash_CLK | SpiFlash_MOSI;
    GPIO_InitStructure.GPIO_Speed = GPIO_Speed_50MHz;
    GPIO_InitStructure.GPIO_Mode = GPIO_Mode_AF_PP;
    GPIO_Init(GPIOB,&GPIO_InitStructure);

    GPIO_InitStructure.GPIO_Pin = SpiFlash_MISO;
    GPIO_InitStructure.GPIO_Mode = GPIO_Mode_IN_FLOATING;
    GPIO_Init(GPIOB,&GPIO_InitStructure);

    GPIO_SetBits(GPIOB,GPIO_Pin_13|GPIO_Pin_14|GPIO_Pin_15);

    SPI_InitStructure.SPI_Direction = SPI_Direction_2Lines_FullDuplex;   //SPI双线双向全双工
    SPI_InitStructure.SPI_Mode = SPI_Mode_Master;     //主SPI
    SPI_InitStructure.SPI_DataSize = SPI_DataSize_8b;     //8位数据帧结构
    SPI_InitStructure.SPI_CPOL = SPI_CPOL_High;     //串行时钟稳态:时钟悬空高
    SPI_InitStructure.SPI_CPHA = SPI_CPHA_2Edge;  //数据采样于第二个时钟沿  MODE3 (MODE0 也支持)
    SPI_InitStructure.SPI_NSS = SPI_NSS_Soft;    //NSS信号由硬件(NSS管脚)还是软件(使用内部SSI位)控制
    SPI_InitStructure.SPI_BaudRatePrescaler = SPI_BaudRatePrescaler_4;    //波特率预分频值4, 18M
    SPI_InitStructure.SPI_FirstBit = SPI_FirstBit_MSB;    //数据传输从MSB位开始
    SPI_InitStructure.SPI_CRCPolynomial = 7;   //CRC计算的多项式
    SPI_Init(SPI2, &SPI_InitStructure);   //初始化SPIx寄存器

    SPI_Cmd(SPI2, ENABLE);  //使能SPI

    //SPI1_ReadWriteByte(0xff);//启动传输
}
```

图 3-81   SPI 接口初始化源代码

单元	每个芯片拥有	每个块拥有	每个扇区拥有	每个页拥有
字节（Byte）	16M	64k/32k	4k	256
页（Page）	64k	256/512	16	—
扇区（Sector）	4k	16/8	—	—
块（Block）	256/512	—	—	—

图 3-82   GD25Q128E 芯片内存储单元组织结构

二、事件记录

以上参数存储都是由用户发起的，在参数存储的基础上本书还实现了事件记录功能。不同之处是事件记录存储是由智能灌溉控制器执行判断并发起的，用户不需要关心其存储过程，只需要在智能灌溉控制器出现故障时发送命令将控制器内记录的事件读出即可，事件记录功能的主要作用就是帮助用户或设备检修人员查找故障发生的原因。

根据异常的严重程度和对系统及设备的危害程度，我们将事件分为告警和故障。

```
/********************************************************
//写SPI FLASH
//从指定地址开始写入指定长度数据
//该函数带擦除操作!
//pBuffer:数据存储区
//WriteAddr:开始写入的地址(24bit)
//NumByteToWrite:要写入的字节数(最大65535)
//256B为一个page,16个page为一个sector,16个sector为一个block
//一个sector(4K)为最小擦除单元
//GD25Q128共有256个block,4096个sector   2020-01-09
********************************************************/
u8 SPI_FLASH_BUF[4096];//一个扇区大小
void SPI_Flash_Write(u8* pBuffer,u32 WriteAddr,u16 NumByteToWrite)
{
    u32 secpos;
    u16 secoff;
    u16 secremain;
    u16 i;

    secpos=WriteAddr/4096;//扇区地址 0~4095 for GD25Q128
    secoff=WriteAddr%4096;//在扇区内的偏移
    secremain=4096-secoff;//扇区剩余空间大小

    if(NumByteToWrite<=secremain)
      secremain=NumByteToWrite;//扇区剩余空间够用
    while(1)
    {
      SPI_Flash_Read(SPI_FLASH_BUF,secpos*4096,4096);//读出整个扇区内容
      for(i=0;i<secremain;i++)//校验数据
      {
          if(SPI_FLASH_BUF[secoff+i]!=0XFF)break;//需要擦除
      }
      if(i<secremain)//需要擦除
      {
        SPI_Flash_Erase_Sector(secpos);//擦除这个扇区
        for(i=0;i<secremain;i++)      //复制
        {
          SPI_FLASH_BUF[i+secoff]=pBuffer[i];
        }
        SPI_Flash_Write_NoCheck(SPI_FLASH_BUF,secpos*4096,4096);//写入整个扇区
      }
      else //不需要擦除直接写入
        SPI_Flash_Write_NoCheck(pBuffer,WriteAddr,secremain);//写已经擦除了的了,直接写入扇区剩余区间
      if(NumByteToWrite==secremain)
        break;//写入结束了
      else//写入未结束
      {
        secpos++;//扇区地址增1
        secoff=0;//偏移位置为0

        pBuffer+=secremain;   //指针偏移
        WriteAddr+=secremain;//写地址偏移
        NumByteToWrite-=secremain;              //字节数递减
        if(NumByteToWrite>4096)secremain=4096;  //下一个扇区还是写不完
        else secremain=NumByteToWrite;          //下一个扇区可以写完了
      }
    }
}
```

图 3-83　GD25Q128E 芯片跨扇区写数据函数源代码

图 3-85 所示为设备状态、告警、故障定义的详细内容，设备状态标识是一个 1B 的变量，用于记录当前事件的类型，当其值为 0 时表示当前设备运行正常，第 1 位至第 4 位依次用来标识运行故障、自检故障、运行告警、自检告警，相应的事件发生后对应位被置 1。设备状态标识的作用是用于平时查询设备当前状态，当设备状态标识显示有故障或告警时才需要进一步查询详细的事件记录，从而节省通信时间，减少对主控的占用。

　　与参数存储的思想类似，事件的记录同样通过结构体进行存储，如图 3-86 所示为

```
//设置参数结构体定义 用于设置和存储 共21个成员38字节 2020-02-26
//2021-03-31 增加7个成员14字节,长度变为共 52字节,共28个成员
typedef struct
{
    u16 motor1_totalcount;//电机1霍尔总值
    u16 motor2_totalcount;//电机2霍尔总值
    u8 motor1_Logictype; //1号闸门开关逻辑标志位,0为正逻辑:丝杆伸出为开缩回为关(默认)
    u8 motor2_Logictype; //2号闸门开关逻辑标志位,0为正逻辑:丝杆伸出为开缩回为关(默认)
    u8 motor1_Proximity_Switch_type;//电机1限位开关类型 00-无限位;0x01-上下限位下降型;
    u8 motor2_Proximity_Switch_type;//电机2限位开关类型,预留
    u16 motor1_ratedvoltage;//电机1额定电压
    u16 motor1_ratedcurrent;//电机1额定电流
    u16 motor1_overvoltagevalue;//电机1过压阈值
    u16 motor1_undervoltagevalue;//电机1欠压阈值
    u16 motor1_overcurrentvalue;//电机1过载阈值
    u16 motor1_undercurrentvalue;//电机1欠载阈值
    u16 motor2_ratedvoltage;//电机2额定电压
    u16 motor2_ratedcurrent;//电机2额定电流
    u16 motor2_overvoltagevalue;//电机2过压阈值
    u16 motor2_undervoltagevalue;//电机2欠压阈值
    u16 motor2_overcurrentvalue;//电机2过载阈值
    u16 motor2_undercurrentvalue;//电机2欠载阈值
    u16 battery_overvoltagevalue;//电池过压阈值
    u16 battery_undervoltagevalue;//电池欠压阈值
    u16 device_selfcheckinterval;//系统自检间隔时间 单位ms
    //20210331新增成员
    u8 motor1_travelsignaltype;//1号电机类型:00-普通电机(不采集行程信号);01-带霍尔采集
    u8 motor2_travelsignaltype;//2号电机类型:00-普通电机(不采集行程信号);01-带霍尔采集
    u8 motor1_pwmspeed;//1号电机PWM速度:0-100%,占空比0-90%
    u8 motor2_pwmspeed;
    u16 motor1_releasedelaytime;//1号电机故障脱扣延时时间 单位ms 默认500ms
    u16 motor2_releasedelaytime;//2号电机故障脱扣延时时间 单位ms 默认500ms
    u8 device_latitudeandlongitude[6];//设备安装位置经纬度
} Storage_Parameters;
```

图3-84 掉电保存参数存储结构体定义

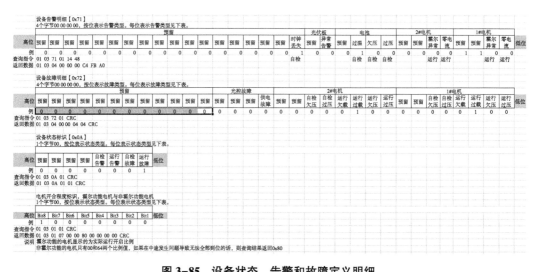

图3-85 设备状态、告警和故障定义明细

设备告警明细和设备故障明细的结构体定义。设备告警明细包含两路电机的零电流和霍尔误差大两种运行时告警,这两种异常之所以被归为告警,是因为零电流不会对电机和闸门/阀门造成伤害,霍尔误差大只是会导致行程控制不准确但也不会损坏电机。同时,

这两个参数只有在电机运行时检测才有意义，因此被归类为运行时告警。告警明细结构体中还有 5 个成员：电池过压、电池欠压、电池过温、光伏异常、时钟丢失，这 5 个成员所标识的异常与电机是否在运行无关，故将其归类为自检时告警，即智能灌溉控制器在周期性自检时会检测这几个参数，当发现异常时会记录告警事件。

图 3-86 下部分为设备故障明细结构体 Device_Fault_Detail，该结构体定义了设备运行时故障和自检时故障，运行时故障包括两路电机的运行时过压、运行时欠压、运行时过载、运行时欠载；自检时故障包含两路电机的自检时欠压和自检时过压，这些异常都

```
//设备告警明细结构体定义 4字节长 2020-02-20
//告警区分运行时告警(R)和自检时告警(S) 2020-03-19
typedef struct
{
    u8 Motor1ZerocurrentR:1;//电机1零电流   R为运行时
    u8 Motor1HallerrorR:1;//电机1霍尔误差大 运行时
    u8 :2;//预留
    u8 Motor2ZerocurrentR:1;//电机2零电流 R为运行时
    u8 Motor2HallerrorR:1;//电机2霍尔误差大 运行时
    u8 :2;//预留
    u8 BatteryOvervoltageS:1;//电池过压 S为自检时
    u8 BatteryUndervoltageS:1;//电池欠压 自检时
    u8 BatteryOvertemperatureS:1;//电池过温 自检时
    u8 :1;//预留
    u8 PVerrorS:1;//光伏异常(photovoltaic-PV) 自检时
    u8 :1;//预留
    u8 TimelostS:1;//时钟丢失(断电) 自检时
    u8 :1;//预留
    u16 :16;//预留
} Device_Alarm_Detail;

//设备故障明细结构体定义 4字节长 2020-02-20
//故障区分运行时故障(R)和自检时故障(S) 2020-03-19
typedef struct
{
    u8 Motor1OvervoltageR:1;//电机1运行时过压
    u8 Motor1UndervoltageR:1;//电机1运行时欠压
    u8 Motor1OverloadR:1;//电机1运行时过载
    u8 Motor1UnderloadR:1;//电机1运行时欠载
    u8 Motor1OvervoltageS:1;//电机1自检时过压
    u8 Motor1UndervoltageS:1;//电机1自检时欠压
    u8 :2;//预留
    u8 Motor2OvervoltageR:1;//电机2运行时过压
    u8 Motor2UndervoltageR:1;//电机2运行时欠压
    u8 Motor2OverloadR:1;//电机2运行时过载
    u8 Motor2UnderloadR:1;//电机2运行时欠载
    u8 Motor2OvervoltageS:1;//电机2自检时过压
    u8 Motor2UndervoltageS:1;//电机2自检时欠压
    u8 :2;//预留
    u8 LoadSupplyfailureS:1;//负载供电故障 自检时
    u8 :7;//预留
    u8 :8;//预留
} Device_Fault_Detail;
```

图 3-86　设备告警和设备故障明细结构体定义

是会导致电机损坏或者闸门/阀门不能正常开关的严重异常，所以被归类为故障事件，当这类事件发生时智能灌溉控制器会对电机采取保护措施，强制停止其运转。

无论是在运行时还是在自检时，只要发现了相应的异常，系统就会根据异常的类型对两个结构体的相应成员进行置位，并按照图 3-87 所示的电机事件记录结构体对异常发生时的相关实时参数进行打包，打包内容包括事件发生时间、当前故障明细码、当前告警明细码、电机当时的电压电流、电机的霍尔设定值、电机当时的霍尔实际值等，打包完成后将该结构体写入 GD25Q128E 芯片的事件记录区的相应位置。

```
//电机事件记录结构体定义 用于存储 20字节长 2020-02-20
typedef struct
{
    u32 occurredtime;//事件发生时间
    Device_Fault_Detail Device_FaultDetail;//故障明细码
    Device_Alarm_Detail Device_AlarmDetail;//告警明细码
    u16 motorvoltage;//电机电压
    u16 motorcurrent;//电机电流
    u16 hallsetcount;//霍尔设定值
    u16 hallactualvalue;//霍尔实际值
} Motor_EventLog;
```

图 3-87　电机事件记录结构体定义

为了节省 FLASH 存储器的空间，我们设计为事件记录只存储最新发生的 10 条，超过 10 条之后就覆盖掉最早的记录，如此循环往复。所以事件记录占用的存储空间是固定的。事件记录的存储和读取算法如图 3-88 和图 3-89 所示，

```
/***********************************************
//电机1事件存储 2020-02-27
//参数：待存储内容起始地址；待存储内容长度
//返回值：无
***********************************************/
void Motor1_Eventlog_Save(Motor_EventLog* pEventLog,u16 len)
{
    u8 tmp=0;
    //填充事件记录结构体
    pEventLog->occurredtime = RTC_GetCounter();
    pEventLog->Device_FaultDetail = GS_Device_Fault_Detail;
    pEventLog->Device_AlarmDetail = GS_Device_Alarm_Detail;
    pEventLog->motorvoltage = INA226_GetVoltage(INA226_ADDR1,&INA226_ascii_1);
    pEventLog->motorcurrent = INA226_GetCurrent(INA226_ADDR1,&INA226_ascii_1);
    pEventLog->hallsetcount = GS_Storage_Parameters.motor1_totalcount;
    pEventLog->hallactualvalue = TIM_GetCounter(TIM2);
    //开始存储
    if(SPI_Flash_ReadByte(Motor1_EventLog_Flagaddr)==AlreadySaved)//不是第一次存
    {
        tmp=SPI_Flash_ReadByte(Motor1_EventLog_Seataddr);//获取当前位置 0-9(Motor1_EventLog_Maxcount-1)
        tmp++;
        if(tmp>(Motor1_EventLog_Maxcount-1)) tmp = 0;//循环存储
        SPI_Flash_Write((u8*)pEventLog,Motor1_EventLog_Startaddr+tmp*Flash_SEC_SIZE,len);//存储事件记录
        SPI_Flash_Write((u8*)&tmp,Motor1_EventLog_Seataddr,1);//更新当前存储位置
```

图 3-88　电机 1 事件记录存储算法源代码

```
    tmp=SPI_Flash_ReadByte(Motor1_EventLog_Countaddr);//获取当前已存储数量
    if(tmp>Motor1_EventLog_Maxcount)
    {
      tmp = Motor1_EventLog_Maxcount;
      SPI_Flash_Write((u8*)&tmp,Motor1_EventLog_Countaddr,1);//超过最大值则存最大值(最大值修改时用)
    }
    else if(++tmp<=Motor1_EventLog_Maxcount)
    {
      SPI_Flash_Write((u8*)&tmp,Motor1_EventLog_Countaddr,1);//更新已存储数量，超过10则不更新
    }
  }
  else//是第一次保存
  {
    SPI_Flash_Write((u8*)pEventLog,Motor1_EventLog_Startaddr,len);//存储事件记录
    tmp = AlreadySaved;
    SPI_Flash_Write((u8*)&tmp,Motor1_EventLog_Flagaddr,1);//存储标志置位
    tmp = 0;
    SPI_Flash_Write((u8*)&tmp,Motor1_EventLog_Seataddr,1);//更新当前存储位置为0
    tmp++;
    SPI_Flash_Write((u8*)&tmp,Motor1_EventLog_Countaddr,1);//更新已存储数量为1
  }
  memset(pEventLog,0,len);//使用完清零
}
```

图 3-88　电机 1 事件记录存储算法源代码（续）

```
/*****************************************************
//电机1事件读取 2020-02-27
//参数1：读出内容存放位置起始地址
//参数2：读出内容长度
//参数3：读取第几条(0-9(Motor1_EventLog_Maxcount-1)) 0为最新
//返回值：无
*****************************************************/
void Motor1_Eventlog_Read(u8* pbuf,u16 len,u8 order)
{
  u8 nowseat = 0;
  if((SPI_Flash_ReadByte(Motor1_EventLog_Flagaddr)==AlreadySaved)&&(order<=(Motor1_EventLog_Maxcount-1)))//至少有一条存储才能读
  {
    nowseat = SPI_Flash_ReadByte(Motor1_EventLog_Seataddr);//获取当前位置 0-9(Motor1_EventLog_Maxcount-1)
    if(nowseat>=order) nowseat -= order;
    else if(nowseat<order) nowseat=Motor1_EventLog_Maxcount-(order-nowseat);
    SPI_Flash_Read(pbuf,Motor1_EventLog_Startaddr+nowseat*Flash_SEC_SIZE,len);
  }
  else //否则返回全0xFF
  {
    memset(pbuf,0xFF,len);
  }
}
```

图 3-89　电机 1 事件记录读取算法源代码

第四章　灌溉节点通信与组网

上一章介绍了智能灌溉控制器的近场控制接口和远程控制接口，其中远程控制接口兼容两种通信方式：4G 和 LoRa。其中 LoRa 作为使用量最大的一种远程接口通信方式，实现了灌溉节点的通信与组网功能。本章将对这部分内容进行详细论述。

第一节　无线局域网技术综述

一、无线局域网的定义及优点

局域网是局部地区形成的一个区域网络，其特点就是分布地区范围有限，可大可小，大到一栋建筑楼与相邻建筑之间的连接，小到可以是办公室之间的联系。局域网自身相对其他网络传输速度更快，性能更稳定，框架简易，并且是封闭性，这也是局域网自身价值所在。

在如今这个"移动"的世界里，传统局域网络已经越来越不能满足人们的需求，无线局域网应运而生。虽然如今无线局域网还不能完全脱离有线网络，但近年来，无线局域网产品逐渐走向成熟，正在以它的高速传输能力和灵活性发挥日益重要的作用。无线局域网不仅可以实现许多新的应用，还可以克服线缆限制引起的不便性，解决某些特殊区域无法布线的问题。目前，无线局域网已经被广大用户作为一般目的的网络连接来使用。

无线局域网（Wireless Local-Area Network，WLAN）是计算机网络与无线通信技术相结合的产物。从专业角度讲，无线局域网利用了无线多址信道的一种有效方法来支持计算机之间的通信，并为通信的移动化、个性化和多媒体应用提供了可能。通俗地说，无线局域网就是在不采用传统缆线的同时，提供以太网或者令牌网络的功能。

在无线局域网 WLAN 发明之前，人们要想通过网络进行联络和通信，必须先用物理线缆-铜绞线组建一个电子运行的通路，为了提高效率和速度，后来又发明了光纤。当网络发展到一定规模后，人们又发现，这种有线网络无论组建、拆装还是在原有基础上进行重新布局和改建，都非常困难，且成本和代价也非常高，于是 WLAN 的组网方式应运而生。

通常计算机组网的传输媒介主要依赖铜缆或光缆，构成有线局域网。但有线网络在某些场合要受到布线的限制：布线、改线工程量大；线路容易损坏；网中的各节点不可移动。特别是当要把相离较远的节点连接起来时，专用通信线路布线施工难度大、费用高、耗时长，对正在迅速扩大的联网需求形成了严重的瓶颈阻塞。无线局域网就是解决有线网络以上问题而出现的。

但是，仅仅从缆线这个角度来看待无线局域网是不够的——无线局域网已经重新定义了局域网。联网不仅仅是连接，"本地"的计量单位也从米延伸到了千米。基础设施不需要再埋在地下或隐藏在墙里，它已经能够随着用户业务发展的需要而移动或变化。

无线局域网利用电磁波在空气中发送和接收数据，而无须线缆介质。无线局域网的数据传输速率现在已经能够达到11Mbit/s，传输距离可远至20km以上。它是对有线联网方式的一种补充和扩展，使网上的计算机具有可移动性，能快速方便地解决使用有线方式不易实现的网络联通问题。

与有线网络相比，无线局域网具有以下优点。

1. 安装便捷

一般在网络建设中，施工周期最长、对周边环境影响最大的就是网络布线施工工程。在施工过程中，往往需要破墙掘地、穿线架管。而无线局域网最大的优势就是免去或减少了网络布线的工作量，一般只要安装一个或多个接入点设备，就可建立覆盖整个建筑或地区的局域网络。

2. 使用灵活

在有线网络中，网络设备的安放位置受网络信息点位置的限制。而一旦无线局域网建成后，在无线网的信号覆盖区域内任何一个位置都可以接入网络。

3. 经济节约

由于有线网络缺少灵活性，这就要求网络规划者尽可能地考虑未来发展的需要，这就往往导致预设大量利用率较低的信息点。而一旦网络的发展超出了设计规划，又要花费较多费用进行网络改造。而无线局域网可以避免或减少以上情况的发生。

4. 易于扩展

无线局域网有多种配置方式，能够根据需要灵活选择。这样，无线局域网就能胜任从只有几个用户的小型局域网到上千用户的大型网络，并且能够提供像"漫游"等有线网络无法提供的特性。

无线局域网的通信范围不受环境条件的限制，网络的传输范围大大拓宽，最大传输范围可达到几十千米。在有线局域网中，两个站点的距离在使用铜缆时被限制在500m，即使采用单模光纤也只能达到3 000m，而无线局域网中两个站点间的距离目前可达到50km，距离数公里的建筑物中的网络可以集成为同一个局域网。

此外，无线局域网的抗干扰性强、网络保密性好。对于有线局域网中的诸多安全问题，在无线局域网中基本上可以避免。而且相对于有线网络，无线局域网的组建、配置和维护较为容易，一般的计算机工作人员都可以胜任网络的管理工作。

二、无线局域网的接入标准

无线接入技术区别于有线接入的特点之一是标准不统一，不同的标准有不同的应用。正因为此，使得无线接入技术出现了百家争鸣的局面。在众多的无线接入标准中，无线局域网标准更成为人们关注的焦点。

1. IEEE 802.11

WLAN 起步于 1997 年。1997 年 6 月，第一个无线局域网标准 IEEE 802.11 正式颁布实施，为无线局域网技术提供了统一标准，但当时的传输速率只有 1~2Mbit/s。随后，IEEE 委员会又开始制定新的 WLAN 标准。IEEE 802.11b 标准首先于 1999 年 9 月正式颁布，其速率为 11Mbit/s。经过了两年多的发展，基于 IEEE 802.11b 标准的无线网络产品和应用已相当成熟，IEEE 802.11b 无线局域网的带宽最高可达 11Mbit/s，比 IEEE 802.11 标准快 5 倍，扩大了无线局域网的应用领域。另外，也可根据实际情况采用 5.5Mbit/s、2Mbit/s 和 1Mbit/s 带宽，实际的工作速度在 5Mbit/s 左右，与普通的 10Base-T 规格有线局域网几乎是处于同一水平。作为公司内部的设施，可以基本满足使用要求。IEEE 802.11b 使用的是开放的 2.4GHz 频段，不需要申请就可使用。既可作为对有线网络的补充，也可独立组网，从而使网络用户摆脱网线的束缚，实现真正意义上的移动应用。IEEE 802.11b 无线局域网与我们熟悉的 IEEE 802.3 以太网的原理很类似，都是采用载波侦听的方式来控制网络中信息的传送。不同之处是以太网采用的是 CSMA/CD（载波侦听/冲突检测）技术，网络上所有工作站都侦听网络中有无信息发送，当发现网络空闲时即发出自己的信息，如同抢答一样，只能有一台工作站抢到发言权，而其余工作站需要继续等待。如果一旦有两台以上的工作站同时发出信息，则网络中会发生冲突，冲突后这些冲突信息都会丢失，各工作站则将继续抢夺发言权。但毕竟 11Mbit/s 的接入速率还远远不能满足实际网络的应用需求。经过改进的 IEEE 802.11a 标准，在 2001 年年底才正式颁布，它的传输速率可达到 54Mbit/s，几乎是 IEEE 802.11b 标准的 5 倍。尽管如此，WLAN 的应用并未真正开始，因为整个 WLAN 应用环境并不成熟。

WLAN 的真正发展是从 2003 年 3 月 Intel 第一次推出带有 WLAN 无线网卡芯片模块的迅驰处理器开始的。尽管当时的无线网络环境还非常不成熟，最为发达的美国也不例外。但是由于 Intel 的捆绑销售，加上迅驰芯片的高性能、低功耗等非常明显的优点，使得许多无线网络服务商看到了商机，同时 11Mbit/s 的接入速率在一般的小型局域网也可进行一些日常应用，于是各国的无线网络服务商开始在公共场所（如机场、宾馆、咖啡厅等）提供访问热点，实际上就是布置一些无线访问点，方便移动商务人士无线上网。

为了解决 IEEE 802.11a 与 IEEE 802.11b 产品无法互通的问题，在 2003 年 6 月，经过两年多的开发和多次改进，一种兼容原来的 IEEE 802.11b 标准，同时也可提供 54Mbit/s 接入速率的新标准——IEEE 802.11g 在 IEEE 委员会的努力下正式发布了。

目前使用最多的是 IEEE 802.11n（第四代）和 IEEE 802.11ac（第五代）标准，它们既可以工作在 2.4GHz 频段也可以工作在 5GHz 频段上，传输速率可达 600Mbit/s（理论值）。但严格来说只有支持 IEEE 802.11ac 的才是真正 5GHz，现在来说支持 2.4GHz 和 5GHz 双频的路由器其实很多都是只支持第四代无线标准，也就是 IEEE 802.11n 的双频，而真正支持 ac5G 的路由器最便宜的都要四五百元甚至上千元。

2. 蓝牙

事实上，蓝牙系统和无线个人局域网（WPAN）的概念相辅相成，它已经是无线个人局域网的一个雏形。在其 1999 年 12 月发布的蓝牙 1.0 的标准中，已定义了包括使用 WAP 协议连接互联网的多种应用软件。它能够使蜂窝电话系统、无绳通信系统、无线局域网和互联网等现有网络增添新功能，使各类计算机、传真机、打印机设备增添无线传输和组网功能，在家庭和办公自动化、家庭娱乐、电子商务、无线公文包应用、各类数字电子设备、工业控制、智能化建筑等场合开辟了广阔的应用场景。随着无线个人局域网的发展，IEEE 802.15 的一个工作小组正在制定速率可达 20Mbit/s 以上的无线个人局域网标准，这一标准也是基于蓝牙规范。因此，无线个人局域网和蓝牙必然会趋于融合，由 SIG 参与蓝牙计划的公司和 IEEE 802.15 工作组协力合作，共同创造未来的无线个人局域网。

蓝牙技术从应用的角度来讲，与日前广泛应用于微波通信中的一点多址技术十分相似，因此，它很容易穿透障碍物，实现全方位的数据传输。早在蓝牙标准制定的前一年，IEEE 的有关工作组就已经开始无线个人局域网的准备工作。起初，IEEE 执行委员会认为，由于这是局域网内部的无线通信技术，所以就将此任务交给了对无线局域网有着突出贡献的 "802.11 工作组"，当时主要的工作就是实现无线局域网和无线个人局域网的无缝隙连接。经过一年的努力工作，小组成员的结论是，现有的 IEEE 802.11 中有关支持三种物理媒介层的 MAC（Medium Access Control，媒介访问控制）中规定的基础结构，并不适用于无线个人局域网。802.15 工作组于 1999 年秋季开始起草一项以蓝牙 1.0 版本为基础的标准，2000 年 11 月提交到 IEEE 标准委员会讨论。虽然 IEEE 802.11 是国际公认的技术标准，但市场份额并不大，因此蓝牙才决定使用无线局域网使用的 2.4GHz 波段（由于频率的冲突，很可能造成现有无线局域网性能的下降）。蓝牙的支持者甚至大胆地预测，随着蓝牙技术的不断发展，采用 IEEE 802.11 标准的无线局域网将不复存在，从而双方的频段之争将迎刃而解。如果设备活动范围比较广，要求能和多种设备迅速互联，如笔记本电脑、数字无线电话、个人数字助理、手机等，采用蓝牙或无线个人局域网是十分理想的。

3. IrDA

红外线数据协会 IrDA（Infrared Data Association）成立于 1993 年，是非营利性组织，致力于建立无线数据传输的国际标准，目前在全球拥有 160 个会员，参与的厂商包括计算机及通信硬件、软件及电信公司等。简单地讲，IrDA 是一种利用红外线进行点对点通信的技术，其相应的软件和硬件技术都已比较成熟。它在技术上的主要有以下优点。

（1）无须专门申请特定频率的使用执照，这一点，在当前频率资源匮乏，频道使用费用增加的背景下是非常重要的。

（2）具有移动通信设备所必需的体积小、功率低的特点。惠普（HP）公司目前已推出结合模块应用的从 2.5mm×8.0mm×2.9mm 到 5.3mm×13.0mm×3.8mm 的专用器件，与同类技术相比，耗电量也是最低的。

（3）传输速率在适合于家庭和办公室使用的微微网（Piconet）中是最高的，由于采用点到点的连接，数据传输所受到的干扰较少，速率可达 16Mbit/s。

在成本上，红外线 LED 及接收器等组件远较一般 RF 组件来得便宜，IrDA 端口的成本在 5 美元以内，如果对速度要求不高，甚至可以低到 1.5 美元以内，相当于当前蓝牙产品的十分之一。面对其他技术的挑战，IrDA 并没有停滞不前。除传输速率由原来 FIR（Fast Infrared）的 4Mbit/s 提高到最新 VFIR 的 16Mbit/s 标准；接收角度也由传统的 30°扩展到 120°。这样，在台式电脑上采用低功耗、小体积、移动余度较大的含有 Ir-DA 接口的键盘、鼠标，就有了基本的技术保障。同时，由于 Internet 的迅猛发展和图形文件逐渐增多，IrDA 的高速率传输优势在扫描仪和数码相机等图形处理设备中更可大显身手。但是，IrDA 也的确有其不尽如人意的地方。首先，IrDA 是一种视距传输技术，也就是说两个具有 IrDA 端口的设备之间如果传输数据，中间就不能有阻挡物，这在两个设备之间是容易实现的，但在多个电子设备间就必须彼此调整位置和角度等。这也是 Bluetooth 和 HomeRF 未来打败 IrDA 技术的超级法宝。其次，IrDA 设备中的核心部件——红外线 LED 不是一种十分耐用的器件，对于不经常使用的扫描仪、数码相机等设备虽然游刃有余，但如果经常用装配 IrDA 端口的手机上网，可能很快就不堪重负了。对于要求传输速率高、使用次数少、移动范围小、价格比较低的设备，如打印机、扫描仪、数码相机等，IrDA 技术是首选。

三、无线局域网的应用

较低的价格和成熟的产品推动着无线局域网技术从小范围应用进入主流应用。很多厂商开始再次密切关注无线局域网领域，并在更多的实际方案中予以应用，这些方案包括在任何时间、任何地点接入的无线基础设施应用。

根据无线局域网协会的调查表明，无线局域网可极大地提高经济效益，提高生产率 48%，提高企业效率 6%，改善收益与利润 6%，降低成本 40%。使用无线局域网不仅可以减少对布线的需求和与布线相关的一些开支，还可以为用户提供灵活性更高、移动性更强的信息获取方法。

随着人们对移动通信专用化要求的进一步提高，某个特定区域内的无线移动通信正成为国际标准化组织、各个厂商和科研机构开发的热点。虽然无线局域通信存在性价比相对不高、速率较低、安全性较差等"先天不足"，但发展前景还是被 IT 行业所看好。如股票大厅、港口、医院、人烟稀少的地区，这些铺设电缆投资巨大、维修不便、气候恶劣但实时通信要求很高的特殊场合，使用无线局域网有其优越性。

所有这些特点使无线局域网可广泛应用于下列领域。

（1）接入网络信息系统。电子邮件、文件传输和终端仿真。

（2）难以布线的环境。老建筑、布线困难或昂贵的露天区域、城市建筑群、校园和工厂。

（3）频繁变化的环境。频繁更换工作地点和改变位置的零售商、生产商，以及野外勘测、试验、军事用途等。

（4）使用便携式计算机等可移动设备进行快速网络连接。

（5）用于远距离信息的传输。如在林区进行火灾、病虫害等信息的传输；公安交通管理部门进行交通管理等。

（6）专门工程或高峰时间所需的暂时局域网。学校、商业展览、建设地点等人员流动较强的地方利用无线局域网进行信息的交流；零售商、空运和航运公司高峰时间所需的额外工作站等。

（7）流动工作者可得到信息的区域。需要在医院、零售商店或办公室区域流动时得到信息的医生、护士、零售商、白领工作者。

（8）办公室和家庭办公（SOHO）用户，以及需要方便快捷地安装小型网络的用户。

在国内，无线局域网的技术和产品在实际应用领域还是比较新的。但是，无线由于其不可替代的优点，将会迅速地应用于需要在移动中联网和在网间漫游的场合，并在不易布线的地方和远距离的数据处理节点提供强大的网络支持。特别是在一些行业中，无线局域网将会有更大的发展机会，目前，无线局域网已经在教育、金融、健康、旅游及零售业、制造业等各方面有了广泛的应用。可以预见，随着开放办公的流行和手持设备的普及，人们对移动性访问和存储信息的需求会越来越多，因而无线局域网将会在办公、生产和家庭等领域不断获得更广泛的应用。

第二节　大田灌溉系统通信方式选择

无线局域网技术发展至今天，不断有新的通信方式出现，目前比较主流的有Wi-Fi、蓝牙、ZigBee、LoRa以及虽严格意义上说并不属于无线局域网技术但是在物联网上常用的NB-IOT，大田智能灌溉系统在最初选择通信方式时对这几种技术都有考虑，现对其各自的优缺点进行比较。

一、Wi-Fi

首先说Wi-Fi，前文在近场控制接口章节已有提及，但是作为近距离点对点控制器与手机连接的通信方式进行考虑的，这里将其作为智能灌溉控制器远程连接的方式进行研究。

Wi-Fi被广泛用于许多物联网应用案例，最常见的是作为从网关到连接互联网的路由器的链路。然而，它也被用于要求高速和中距离的主要无线链路（图4-1）。大多数Wi-Fi版本工作在2.4GHz免许可频段，传输距离长达100m，具体取决于应用环境。流行的IEEE 802.11n速度可达300Mbit/s，而更新的、工作在5GHz ISM频段的IEEE 802.11ac，速度甚至可以超过1.3Gbit/s。

一种被称为HaLow的适合物联网应用的新版Wi-Fi即将推出。这个版本的代号是IEEE 802.11ah，在美国使用902~928MHz的免许可频段，其他国家使用1GHz以下的类似频段。虽然大多数Wi-Fi设备在理想条件下最大只能达到100m的覆盖范围，但HaLow在使用合适天线的情况下可以远达1km。

IEEE 802.11ah的调制技术是OFDM，它在1MHz信道中使用24个子载波，在更大

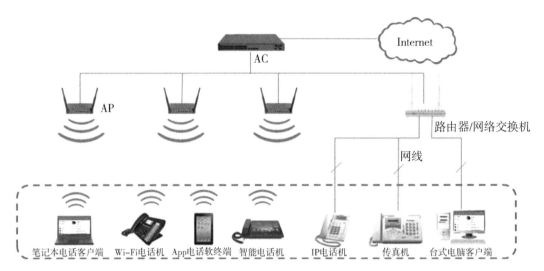

图4-1 Wi-Fi设备组网示意

带宽的信道中使用 52 个子载波。它可以是 BPSK、QPSK 或 QAM，因此可以提供宽范围的数据速率。在大多数情况下不需要很高的速率，真正的目标是低功耗。

针对物联网应用的另外一种新的 Wi-Fi 标准是 IEEE 802.11af。它旨在使用 54～698MHz 范围内的电视空白频段或未使用的电视频道。这些频道很适合长距离和非视距传输。调制技术是采用 BPSK、QPSK 或 QAM 的 OFDM。每个 6MHz 信道的最大数据速率大约为 24Mbit/s，不过在更低的 VHF 电视频段有望实现更长的距离。

基于 IEEE 802.11 的通信协议，Wi-Fi 被广泛使用在智能单品及智能家电中。原因是配网简单，用户熟悉度高，不需要额外的网关，可以和存量路由器直接通信。但 Wi-Fi 的问题是信道本身已经拥挤、接入数量多容易掉线，路由器能支持同时连接的设备数有限。功耗高不插电的设备使用 Wi-Fi 很难坚持很长时间，需要频繁充电或者换电池，给用户带来困扰。而 BLE 和 ZigBee 可以做到几个月、一年、甚至几年都不用换电池。所以现在可穿戴设备都用 BLE 协议。

二、蓝牙

蓝牙是一种无线传输技术，理论上能够在最远 100m 的设备之间进行短距离连线，但实际使用时大约只有 10m。其最大特色在于能让轻易携带的移动通信设备和电脑在不借助电缆的情况下联网，并传输资料和信息，目前普遍被应用在智能手机和智慧穿戴设备的连接以及智慧家庭、车用物联网等领域中。新到来的蓝牙 5.0 不仅可以向下相容旧版本产品，且能带来更高速、更远传输距离的优势。

为什么蓝牙称为"蓝牙"，而不是黄牙白牙？

图4-2 右边的人是丹麦和挪威的第二任北欧人国王 Harald Blatand，英译为 Harold Bluetooth。他在 10 世纪将斯堪的纳维亚半岛现在的挪威、瑞典和丹麦地区统一起来。1994 年，斯堪的纳维亚公司爱立信开始开发一种新的无线通信方式。爱立信通过命名

新技术为"Bluetooth"向传统致敬，希望这项新技术能够将 PC 和蜂窝无线与短距离无线连接联系起来。

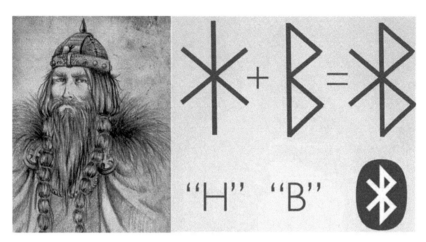

图 4-2　蓝牙名称的由来

早期蓝牙都是以点对点产品为主。基于低功耗特性，蓝牙智能产品集中在可穿戴设备、健康监护设备、消费电子设备、汽车电子设备等产品中。从蓝牙 4.1 协议开始，蓝牙 Mesh 产品具备了自组网特征，蓝牙 Mesh 还处在技术积累期。Mesh 协议在苹果的 HomeKit 中有完整定义。智能手机都标配这两种技术，用户都非常熟悉这些产品的配对、联网，这也是大量的智能硬件使用 BLE 的原因。

低功耗蓝牙（BLE）和传统蓝牙其实是有很大的区别的，低功耗蓝牙是 Nokia 的 Wibree 标准上发展起来的。在功耗上，传统蓝牙有三个级别的功耗，Class1、Class2、Class3 分别支持 100m、10m、1m 的传输距离；低功耗蓝牙却没有功耗级别，一般发送功率在 7dbm 左右。BLE 5.0 模块可支持蓝牙 Mesh 技术。成都亿佰特电子科技有限公司专注于 BLE 模块和解决方案，采用 TI 芯片和高性价比国产芯片，模块均经过高低温长期测试。

蓝牙技术的优点：低功耗蓝牙模式下实现了低功耗，覆盖范围增强，最大距离可超过 100m；支持复杂网络，针对一对一连接最优化，并支持星形拓扑的一对多连接等；智能连接，增加设置设备间连接频率的支持，Ipv6 网络支持；较高安全性，使用 AES-128 CCM 加密算法进行数据包加密和认证；蓝牙模块体积很小，便于集成；可以建立临时性的对等连接（Ad-hoc Connection），根据蓝牙设备在网络中的角色，可分为主设备（Master）与从设备（Slave）。其缺点是不能直接连接云端，传输速度比较慢，组网能力比较弱，而且网络节点少，不适合多点布控。

三、ZigBee

ZigBee 是基于 IEEE 802.15.4 标准的低功耗局域网协议。名称取自蜜蜂，蜜蜂（Bee）是靠飞翔和"嗡嗡"（Zig）地抖动翅膀的"舞蹈"来与同伴传递花粉所在的方位信息，依靠这样的方式构成了群体中的通信网络。简单来说，ZigBee 技术是一种短距离、低功耗的、便宜的无线组网通信技术（图4-3）。

图4-3 ZigBee 图标

ZigBee 被正式提出来是在 2003 年，ZigBee 的出现是因为蓝牙、Wi-Fi 无法满足工业需求，它的出现弥补了蓝牙、Wi-Fi 等通信协议高复杂、功耗大、距离近、组网规模太小等缺陷。它的特点是低功耗、自组网、节点数多。但手机中没有 ZigBee 模块，需要额外的网关接入 IP 网络。ZigBee Mesh 网络复杂、用户 DIY 的可能性小，可能更适用于工业物联网。

早期的 ZigBee 智能家居产品有很多私有协议，使得产品互通困难。ZHA 和 ZLL 做了不少互通尝试，ZigBee 3.0 也风风火火，都想解决 IOT 时代互通问题。

ZigBee 也是物联网的理想选择之一，虽然 ZigBee 一般工作在 2.4GHz ISM 频段，但它也可以在 902 ~ 928MHz 和 868MHz 频段中使用。在 2.4GHz 频段中数据速率是 250kbit/s。它可以用在点到点、星形和网格配置中，支持多达 216 个节点。与其他技术一样，安全性是通过 AES-128 加密来保证的。ZigBee 的一个主要优势是有预先开发好的软件应用配置文件供具体应用（包括物联网）使用。最终产品必须得到许可。

1. ZigBee 设备类型

如图 4-4 所示，ZigBee 有三种设备类型。

（1）ZC。ZigBee 协调器，功能最强的设备，协调器构成网络树的根，可以连接到其他网络。每个网络中只有一个 Zigbee 协调器，因为它是最初启动网络的设备。它存储有关网络的信息，包括充当安全密钥的信任中心和存储库。

（2）ZR。ZigBee 路由器，除运行应用程序功能外，路由器还可以充当中间路由器，传递来自其他设备的数据。

（3）ZED。ZigBee 终端设备，只包含与父节点（协调器或路由器）通信的足够功能；它不能从其他设备中继数据。这种关系允许节点在相当长的时间内处于休眠状态，从而延长电池寿命。ZED 需要最少的内存，因此，它的制造成本比 ZR 或 ZC 要低。

当前的 ZigBee 网络里有两种模式，带信标（Beacon）的和不带信标的（Non-Beacon），在信标不启用的网络中，使用不带时隙的 CSMA／CA 信道访问机制。在这种类型的网络中，ZigBee 的路由器和接收端不能休眠，导致耗电量大。

ZigBee 是短距离物联网技术，用于连接 10 ~ 100m 范围内的设备，不通过 LPWAN

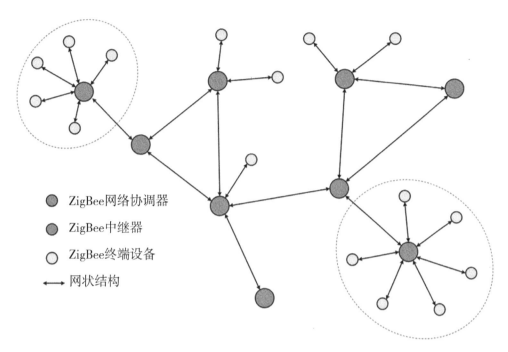

图 4-4 ZigBee 设备组网示意

直接接入网络,需要通过集中器和网关接入。通过其网状拓扑,Zigbee 设备可以通过中间设备在一定距离上传输数据,基于 IEEE 802.15.4 标准的 Zigbee 已成为嵌入式应用中使用最广泛的通信协议之一,适用于家庭自动化、无线传感器网络、工业控制系统、嵌入式传感器、医疗数据收集、烟雾及闯入者警告、楼宇自动化、远程无线麦克风配置等场合。它不适合在高速率和高速移动的场合。

2. ZigBee 特点

ZigBee 是低成本、低功耗、低功率的短距离无线通信标准,是专为低速率传感器和控制网络而设计的无线网络规范,其特点如下。

(1) 低功耗。由于 ZigBee 的传输速率低,发射功率仅为 1mW,而且采用了休眠模式,因此 ZigBee 设备非常省电。据估算,ZigBee 设备仅靠两节 5 号电池就可以维持长达 6 个月至 2 年的使用时间,其他无线设备望尘莫及。

(2) 成本低。ZigBee 模块的初始成本在 6 美元左右,估计很快就能降到 1.5~2.5 美元,并且 ZigBee 协议免专利费。

(3) 复杂性低。ZigBee 协议的大小一般在 4~32kB,而蓝牙和 Wi-Fi 一般都超过 100kB。

(4) 时延短。通信时延和从休眠状态激活的时延非常短,典型的搜索设备时延为 30ms,休眠激活的时延是 15ms,活动设备信道接入的时延为 15ms。因此 ZigBee 技术适用于对时延要求苛刻的无线控制(如工业控制场合等)应用。

(5) 网络容量大。一个星型结构的 ZigBee 网络最多可以容纳 254 个从设备和一个主设备,一个区域内最多可以同时存在 100 个 ZigBee 网络,一个网络中最多可以有

65 000个节点连接，网络组成灵活。

（6）可靠。采取了碰撞避免策略，为需要固定带宽的通信业务预留了专用时隙，避开了发送数据的竞争和冲突。MAC 层采用完全确认的数据传输模式，每个发送的数据包都必须等待接收方的确认信息。如果传输过程中出现问题可以进行重发。

（7）安全。ZigBee 提供了基于循环冗余校验（CRC）的数据包完整性检查功能，支持鉴权和认证，采用 AES-128 的加密算法，各个应用可以灵活确定其安全属性。

（8）ZigBee 也有缺点，即抗干扰性差、通信距离短，而且 ZigBee 协议没有开源。

四、LoRa

LoRa 的名字是远距离无线电（Long Range Radio），作为一种线性调频扩频的调制技术，最早由法国几位年轻人创立的一家创业公司 Cycleo 推出，2012 年 Semtech 收购了这家公司，并将这一调制技术封装到芯片中，基于 LoRa 技术开发出一整套 LoRa 通信芯片解决方案，包括用于网关和终端上不同款的 LoRa 芯片，开启了 LoRa 芯片产品化之路（图 4-5）。

不过，仅仅一个基于 LoRa 调制技术的收发芯片还远不足以撬动广阔的物联网市场，在此后的发展历程中，多家厂商发起 LoRa 联盟，以及推出不断迭代的 LoRaWAN 规范，催生出一个全球数百家厂商支持的广域组网标准体系，从而形成广泛的产业生态。

图 4-5　LoRa 图标

LoRa 的典型工作频率在美国是 915MHz，在欧洲是 868MHz，在亚洲是 433MHz。LoRa 的物理层（PHY）使用了一种独特形式的带前向纠错（FEC）的调频啁啾扩频技术。这种扩频调制允许多个无线电设备使用相同的频段，只要每台设备采用不同的啁啾和数据速率就可以了。其典型范围是 2~5km，最长距离可达 15km，具体取决于所处的位置和天线特性。

大多数的网络采用网状拓扑，易于不断扩张网络规模，使用各种不相关的节点转发消息，路由迂回，增加了系统复杂性和总功耗。LoRa 采用星状拓扑（TMD 组网方式），网关星状连接终端节点，但终端节点并不绑定唯一网关，相反，终端节点的上行数据可发送给多个网关。理论上来说，用户可以通过 Mesh、点对点或者星形的网络协议和架构实现灵活组网。

LoRa 技术不需要建设基站，一个网关便可控制较多设备，并且布网方式较为灵活，可大幅度降低建设成本。LoRa 因其功耗低、传输距离远、组网灵活等诸多特性与物联网碎片化、低成本、大连接的需求十分契合，因此被广泛部署在智慧社区、智能家居和楼宇、智能表计、智慧农业、智能物流等多个垂直行业，前景广阔。

五、NB-IoT

NB-IoT 是指窄带物联网（Narrow Band Internet of Things）技术，是一种低功耗广域（LPWA）网络技术标准，基于蜂窝技术，用于连接使用无线蜂窝网络的各种智能传感器和设备，聚焦于低功耗广覆盖（LPWA）物联网（IoT）市场，是一种可在全球范围内广泛应用的新兴技术。NB-IoT 构建于蜂窝网络，只消耗大约 180kHz 的带宽，可直接部署于 GSM 网络、UMTS 网络或 LTE 网络，以降低部署成本、实现平滑升级。

NB-IoT 是 IoT 领域一个新兴的技术，支持低功耗设备在广域网的蜂窝数据连接，也被叫作低功耗广域网（LPWAN）。NB-IoT 支持待机时间长、对网络连接要求较高设备的高效连接。据说 NB-IoT 设备电池寿命可以提高至少 10 年，同时还能提供非常全面的室内蜂窝数据连接覆盖。NB-IoT 技术可以理解为是 LTE（Long Term Evolution，长期演进）技术的"简化版"，NB-IoT 网络是基于现有 LTE 网络进行改造得来的。LTE 网络为"人"服务，为手机服务，为消费互联网服务；而 NB-IoT 网络为"物"服务，为物联网终端服务，为产业互联网（物联网）服务（图 4-6）。

图 4-6　NB-IoT 图标

NB-IoT 的特点如下。

1. 低功耗

NB-IoT 聚焦小数据量、小速率应用，因此 NB-IoT 设备功耗可以做到非常小，设备续航时间可以从过去的几个月大幅提升到几年。

2. 低成本

NB-IoT 是基于 LTE 网络的技术，所以在 LTE 网络的基础上进行改造，就可以很快组网，很快扩大覆盖。目前各大运营商仍在大力推动 LTE 网络建设，也有利于 NB-IoT 的覆盖改善。

3. 强连接

在同一基站的情况下，NB-IoT 可以比现有无线技术提供 50~100 倍的接入数。一个扇区能够支持 10 万个连接，支持低延时敏感度、超低的设备成本、低设备功耗和优化的网络架构。

4. 广覆盖

NB-IoT 室内覆盖能力强，比 LTE 提升 20dB 增益，相当于提升了 100 倍覆盖区域能力。不仅可以满足农村这样的广覆盖需求，对于厂区、地下车库、井盖这类对深度覆盖有要求的应用场景同样适用。

基于以上论述，我们将这 5 种无线通信方式的参数特点进行了汇总。如图 4-7 所示，LoRa 和 NB-IoT 属于长距离低速率的通信方式，Wi-Fi 属于高速率短距离的通信方式，而 BLE 和 ZigBee 属于是段距离低速率的通信方式。结合大田智能灌溉系统的实际，我们更需要的是长距离低速率的通信方式，所以 LoRa 和 NB-IoT 这两种技术更适合些。

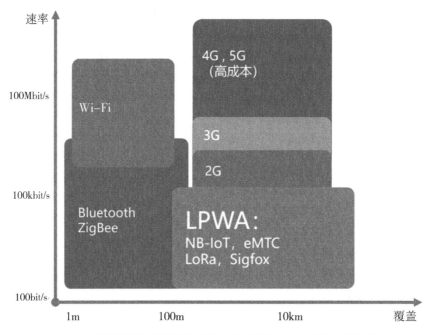

图 4-7　几种常用的物联网无线组网技术通信速率与距离汇总对比

再由图 4-8 对 5 种通信方式跟多参数的汇总图可见，结合成本和环境适应性等多方面考虑，LoRa 较 NB-IoT 更加适用于大田环境，因为 LoRa 使用节点+网关的组网方式，无须移动基站信号全覆盖，且其传输距离可达十几千米，这就可以减少统一区域所需布设的网关数量。另外，单网节点接入数量可达 6 万个，功耗合适的电池供电，模块单价较 NB-IoT 低很多，适用于户外场景大面积物联网系统应用，可搭私有网络，蜂窝网络覆盖不到的地方同样适用等，基于以上种种优点，本书所研究的大田智能灌溉系统主要使用了 LoRa 技术实现智能灌溉控制器的组网和远程通信。当然，为了适应更多的应用场景，针对小规模农场或家庭农场，还支持 4G CAT.1 通信方式。

	NB-IOT	LoRa	Zigbee	Wi-Fi	蓝牙
组网方式	基于现有蜂窝组网	基于LoRa网关	基于Zigbee网关	基于无线路由器	居于蓝牙Mesh的网关
网络部署方式	节点	节点+网关（网关部署位置要求较高，需要考虑因素多）	节点+网关	节点+路由器	节点
传输距离	远距离（可达十几千米，一般情况下10km以上）	远距离（可达十几千米，城市1~2km，郊区可达20km）	短距离（10~100m）	短距离（50m）	10m
单网接入节点容量	约20万个	约6万个，实际受网关信道数量，节点发包频率，数据包大小等有关。一般有500~5 000不等	理论上6万多个，一般情况200~500个	约50个	理论上约6万个
电池续航	理论约10年/AA电池	理论上约10年/AA电池	理论上约2年/AA电池	数小时	数天
成本	模块5~10美元，未来目标降到1美元	模块约5美元	模块1~2美元	模块7~8美元	
频段	License频段，运营商频段	unlicense频段，Sub-GHZ	unlicense频段2.4GHz	2.4GHz和5GHz	2.4G/Hz
传输速度	理论上160kbp~250kbit/s，实际一般小于100kbit/s，受限低速通信接口UART	0.3~50kbit/s	理论上250kpb，实际一般小于100kbit/s，受限低速通信接口UART	2.4G：1~11Mbit/s 5G：1~500Mbit/s	1Mbit/s
网络时延	6~10s	TBD	不到1s	不到1s	不到1s
适合领域	户外场景，LPWAN大面积传感器应用	户外场景，LPWAN，大面积传感器应用 可搭私有网络，蜂窝网络覆盖不到地方	常见于户内场景，户外也有，LPLAN 小范围传感器应用可搭建私有网网络	常见于户内场景，户外也有	
联网所需时间	3s		30ms	3s	10s

图 4-8 几种常用的物联网无线组网方式对比

第三节 LoRa 通信技术

现如今正处于物联网的时代，得益于物联网技术的发展，无线通信技术也同样受到了高度的重视，在各种的无线通信技术中，我们不仅仅需要速率和稳定性更高的 5G 技术，同样的我们也需要功耗低、距离远、连接大的 LPWAN（Low-Power Wide-Area Network，低功耗广域网络）技术，多样性的发展才能使我们可以根据各自不同的情况选到适合的通信技术。

其中，LoRaWAN 技术因其独特的灵活性，受到了广大物联网用户的认可。LoRaWAN 是一个开放标准，它定义了基于 LoRa 芯片的 LPWAN 技术的通信协议。LoRaWAN 在数据链路层定义媒体访问控制（MAC），它是一种媒体访问控制层协议，由 LoRa 联盟维护。

而提到 LoRaWAN 技术，就不得不提到 LoRa 技术，LoRa 是 LoRaWAN 的一个子集，属于其中物理层的一种调制技术，采用了线性调制扩频的方式，能够显著地提高其的接收灵敏度，实现了比其他调制技术更远的通信距离（图4-9）。虽然 LoRa 经常被误用来描述整个 LPWAN 通信系统，但严格来说，LoRa 是 Semtech 拥有的专有调制格式。SX1272 和 SX1276 LoRa 芯片使用称为 Chirp 扩频（CSS）的调制技术来组成技术栈的物理层（PHY）。LoRa 作为 LPWAN 中的主流技术之一，正在赋予智慧城市中的物联网转型。LoRa＝PHY Layer；LoRaWAN＝MAC Layer。

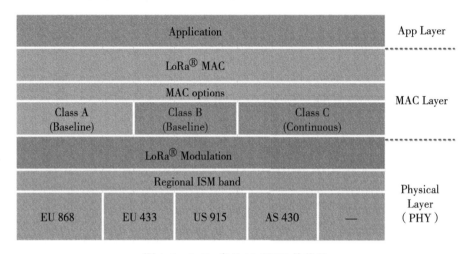

图 4-9　LoRa 和 LoRaWAN 的关系

推动 LoRa 生态的相关技术标准、产品设计、应用案例等都是多个厂商共同参与的过程，这些也是形成目前庞大产业生态更为关键的元素，而它们并不属于 Semtech 单个公司所有，比如 LoRaWAN 规范是一个全球多个厂商共同参与的开放标准，任何组织或个人都可以根据这一规范进行产品开发和网络部署。

LoRa 是 Semtech 公司创建的低功耗局域网无线标准，低功耗一般很难覆盖远距离，远距离一般功耗高，要想马儿不吃草还要跑得远，好像难以办到。LoRa 最大特点就是在同样的功耗条件下比其他无线方式传播的距离更远，实现了低功耗和远距离的统一，它在同样的功耗下比传统的无线射频通信距离扩大 3~5 倍。

一、LoRa 的特性

（1）传输距离。城镇可达 2~5km，郊区可达 15km。

（2）工作频率。ISM 频段包括 433MHz、868MHz、915MHz 等。

（3）标准。IEEE 802.15.4g。

（4）调制方式。基于扩频技术，线性调制扩频（CSS）的一个变种，具有前向纠错（FEC）能力，Semtech 公司私有专利技术。

（5）容量。一个 LoRa 网关可以连接上千上万个 LoRa 节点。

（6）电池寿命。长达 10 年。

（7）安全。AES128 加密。

（8）传输速率。几百到几十 kbit/s，速率越低传输距离越长，这很像一个人挑东西，挑得多走不太远，少了可以走远。

LoRa 主要在全球免费频段运行（即非授权频段），包括 433MHz、868MHz、915MHz 等。LoRa 网络构架由终端节点、网关、网络服务器和应用服务器四部分组成，应用数据可双向传输。

LoRa 是用于创建长距离通信链路的物理层或无线调制层。许多传统无线系统使用频移键控（FSK）调制作为物理层，因为它是实现低功率的非常有效的调制。LoRa 基于 CSS 调制技术（Chirp Spread Spectrum），它保持与 FSK 调制相同的低功率特性，但显著增加了通信范围。CSS 技术数十年已经广受军事和空间通信所采用，因为它可以实现较长的通信距离和抗干扰能力，但 LoRa 是第一个用于商业用途的低成本实现。

此外，LoRa 技术不需要建设基站，一个网关便可控制较多设备，并且布网方式较为灵活，可大幅度降低建设成本。

二、LoRa 发展现状

大约从 2014 年起，国内首批企业开始研发 LoRa 相关产品，至今 LoRa 已经从一个小范围使用的小无线技术成长为物联网领域无人不晓的事实标准。

2017 年 12 月，工业和信息化部无线电管理局公开征求对《微功率短距离无线电发射设备技术要求（征求意见稿）》的意见，其中提到了 470～510MHz 频段的使用允许用于无线传声器，明确用于传送声音的无线电设备，而非数据；同时强调"限单频点使用，不能用于组网应用"。一封针对 LoRa 组网应用的征求意见稿受到行业人士的广泛关注，使得 LoRa 网络在国内的发展一度面临困境。

最终，在产业各界人士的努力下，工信部的规定没有明确指出不能组网，而是表示可以做局域网，对具体应用也解除了限制，从而解决了 LoRa 在国内发展的不确定性问题。另一方面，随着几大互联网巨头腾讯、谷歌以及阿里相继加入 LoRa 联盟，为 LoRa 的生态圈引入了强援，一起应对 LoRa 发展过程中所面临的难题。

科技巨头纷纷入局 LoRa、加入 LoRa 联盟，可以看出各企业都希望借助 LoRa 这个切入点来确立自身在物联网和产业互联网领域的地位。阿里和腾讯两大互联网巨头将 LoRa 作为其物联网布局的重要入口，主推的 LinkWAN 平台和 TTN 平台对于产业链上下游的带动作用非常明显。另外，铁塔、联通以及广播电视等群体也开始针对 LoRa 产业进行布局，进一步促进其在各行业应用的落地。

从目前的市场结构看，国内已有上千家企业参与到 LoRa 产业生态中，呈现出大中小型企业、传统企业与互联网企业共同参与的格局。国内提供给 LoRa 发展的产业大环境不断向好，LoRa 联盟自身力量也在不断壮大。

据资料了解，2018 年国内 LoRa 芯片出货量达到数千万片，其中，模组和表计厂商占据大部分采购份额，基站厂商采购量位居其次。除此之外，国内还有大量分散的模组、终端厂商也会直接采购 LoRa 芯片，虽然都是小批量，但加起来规模还算可观。

对于大部分模组、终端、系统和应用厂商来说，它们对于各种技术是中立的，选择何种技术路线大部分是一种纯市场化行为。LoRa 芯片是支持整个产业的重要底层元器件，但整个产业结构的形成还要靠多种力量共同努力，这种力量在国内已经形成。LoRa 相关产品灵活性较强已成业界共识，不仅仅在于能够在各种环境下自主部署网络，还在于各类开发者能够选择多个平台，快速得到开发支持。

近年来，LoRa 在智慧城市、智能园区、智慧建筑、智慧安防等垂直领域也有了大量落地的行业应用。Semtech 物联网业务总监 Vivek Mohan 曾表示，目前全球大量的垂直行业中已形成 300 多个应用场景。

三、多维度下的 LoRa

1. 需求角度

国内的 LoRa 芯片需求呈现分散化的状态。一方面，由于参与 LoRa 产业生态的行业较多，很难形成垄断性的需求方；另一方面，相应模组、终端的进入门槛不高，很多中小型团队和终端厂商也可以快速推出 LoRa 硬件产品，这是一个充分竞争性的市场。

2. 技术生态

LoRa 是一种物理层的调制技术，可将其用于不同的协议中，比如 LoRaWAN 协议、CLAA 网络协议、LoRa 私有网络协议、LoRa 数据透传。随着使用协议的不同，最终的产品和业务形态也会有所不同。其中，LoRaWAN 协议是由 LoRa 联盟推动的一种低功耗广域网协议，同时 LoRa 联盟将 LoRaWAN 进行了标准化，以确保不同国家的 LoRa 网络是可以相互操作的。截至目前，LoRaWAN 标准已建立起 "LoRa 芯片-模组-传感器-基站或网关-网络服务-应用服务" 的完整生态链（图 4-10）。

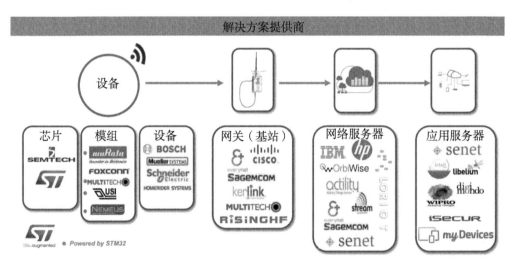

图 4-10　LoRa 技术的行业生态链

3. 数据结果

Semtech 提供的数据表明，在网络部署方面，70 多个国家，100 多家网络运营商部署了 LoRa 网络，并且最近几年 LoRa 的市场体量一直保持着高速增长。同时，其部署的 LoRa 基站，则从 7 万台增加到 20 多万台，能支持约 12 亿个节点，实际部署的节点超过 9 000 万个。

4. 规模程度

美国 Semtech 公司是全球 LoRa 技术应用的主要推动者，Semtech 为促进其他公司共同参与到 LoRa 生态中，于 2015 年 2 月联合 Actility、Cisco 和 IBM 等多家厂商共同发起创立 LoRa 联盟。2019 年，LoRa 联盟在全球拥有超过 500 个会员。

中国市场是 LoRa 全球生态建设中非常重要的部分。2018 年，阿里、腾讯、京东等互联网巨头均以最高级别会员身份加入 LoRa 联盟，同时，克拉科技、浙江联通、联通物联网公司等 LoRa 生态伙伴也开始在各地积极部署 LoRa 网络。

5. 政策导向

尽管工业和信息化部发布了《微功率短距离无线电发射设备技术要求（征求意见稿）》，一时之间使得 LoRa 的商用前景变得不够明朗。但是并没有让 LoRa 销声匿迹，在业界生态伙伴的大力支持下，反而生命力愈加顽强，产业生态不断壮大。

综上所述，可以看到，不论从技术、供应链体系、产业结构还是生态建设，LoRa 依然是一个市场化行为为主导的技术选项，大国之间政治经济博弈对于 LoRa 供求各方产生的影响很小。采用 LoRa 通信的物联网项目中包含非常多的技术和元素，很多价值远远超过通信本身，未来发展中，业界应该更多聚焦于应用价值的创造，聚焦于市场化行为和商业模式，以求在物联网时代赢得先机。

第四节　通信节点组网

一、LoRa 扩频技术介绍

什么是扩频技术？通过注入一个更高频信号将基带信号扩展到更宽的频带，它的基本特点是其传输信息所用信号的带宽远大于信息本身的带宽。

扩频技术有什么作用呢？根据香农公式：

$$C = B \times \log2(1 + S/N)。$$

式中，C 是信道容量，单位为 bit/s，它是在理论上可接受的误码率（BER）下所允许的最大数据速率；B 是要求的信道带宽，单位为 Hz；S/N 是信号噪声功率比。C 表示通信信道所允许的信息量，也表示了所希望得到的性能。从上式可以看出，通过提高信号带宽（B）可以维持或提高通信的性能（C），甚至信号的功率可以低于噪底（表现为抗干扰强、传输更远）。

扩频技术常用术语介绍如下。

1. 带宽（Band Width）

每个信道的上限频率和下限频率之差。增加带宽可以提高有效数据速率以缩短传输时间，但是以牺牲部分接收灵敏度为代价。增加带宽会牺牲信号灵敏度。

2. SNR（信噪比）

信号和噪声的比值，计量单位是 dB，其计算方法是 10lg(PS/PN)。根据计算公式可知，SNR 小于 0 时表示信号功率小于噪声功率，SNR 大于 0 时表示信号功率大于噪声功率。

3. RSSI（接收信号强度指示）

即接收灵敏度（单位为 dBm）。在纯净环境下，RSSI 值与距离是一个非线性曲线的关系，所以路测时在一定距离内 RSSI 值有参考价值，超过距离后基本没有参考价值。

4. 扩频因子（SF）

扩频调制技术采用多个信息码片来代表有效负载信息的每个位。扩频信息的发送速度称为符号速率（Rs），而码片速率与标称符号速率之间的比值即为扩频因子，其表示每个信息位发送的符号数量。

5. 编码率（CR）

编码率是数据流中有用部分的比例。也就是说，如果编码率是 k/n，则对每 k 位有用信息，编码器总共产生 n 位的数据，其中 $n-k$ 是多余的。LoRa 采用循环纠错编码进行前向错误检测与纠错。

LoRa 有三个最重要的参数：扩频调制带宽（BW）、扩频因子（SF）和纠错率（CR）。这三个参数衍生出来有编码率（CR）、符号速率（Rs）、数据速率（DR）等。

引自 SX127X 数据手册：LoRa 扩频调制技术采用多个信息码片来代表有效负载信息的每个位。扩频信息的发送速度称为符号速率（Rs），而码片速率与标称符号速率之间的比值即为扩频因子，其表示每个信息位发送的符号数量。扩频因子取值范围如图 4-11 所示。

扩频因子 I (RegModultionCfg)	扩频因子 II （码片/符号）	LoRa 解调器信噪比 （SNR）
6	64	−5dB
7	128	−7.5dB
8	256	−10dB
9	512	−12.5dB
10	1024	−15dB
11	2048	−17.5dB
12	4096	−20dB

图 4-11　LoRa 芯片 SX127X 扩频因子取值范围

图 4-11 中有两个扩频因子栏，两者都是扩频因子，前者为后者的以 2 为底的对数，所以第二栏中的每个扩频因子都是正交的，第二个扩频因子是有单位的，即码片/符号。下文中介绍的扩频因子按照第一个扩频因子来计算说明。因为不同的 SF 之间为正交关系，因此必须提前获知链路发送端和接收端的 SF。另外，还必须获知接收机输入端的信噪比。在负信噪比条件下信号也能正常接收，这改善了 LoRa 接收机的灵敏度，链路

预算及覆盖范围。

通俗地说，扩频因子的数据每位都和扩频因子相乘，例如，有一个1bit需要传送，当扩频因子为1时，传输的时候数据1就用一个1来表示，扩频因子为6时（有6位）111111，这111111就来表示1，这样乘出来每位都由一个6位的数据来表示，也就是说需要传输总的数据量增大了6倍。这样扩频后传输可以降低误码率也就是信噪比，但是在同样数据量条件下却减少了可以传输的实际数据，所以，扩频因子越大，传输的数据数率（比特率）就越小。

LoRa采用循环纠错编码进行前向错误检测与纠错。使用该方式会产生传输开销。每次传输产生的数据开销如图4-12所示。

编码率(RegTxCfg1)	循环编码率	开销比率
1	4/5	1.25
2	4/6	1.5
3	4/7	1.75
4	4/8	2

图4-12　LoRa芯片的编码率与开销比率

存在干扰的情况下，前向纠错能有效提高链路的可靠性。由此，编码率（抗干扰性能）可以随着信道条件的变化而变化，可以选择在报头加入编码率以便接收端能够解析。

信道带宽（BW）是限定允许通过该信道的信号下限频率和上限频率，可以理解为一个频率通带。比如一个信道允许的通带为 $1.5 \sim 15\text{kHz}$，则其带宽为13.5kHz。在LoRa中，增加BW，可以提高有效数据速率以缩短传输时间，但是以牺牲部分接收灵敏度为代价。对于LoRa芯片SX127x，LoRa带宽为双边带宽（全信道带宽），而FSK调制方式的BW是指单边带宽。

二、LoRa模块简介

在基于LoRa的通信系统中，每个子节点都必须包含一个LoRa模块。LoRa模块一般应具有如图4-13所示的硬件架构。

电源可通过电源插头或电池提供；MCU是管理所有设备功能并实现LoRaWAN堆栈的微控制器；LoRa无线电由LoRa收发器、天线匹配电路和天线本身组成；外围设备可能是传感器，如加速度计或温度传感器，或I/O，如继电器或显示器等。

根据设计和生产需求，有几个选项可用于构建LoRa子节点。基于LoRa芯片组的设计；基于LoRa模块的设计；基于RF-MCU的设计；基于LoRa调制解调器的设计；带有外部LoRa调制解调器的现有设备。

目标架构的选择需要基于实际情况，如预期生产数量，可用的射频工程技能和完成项目的开发时间表。

在LoRa模块的硬件基础上，必须加入软件才能正常工作。如同4-14所示为LoRa

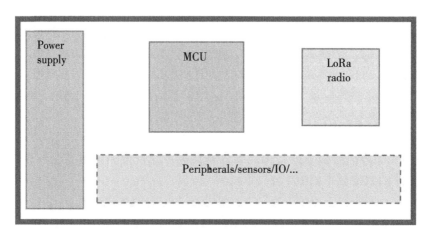

图 4-13　LoRa 模块通用硬件架构

模块的通用软件架构，包含驱动层、中间件和应用层。

驱动层提供硬件适配，并实现所有驱动程序来管理模块外围设备。它将硬件抽象为向中间件公开的简单功能。中间件实现了通信协议库（LoRaWAN、6LowPAN 等），还实现了屏幕、GPS 等复杂的驱动程序。应用层包含实现设备行为和功能的所有功能应用程序。

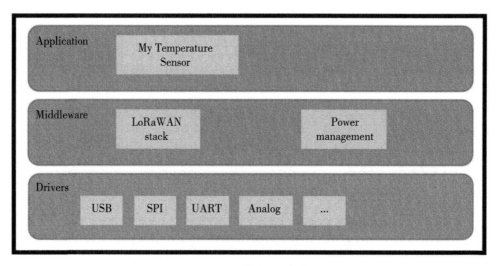

图 4-14　LoRa 模块通用软件架构

本书所研究的大田智能灌溉系统子节点，即智能灌溉控制器，所采用的架构如图 4-15所示，这是一种基于 LoRa 模块的应用架构。LoRa 模块是包含 MCU 和 LoRa 无线电的组件。MCU 可用于软件编程以运行应用程序和 LoRaWAN 堆栈或 LoRa 私有协议。这种设计方法的主要优点是，所有射频硬件开发都由该模块制造商实现，天线调谐和匹配主要在模块内部完成。模块制造商提供了连接或重新设计天线的参考设计。

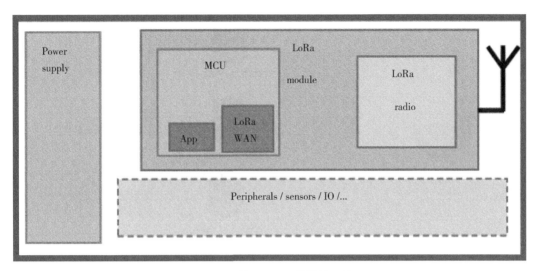

图 4-15　基于 LoRa 模块的架构

在初代产品中，我们使用的是济南有人物联网技术有限公司生产的 LoRa 模块，USR-LG206-L，这是一个支持集中器通信协议的低频半双工 LoRa 串口 DTU，实现外部串口设备和 LoRa 集中器的互转通信，模块的内部电路板如图 4-16 所示，其网络架构如图 4-17 所示，LoRa 模块通过串口与智能灌溉控制器通信，上行通过 LoRa 天线与 LoRa 网关建立连接，网关型号为 USR-LG220。

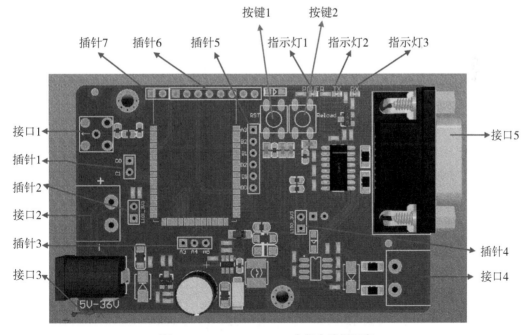

图 4-16　USR-LG206-L 内部电路板示意

USR-LG206-L 工作的频段为 398～525MHz，使用串口进行数据收发，降低了无线

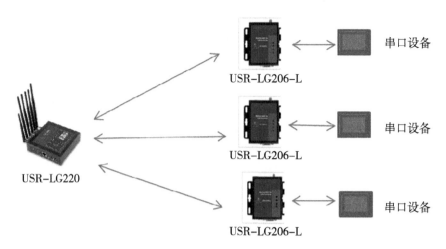

图 4-17　基于 LG206 模块和 LG220 网关的 LoRa 网络架构

应用的门槛，可实现用户 MCU 通过 LoRa 技术与集中器通信。LoRa 具有功率密度集中，抗干扰能力强的优势，通信距离可达 2 000m（空旷视距，天线增益 5dBm，高度大于 2m，2.5kbit/s 空中速率）。该模块的主要技术参数如图 4-18 所示，模块的默认参数如图 4-19 所示，可根据时间需要进行修改。其中信道、速率、应用 ID 等参数为 LoRa 通

分类	参数	取值
无线参数	工作频段	398~525MHz
	发射功率	10~20dBm
	接收灵敏度	−138.5dBm@0.268kbit/s
	传输距离	2 000m(测试条件：晴朗，空旷，最大功率，天线增益5dBm，高度大于2m，2.5kbit/s空中速率)
	天线选项	SMA天线座（外螺内孔）
硬件参数	数据接口	UART：RS232/485 调制速率：1 200~115 200bit/s
	工作电压	5~36V
	工作电流	发射电流111mA@5V 待机电流45mA@5V
	工作温度	−30~80℃
	存储温度	−45~90℃
	工作湿度	5%~95%RH（无凝露）
	存储湿度	1%~95%RH（无凝露）

图 4-18　USR-LG206-L 主要技术参数

信参数，用于和不同的集中器建立连接，设备 ID 为模块的唯一标识码，出厂设置后一般不做修改，USART 参数用于和智能灌溉控制器的主控芯片通信，双方必须设置一致才可正常通信。

序号	项目	说明
1	信道	72（470M）
2	速率	5
3	设备ID	ID码
4	应用ID	00000002
5	UART参数	115200/8/N/1 485模式
6	发射功率	20dBm
7	唤醒数据	123456
8	回显	开启

图 4-19　USR-LG206-L 模块的默认通信参数

如图 4-20 所示，模块支持 3 种工作模式，分别是 AT 指令模式、主动上报模式和被动唤醒模式。其中主动上报和被动唤醒模式由 LG220 集中器的工作模式决定。模块入网时会自动获取自己的工作模式。主动上报模式和被动唤醒模式，串口单包数据长度不能超过 200B，否则丢弃。

AT 指令模式只支持单个解析，无缓存。集中器轮询唤醒、被动唤醒、被动轮询模式为同一模式。AT 指令模式主要实现用户通过串口发送命令设置设备相关的参数。在该模式下，设备串口用于接收 AT 命令，用户可以通过串口发送 AT 命令给设备，用于查询和设置设备的 UART、网络等相关参数。

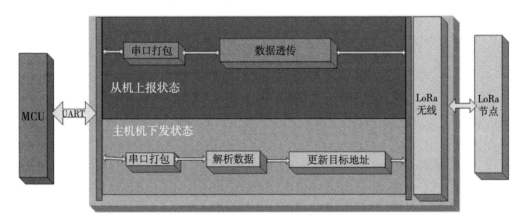

图 4-20　USR-LG206-L 模块基本功能框

主动上报模式工作流程如图 4-21 所示。设备上电，入网，校时，按照集中器设置的二次上报间隔发送唤醒数据通知外部串口设备；串口设备收到唤醒数据后，发送数据给 LG206；LG206 收到串口数据后主动上报到集中器。该模式下设备自动入网，按照集中器 WEB 设定的时隙和周期自动上报数据，最大支持 200B 数据上传。该模式优势在于可实现自动组网，无须手动设定；时分复用避免干扰，功耗低。

主动上报模式下通信双方需满足 4 个条件：集中器设置为主动上报模式；集中器管理通道与设备信道一致；集中器管理通道与设备速率一致；集中器管理通道与设备应用 ID 一致。

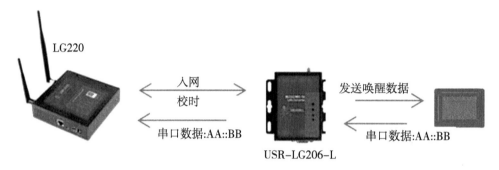

图 4-21　USR-LG206-L 主动上报模式工作流程示意

被动轮询模式下设备上电后自动入网，集中器按预选设定周期轮询入网的设备，设备收到后，向外部串口设备透传轮询数据；如果外部串口设备存在应答数据，设备将应答数据透传到集中器，应答数据单包最大支持 200B，不支持多条应答。

被动轮询模式下通信双方需满足 4 个条件：集中器设置为被动唤醒模式；集中器管理通道与设备信道一致；集中器管理通道与设备速率一致；集中器管理通道与设备应用 ID 一致。

设备工作在被动轮询模式下的工作流程如图 4-22 所示，集中器预先设定唤醒周期、轮询数据；被轮询到的设备，将轮询数据透传到外部串口设备；外部设备可返回或者不处理轮询数据，返回数据单包最大 200B。被动轮询模式下如外部串口设备主动向 LG206 发送数据，LG206 也会将数据上报到集中器，但有可能会出现数据碰撞，影响系统性。

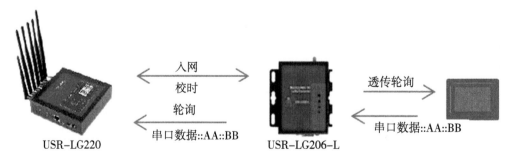

图 4-22　USR-LG206-L 被动轮询模式工作流程示意

在第二代大田智能灌溉控制器中，使用了如图 4-23 所示的体积更小，集成度更高的 LoRa 模块 WH-L101-L，WH-L101-L 是上海稳恒开发的一个支持点对点通信协议（同时支持有人集中器通信协议，需要更换固件）的低频半双工 LoRa 模块，可实现串口到 LoRa 的数据互转，该模块使用的是如图 4-24 所示的基于 LoRa 芯片组的架构。

该模块工作的频段为 398~525MHz。使用串口进行数据收发，降低了无线应用的门槛，可实现一对一或者一对多的通信。LoRa 具有功率密度集中、抗干扰能力强的优势，模块通信距离可达 3 500m（空旷视距）。尺寸较小，易于焊装在客户产品的硬件单板电路上。

单位：mm　　误差：± 0.3mm

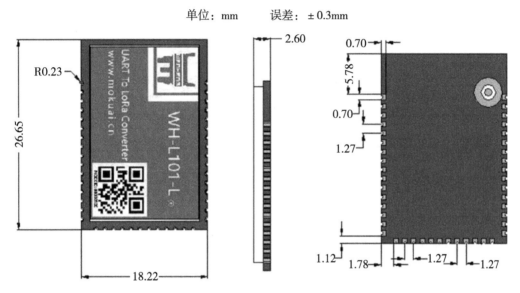

图 4-23　WH-L101-L 模块外观

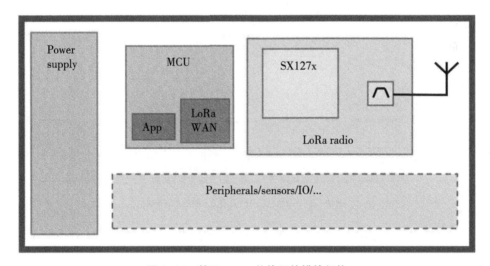

图 4-24　基于 LoRa 芯片组的模块架构

WH-L101-L 主要技术参数如图 4-25 所示。模块支持点对点通信协议（同时支持集中器通信的固件），支持定点发送模式；数据加密传输；2 000~3 000m 传输距离；-138.5dBm 接收灵敏度；AT 指令配置，配套设置工具；内置看门狗，永不死机；1.8~

3.6V 电源供电；最低接收电流 4μA；超小尺寸：26.6mm×18.2mm×2.6mm，SMT 封装。

无线参数		串口	
无线标准	LoRa	端口数	UARTTTL*1
频率范围	398~525MHz	标准	3.3V-TTL
发射功率	模块电压为1.8~2.4V时，发射功率可设置为10~17dBm	数据位	8bit
		停止位	1,2
	模块电压为2.4~3.6V时，发射功率可设置为10~20dBm	检验位	None,Even,Odd
接收灵敏度	最小−138.5dBm	调制速率	1200/2400/4800/9600/19200/38400/57600/115200
		缓存	RX:255kB,TX:252kB
		流控	无
天线	预留天线焊盘	保护	无
传输距离	3 500m（测试条件：晴朗，空旷，最大功率，天线增益5dBm，高度大于2m，最低速率，默认信道）	RS-485收发控制引脚	预留
硬件参数		软件参数	
工作电压	1.8~3.6V	无线网络类型	LoRa
工作电流	发射电流130mA@3.3V	安全机制	128位数据加密
	接收电流18mA@3.3V		
	唤醒接收电流5μA@3.3V		
尺寸	26.6mm × 18.2mm × 2.6mm(L*W*H)	LoRa通信速率	0.268~21.8kbit/s

图 4-25　WH-L101-L 主要技术参数

如图 4-26 所示，模块支持 3 种工作模式，分别是 AT 指令模式、透传模式和定点模式。无论哪种工作模式，单包数据长度都不能超过 252B，否则丢弃。

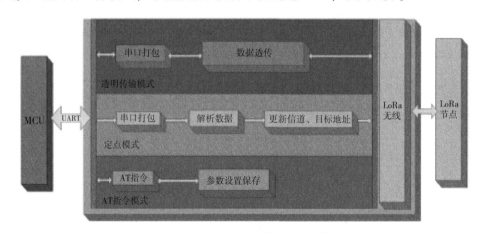

图 4-26　WH-L101-L 的三种工作模式

命令模式主要实现用户通过串口发送命令设置模块相关的参数。在命令模式下，模块 UART 口用于接收 AT 命令，用户可以通过 UART 口发送 AT 命令给模块，用于查询和设置模块的 UART、网络等相关参数。

定点模式可以在发送数据时灵活地改变目标地址和信道。在透明传输的基础上将发送数据的前 2 字节作为目标地址（高位在前）第 3 字节作为信道，发射时模块改变目标地址和信道，发送后恢复原有设置。

与 USR-LG206-L 相比，WH-L101-L 增加了透明传输模式，透传模式下数据的传输过程不影响数据的内容，所发即所收，工作流程如图 4-27 所示。透明传输模式的优势在于可实现两个模块即插即用，无须任何数据传输协议。为保障数据安全，在数据传输环节启用了数据加密。通信双方需满足 3 个条件：速率等级相同、信道一致、目标地址相同或为广播地址。

注：若模块的目标地址为广播地址，则其他同速率同信道的模块均可接收到此模块发送的数据。

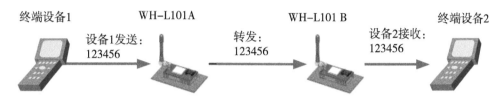

终端设备1　　WH-L101A　　　　　　　WH-L101 B　　　终端设备2

设备1发送：
123456

转发：
123456

设备2接收：
123456

图 4-27　WH-L101-L 透明传输模式工作示意

WH-L101-L 具有 4 种功耗模式。

RUN 模式：运行模式，上电后模块进入持续接收状态，当有数据发出时切换为发射状态，发送完毕后恢复接收状态。可接收工作在任何模式的模块发出的数据，功耗较高。

WU 模式：唤醒模式，发送数据前加入一定时长的唤醒码，因此唤醒模式发送效率低于运行模式进而导致平均发送功耗高于运行模式。其他同 RUN 模式，功耗也较高。

LR 模式：低功耗接收模式，休眠后可周期性唤醒来检测唤醒码，只能接收来工作在 WU 模式的模块发出的数据。LR 模式不能发送数据。功耗较低。

LSR 模式：低功耗发送接收模式，模块一直处于休眠状态，只有被 WAKE 引脚唤醒且 2s 内有数据发出时模块才会开启接收状态，接收时间可设，当设置为 0 时可不开启接收，功耗较低。

其中 LR 和 LSR 为低功耗模式，模块上电后开始计时，若在空闲时间内串口和网络端均无数据收发时模块进入低功耗状态，进入低功耗时模块自动退出 AT 指令模式。

三、LoRa 模块组网

无线局域网常用的网络拓扑结构如图 4-28 所示，其中 LoRa 网络主要支持星形网络拓扑结构。星形网络体系结构在远程通信、天线数量（基站）和设备电池寿命之间提供了最佳折中方案。

终端设备和网关之间的通信分布在不同的频率通道和数据速率上。优化数据速率的选择是通信距离和消息持续时间之间的权衡。使用不同数据速率的通信模块之间不会相互干扰。LoRa 支持 125kHz 带宽内 300bit/s 至 5kbit/s 的数据速率范围。为了最大限度地延长每个设备的电池寿命以及通过该系统提供的总容量，LoRa 网络基础设施使用自适应数据速率（ADR）管理每个连接设备的单独数据速率和射频输出的方案。

1. 中央节点的主要功能

在星形拓扑结构中，网络中的各节点通过点到点的方式连接到一个中央节点上，由

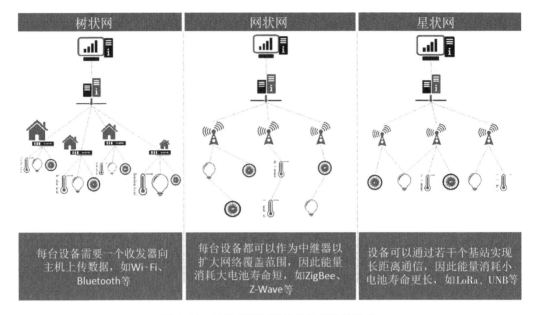

树状网	网状网	星状网
每台设备需要一个收发器向主机上传数据，如Wi-Fi、Bluetooth等	每台设备都可以作为中继器以扩大网络覆盖范围，因此能量消耗大电池寿命短，如ZigBee、Z-Wave等	设备可以通过若干个基站实现长距离通信，因此能量消耗小电池寿命更长，如LoRa、UNB等

图 4-28　无线局域网常用的网络拓扑结构

该中央节点向目的节点传送信息。星形网中任何两个节点要进行通信都必须经过中央节点控制。因此，中央节点的主要功能有 3 项。

（1）当要求通信的站点发出通信请求后，控制器要检查中心节点是否有空闲的通路，被叫设备是否空闲，从而决定是否能建立双方的物理连接。

（2）在两台设备通信过程中要维持这一通路，保证数据传输的可靠性。

（3）当通信完成或者不成功要求拆线时，中央转接站应能拆除上述通道。

星形组网相较于环形组网中一个节点故障，将会造成全网瘫痪以及对分支节点故障定位较难的不同，星形组网便于集中控制，因为终端节点之间的通信必须经过中心节点。由于这一特点，也带来了易于维护和安全等优点。终端节点设备因为故障而停机时也不会影响其他端用户间的通信。网络延迟时间较小，系统的可靠性较高。

2. 星形拓扑结构的主要优点

（1）管理维护容易。由于所有的数据通信都要经过中心节点，中心节点可以收集到所有的通信状况。

（2）节点扩展、结构简单、移动方便，相较于其他网络拓扑结构而言，星形拓扑结构管理和维护容易。节点扩展时只需要与中心节点设备建立连接即可，而不会像环形网络那样"牵其一而动全局"。

（3）易于故障的诊断与隔离。由于各终端分节点都与中心节点相连，故便于从中心节点对每个节点进行测试，也便于将故障节点和系统分离。

由于星形组网具有以上优点，因此它成为组网方式中广泛而又首选使用的网络拓扑设计之一，但如何避免星形网络中多节点间的通信冲突成为最主要的问题。

星形拓扑结构中，为有效避免各节点之间通信出现冲突，中心节点和终端节点的交互主要有以下两种常用的方式，一是主动轮询方式，二是被动时间片方式。

主动轮询方式中，每个终端节点都有自己唯一的 ID 号，中心节点主动根据终端节点的 ID 号依次询问终端节点是否有数据需要发送，若某个终端节点有数据发送到中心节点，则中心节点开始处理接收到的数据。图 4-29 为主动轮询方式示意。

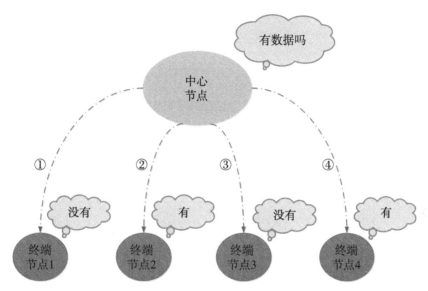

图 4-29　主动轮询方式通信示意

主动轮询方式中，终端节点不用受到时间片的限制，更加自由；在终端节点与中心节点交互不频繁时，理论上对传输数据的长度和时间没有要求；网络稳定性较高，被动时间片方式对各个节点晶振的一致性要求较高，而主动轮询方式不会由于晶振的微小偏差而影响各节点的通信；程序结构相比被动时间片方式要更加简单清晰，易于理解。

主动轮询中的主动是对于中心节点（即 LoRa 集中器）而言的，对于子节点上的 LoRa 模块，则应该叫被动唤醒。

对于第二代大田智能灌溉控制器而言，子节点的 LoRa 模块 WH-L101-L 被动唤醒的工作流程如图 4-30 所示。集中器（LG220）预先设定周期数据唤醒模块（通过 WEB 进行设置）；模块上电，入网，进入被动唤醒状态（间隔休眠唤醒）；被唤醒的模块会将 HOST_WAKE 引脚拉高（5ms），唤醒主控；此时模块会等待主控返回数据，默认等待 2 000ms（AT+PTM 可设），若串口无数据进入休眠。若模块收到主控数据，会将数据通过 LoRa 发送出去（若超过 6 000ms 数据仍未发送完成，模块将自动会进入低功耗；理论上速率越低、数据量越大，STM 应越大；AT+STM 可设时长。默认为 6 000ms）；发送完成立即进入休眠（低功耗模式）。

主动轮询（被动唤醒）实现的前提是对星形网的中心节点，即 LoRa 网关，进行相应的配置。本书使用的 LoRa 网关为 USR-LG220，其外观如图 4-31 所示，USR-LG220 是一款基于低功耗广域网 LoRa 私有协议的物联网基站集中器，通过 USR 私有协议实现集中器与终端模块自由组网、集中器与服务器通信。

该产品主要特点有终端和集中器自主入网，不需要人工设置终端设备地址；Wi-Fi

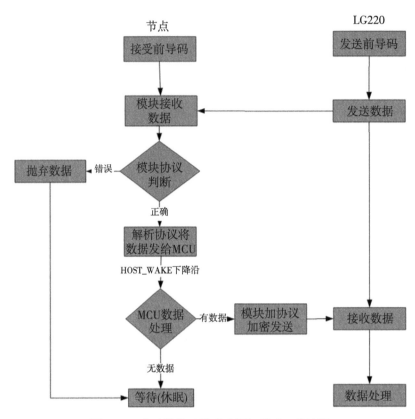

图4-30 主动轮询（被动唤醒）模式工作流程

图4-31 LoRa网关LG220实物

设置参数方便、快捷；集中器可以自动下发数据、上传服务器数据，减少服务器端开发；独立管理通道管理终端入网，安全可靠、避免干扰；常见通信模式，方案实用性强；可以为物联网设备提供远距离、低功耗、多设备挂载、安全、双向的数据通信服务；数据加密、校验处理，实现数据安全性、可靠性。

USR-LG220 支持 1 个有线 WAN 口、1 个 Wi-Fi 无线局域网、支持 4G 网络接口，联网功能丰富多彩，方便用户铺设自己的网络，更能多方位保障数据网络传输不丢失。LoRa 私有协议使得通信更加简单、安全、可靠，用户无须关心协议，配套集中器和模块经过简单配置即可进行通信。基本参数如图 4-32 所示。

项目		描述
产品名称	USR-LG220	LoRa集中器
有线网口	有线WAN口	WAN *1
Wi-Fi	Wi-Fi无线局域网	支持IEEE 802.11b/g/n
	天线	Wi-Fi天线
	覆盖距离	空旷地带120m
4个LoRa通道：1个管道通道3个通信通道	协议	USR私有协议，简便、安全、可靠
	频段	398~525MHz，共分127个信道
	通道	1号管理通道，2~3号数据通道，共4个通信通道
	发射功率	最大发射功率20dBm
	天线	默认吸盘天线(470~510MHz)
4G	支持范围	移动/联通 2G/3G/4G 电信4G
	SIM/USIM卡	标准6针SIM卡接口，3V/1.8V SIM卡
	天线	5dBi全频棒状天线
按键	Reload	一键恢复出厂设置
指示灯	状态指示灯	电源，Wi-Fi，2G/3G/4G，WAN口，数据收发指示灯

图 4-32 USR-LG220 LoRa 集中器基本参数

图 4-33 是 USR-LG220 的内部接口功能，图 4-34 展示了其整体功能示意，通过这 2 个图可以对该产品有一个总体的认识。USR-LG220 主要功能是通过 USR 私有协议将集中器和众多 LoRa 模块组成一个有序的通信网络；集中器自主管理节点入网，用户可以通过网页设置 LoRa 参数；由集中器实现数据下发和接收 LoRa 节点数据，然后集中器将有效数据上传服务器。在使用前需要对集中器进行相关设置，流程如图 4-35 所示。

USR-LG220 集中器共有两种工作模式，即节点主动上报、集中器轮询唤醒。无论哪种模式，节点模块入网都需满足 3 个条件：集中器管理通道与模块信道一致、集中器管理通道速率与模块速率一致、集中器与模块应用 ID 一致。

集中器出厂默认为节点主动上报模式，默认服务器地址为厂家的 MQTT 服务器，选

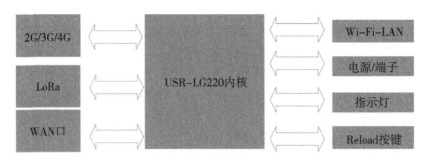

图 4-33　USR-LG220 内部接口功能

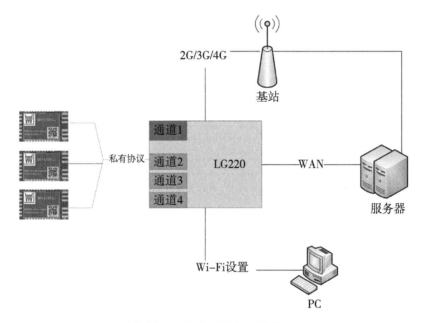

图 4-34　USR-LG220 整体功能演示

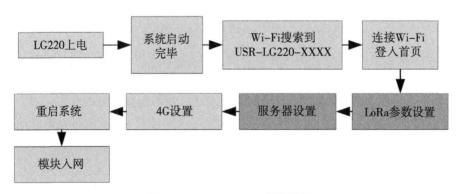

图 4-35　USR-LG220 操作流程

择相应入网方式并给集中器供电后即可监听节点入网信息和上报数据。本书使用的是集中器的轮询唤醒模式，下面我们将以功能、参数设置顺序进行详细介绍。

集中器设该模式后，入网节点模块将进入被动唤醒状态，此时集中器会按照 WEB 设置下发前导码（前导码时长和唤醒周期一致）唤醒在网该信道的所有节点，并把数据传输给节点；数据下发后，若集中器收到模块回复的数据会立下发下一条数据，否则等到接收时间超时下发下一条数据。

使用集中器轮询唤醒模式前客户需要先设置集中器相关参数，设置完成后集中器即处于监听状态，节点入网，集中器回复入网信息并保存节点信息，当入网节点数大于 0 或者数据库中已存在入网节点时，集中器会根据所设唤醒周期、轮询周期、轮询超时时间来周期性发送唤醒数据唤醒节点，并将用户设置的唤醒数据下发给节点。

节点收到数据后做出相应动作并回复相关数据，完成一次数据交互；此后节点进入休眠，集中器等待下一个周期下发第二条唤醒数据，此模式下最多设置 16 条唤醒数据，当一条唤醒数据轮询完成所有节点（保存在数据库中的已入网节点）后会更换第二条轮询数据，等到下一个轮询周期再次重复以上步骤，当所有轮询数据轮询完成时，等待轮询周期结束后会从数据库中已保存的第一条数据开始重新轮询唤醒，通道二、三、四需要同时设置为该模式。集中器 3 个数据通道速率必须设置一致，信道尽量隔开。

接受超时时间，集中器轮询下发数据后，等待节点返回数据时的超时时间，最大支持 65 535ms，单位为 ms（十进制）。节点数量大于等于实际负载的数量，尽量与实际一致，节点在此模式下判断在网情况。轮询间隔，轮询所有节点后，到下一次开始轮询的周期，最大支持 10d，单位为 ms（十进制）。

唤醒周期，模块唤醒一次的间隔，被动和主动上报模式都需要设置，最大支持 65 535ms，单位为 ms（十进制）。发射功率，对入网节点模块发射功率的设置，集中器发射功率为 20dBm 不发生改变。唤醒周期、轮询超时时间、轮询周期三者关系如图 4-36 所示。

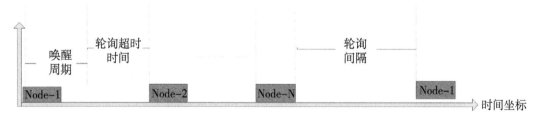

图 4-36 USR-LG220 被动唤醒时序

轮询数据设置：由下发条数和轮询数据组成，被动唤醒模式下生效。

下发条数：决定下面轮询数据数量，如下发条数为 4，那么只轮询数据 1~4 内的数据；最大支持 16 条指令数据，数据格式为"十六进制"，需严格按照数据格式填写。

轮询数据：用户需要轮询下发的数据或指令，"十六进制"输入，最大 64B，请务必按照十六进制格式输入。

自此，集中器主动轮询唤醒相关的参数即设置完毕，在此基础上再对子节点模块

WH-L101-L 进行相应的配置即可实现 LoRa 组网。

WH-L101 模块与智能灌溉控制器的接口如图 4-37 所示，模块的外围电路参考如图 4-38 所示。智能灌溉控制器与 LoRa 模块的通信接口为串行接口，所有配置命令和通信数据的传输均通过 TTL 串口实现。

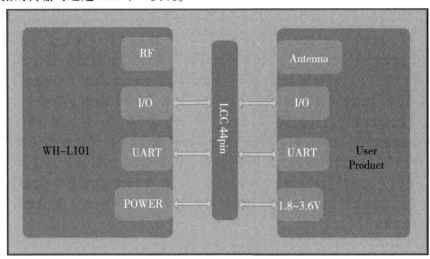

图 4-37 WH-L101 模块应用框

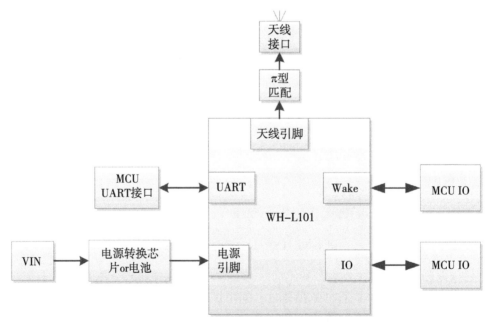

图 4-38 WH-L101 模块外围电路参考

WH-L101 模块的电源输入范围为 1.8 ~ 3.6V，推荐电压为 3.3V，峰值供电电流 125mA。引脚接口预留高频滤波电容，推荐 10μF+0.1μF+1nF+100pF。如果应用环境比较恶劣，经常受到 ESD 干扰或者对 EMC 要求比较高，建议串联磁珠或者并联 TVS 管，以增加模块的稳定性。

串口电平跟随模块输入电压的变化而变化。如果模块采用 3.3V 供电，跟 MCU（3.3V 电平）直接通信，只需要将模块的 TXD 加到 MCU 的 RXD，将模块的 RXD 接到 MCU 的 TXD 上即可。当模块电平与 MCU 电平不匹配时，如 MCU 是 5V 电平，中间需要加转换电路。我们使用的 MCU 也是 3.3V 电平，故无须转换电路。

前文提到，节点模块入网都需满足 3 个条件：集中器管理通道与模块信道一致；集中器管理通道速率与模块速率一致；集中器与模块应用 ID 一致。故每个 WH-L101 模块上电后需对这 3 个参数进行设置，已保持和集中器的参数一致。

WH-L101 模块具有透传模式和 AT 模式，模块上电后默认进入透传模式，而参数配置需要在 AT 模式下通过发送 AT 指令实现，所以需要对模块的这两种模式进行切换。

AT 指令是指，在命令模式下用户通过 UART 与模块进行命令传递的指令集，AT 指令的使用格式在说明书中有详细讲解。

上电启动成功后 2 000ms 内（AT+ITM 可设），可通过+++a，进入 AT 指令模式对模块进行设置。模块的缺省 UART 口参数为调制速率 115200、无校验、8 位数据位、1 位停止位。

从非 AT 命令模式下切换到 AT 命令模式需要以下两个步骤：在 UART 上输入"+++"，模块在收到"+++"后会返回一个确认码"a"；在 UART 上输入确认码"a"，模块收到确认码后，返回"+OK"确认，进入命令模式。

模块进入指令模式需要按照图 4-39 的时序要求。在图 4-39 中，横轴为时间轴，时间轴上方的数据是串口设备发给模块的，时间轴下方的数据为模块发给串口的。时间要求：T2<300ms；T3<300ms；T5<3s。

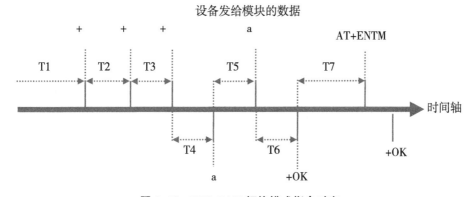

图 4-39　WH-L101 切换模式指令时序

图 4-40 所示为 AT 指令的基本格式，发送命令格式：以回车<CR>、换行<LF>或者回车换行<CR><LF>，模块参数配置常用的 AT 指令集如图 4-41 所示。

智能灌溉控制器主控芯片控制 LoRa 模块 WH-L101 进入 AT 指令模式的 C 语言代码如图 4-42 所示，需要注意的是，为了提高进入 AT 模式的成功率，需在每次发送"+++"之前先将模块的唤醒引脚拉低 5ms。

进入 AT 模式之后就可以对模块进行参数配置了，由于要配置的参数因不同的集

类型	指令串格式	说明	举例
0	AT+CMD? <CR><LF>	查询参数	AT+VER? <CR><LF>
1	AT+CMD<CR><LF>	查询参数	AT+VER<CR><LF>
2	AT+CMD=para<CR><LF>	设置参数	AT+CH=66<CR><LF>

图 4-40　AT 指令基本格式

序号	指令	说明
基本命令		
1	ENTM	退出 AT 命令
2	E	模块 AT 命令回显设置
3	Z	重启模块
4	CFGTF	保存当前设置为默认设置
5	RELD	恢复默认设置
6	NID	查询模块 NID
7	VER	模块固件版本
8	WMODE	设置/查询模块工作模式
9	UART	设置/查询串口参数
10	PMODE	设置/查询功耗模式
11	ITM	设置/查询空闲时间
12	WTM	设置/查询唤醒间隔
LoRa		
13	SPD	设置/查询速率等级
14	ADDR	设置/查询目标地址
15	CH	设置/查询信道
16	FEC	设置/查询前向纠错是否开启
17	PWR	设置/查询发射功率
18	RTO	设置/查询 LR/LSR 模式下的接收超时时间
19	SQT	信号强度显示
20	KEY	设置数据加密字

图 4-41　WH-L101 模块常用 AT 指令

中器而不同（必须保持与集中器一致），所以我们的设计思路是不通过智能灌溉控制器的主控芯片自主配置参数，而是通过灌溉小助手 App 将要配置的参数的 AT 指令经过蓝牙通道发送给主控，主控收到之后先将 LoRa 模块进入 AT 模式，然后将收到的 AT 指令发送给 LoRa 模块，具体实现过程如图 4-43 所示。至此，即可完成 LoRa 模块的组网了。

另外，对 LoRa 模块还有一个重要的操作，即获取其 NID，并将获取的 NID 转换为十六进制数，以便于存储，同时将收到的 ASCII 码小写字母转为大写，用于设置为蓝牙名。这个智能灌溉控制器的 ID 也都以 NID 为基础进行变换和区分，具体的实现过程如图 4-44 所示。

```
/**********************************************************************
 *
 * [Lora_EntATmode Lora模块进入AT指令模式
 * @param  wait  [等待时间(ms)]
 * @param
 * @return       [成功返回1,否则0]
 *
 **********************************************************************/
u8 Lora_EntATmode(int wait)//Lora模块上电默认为透传模式
{
    G_Lora_RecvDataLen = 0;//发送命令前先清空接收缓存
    GPIO_ResetBits(GPIOB, GPIO_Pin_3); delay_ms(5); //唤醒引脚拉低5ms
    GPIO_SetBits(GPIOB, GPIO_Pin_3);
    uart2_send_char('+');uart2_send_char('+');uart2_send_char('+');
    delay_ms(wait);

    if(G_Lora_RecvDataLen != 0)
    {
        G_Lora_RecvBuffer[G_Lora_RecvDataLen] = '\0';
        G_Lora_RecvDataLen= 0;
        G_Lora_Recv_Finished = 0;
        if (strstr((char*)G_Lora_RecvBuffer, (char*)"+++"))
        {
            return 1;//发'+++'返回'+++'说明已经处于AT模式
        }
        uart2_send_char('a');delay_ms(wait);
        if(G_Lora_RecvDataLen != 0)
        {
            //uart1_send_buff(G_Lora_RecvBuffer,G_Lora_RecvDataLen);//调试用
            G_Lora_RecvBuffer[G_Lora_RecvDataLen] = '\0';
            G_Lora_RecvDataLen= 0;
            G_Lora_Recv_Finished = 0;
            if (strstr((char*)G_Lora_RecvBuffer, (char*)"OK"))
            {
                return 1;
            }else return 0;

        }else return 0;
    }else return 0;

}
```

图 4-42　控制 WH-L101 模块进入 AT 模式的程序源代码

```
/********************************66功能码 AT设置或查询模块参数 ********************************/
if(G_BLE_RecvBuffer[1]==0x66) //改用完全透传模式进行配置和查询 2020-08-17
{
    if(G_BLE_RecvBuffer[2] != 0x07) //类型错误
    {
        UART1_Send_Data(CommandError,5);
        G_BLE_RecvDataLen = 0;
        return;
    }
    if(G_BLE_RecvBuffer[3] != G_BLE_RecvDataLen-6)//参数长度错误
    {
        UART1_Send_Data(CommandError,5);
        G_BLE_RecvDataLen = 0;
        return;//异常返回 2020-02-24
    }
    //透传无需区分模块类型, Lora进入AT模式需拉低唤醒,4G可直接发配置命令 2020-08-21
    if(G_BLE_RecvBuffer[3]==3)//Lora进入AT模式需拉低引脚(发送'+++'之前)
    {
        GPIO_ResetBits(GPIOB, GPIO_Pin_3); delay_ms(5); //唤醒引脚拉低5ms
        GPIO_SetBits(GPIOB, GPIO_Pin_3);
    }
    G_Lora_RecvDataLen = 0;//发送命令前先清空接收缓存
    //uart2_send_buff((u8*)&G_BLE_RecvBuffer[4],G_BLE_RecvBuffer[3]); delay_ms(200);//发送AT指令,带回车换行
    UART2_Send_Data((u8*)&G_BLE_RecvBuffer[4],G_BLE_RecvBuffer[3]); //发送AT指令,不带回车换行
    if(G_Moduletype==0x02) delay_ms(1000);//4G模块反应慢需要延时更长20200903
    else  delay_ms(200);
    if(G_Lora_RecvDataLen != 0)
    {
        G_BLE_SendBuffer[3] = G_Lora_RecvDataLen;                   //返回数据长度
        memcpy(&G_BLE_SendBuffer[4],&G_Lora_RecvBuffer[0],G_Lora_RecvDataLen);//返回数据内容
        crc_send=CRC16(G_BLE_SendBuffer,4+G_Lora_RecvDataLen);      //校验计算
        G_BLE_SendBuffer[G_Lora_RecvDataLen+4]=crc_send%256;        //校验低位
        G_BLE_SendBuffer[G_Lora_RecvDataLen+5]=crc_send/256;        //校验高位
        UART1_Send_Data(G_BLE_SendBuffer,G_Lora_RecvDataLen+6);
    }
    else UART1_Send_Data(CommandError,5);

    G_Lora_RecvDataLen= 0;
    G_Lora_Recv_Finished = 0;
    G_BLE_RecvDataLen = 0;
    return;
}
```

图 4-43　蓝牙透传 AT 指令源代码

```
/*********************************************************
 *
 * [Lora_getNID 查询Lora模块的NID]
 * @param   pNID   暂存查询的十六进制结果
 * @param
 * @param
 * @return
 * 获取后同时保存为字符串和十六进制, 字符串直接保存到Lora_NID_Str
 *********************************************************/
u8 Lora_getNID(uint8_t *pNID)//
{
  u8 i=0;
  char * pTmp = NULL;
  if(pNID==NULL) return 0;
  if(1==Lora_ATCmdSend((u8*)"AT+NID",6,"OK",200))
  {
    pTmp = strchr ((char *)G_Lora_RecvBuffer, ':');//查找冒号的位置
    pTmp++;
    for(i=0;i<8;i++)//小写字母转大写
    {
      if(pTmp[i] >= 0x61 && pTmp[i] <= 0x66)
      {
        pTmp[i] -= 0x20;
      }
      Lora_NID_Str[3+i] = pTmp[i];
    }

    //uart1_send_buff((u8 *)pTmp++,8);//调试用
    for(i=0;i<8;i++) //ASCII转十六进制
    {
      if(pTmp[i] >= 0x30 && pTmp[i] <=0x39)//0-9
      {
        pTmp[i] -= 0x30;
      }

      else if(pTmp[i] >= 0x41 && pTmp[i] <= 0x46)//A-F
      {
        pTmp[i] -= 0x37;
      }
      else if(pTmp[i] >= 0x61 && pTmp[i] <= 0x66)//a-f
      {
        pTmp[i] -= 0x57;
      }
      //UART2_Send_Data((u8*)&pTmp[ret],1);//调试用
    }
    for(i=0;i<4;i++)//十六进制合并
    {
      *(pNID+i) = (*pTmp)*16 + *(pTmp+1);
      pTmp += 2;
    }

    return 1;
  }
  else return 0;
}
```

图4-44 获取 LoRa 模块 NID 程序源代码

第五章　灌溉节点能量供给系统

第一节　灌溉节点的电池供电

大田智能灌溉系统的使用环境是户外露天的农田，其特点是大多没有网络和电力线路的覆盖，因此，灌溉控制节点的供电问题就不能依靠国家电网等电力企业提供的电能，只能通过电池进行供电。

电池（Battery）是一种存储电能的装置，指盛有电解质溶液和金属电极以产生电流的杯、槽或其他容器或复合容器的部分空间，能将化学能转化成电能的装置，具有正极、负极之分。随着科技的进步，电池泛指能产生电能的小型装置，如太阳能电池。电池的性能参数主要有电动势、容量、比能量和电阻。利用电池作为能量来源，可以得到具有稳定电压，稳定电流，长时间稳定供电，受外界影响很小的电流，并且电池结构简单，携带方便，充放电操作简便易行，不受外界气候和温度的影响，性能稳定可靠，在现代社会生活中的各个方面发挥很大作用。

一、电池的种类

电池的种类有很多，如干电池、铅酸蓄电池、锂电池等。但从是否可以充电反复使用方面可以将电池分为一次性电池和可充电电池两大类（图5-1）。对于可充电电池，当电池使用一段时间后电压下降时，可以给它通以反向电流，使电池电压回升。因为这种电池能充电，可以反复使用，所以称它为"蓄电池"。显然，大田智能灌溉系统的使用环境，无论从成本还是便利性方面考虑，都不适合使用一次性电池这种电量用尽后就要更换的电池，而蓄电池则是更好的选择。

可充电电池有多种不同的形状和尺寸，使用了几种不同的电极材料和电解质组合，包括铅酸、锌空气、镍镉（NiCd）、镍金属氢化物（NiMH）、锂离子（Li-ion）、磷酸铁锂（LiFePO$_4$），以及锂离子聚合物（Li-ion polymer）。通常，可充电电池最初的成本要比一次性电池高，但总拥有成本和对环境的影响要低得多，因为在需要更换之前，它们可以廉价地多次充电。某些类型的充电电池具有与一次性电池相同的大小和电压，并且可以与它们互换使用。目前主流的可充电电池主要有铅酸蓄电池和锂电池两大类。

铅酸蓄电池是应用最广泛的电池之一。用一个玻璃槽或塑料槽，注满硫酸，再插入两块铅板，一块与充电机正极相连，另一块与充电机负极相连，经过十几小时的充电就形成了一块蓄电池。它的正负极之间有 2V 的电压。蓄电池的好处是可以反复多次使

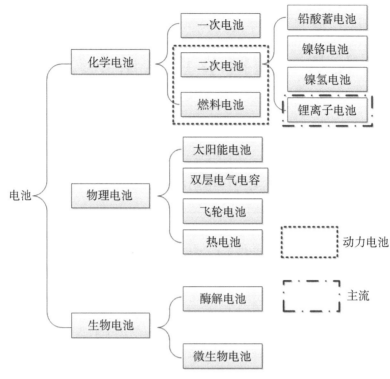

图5-1 电池的分类

用。另外，由于它的内阻极小，所以可以提供很大的电流。用它给汽车的发动机供电，瞬时电流可达20多安培。蓄电池充电时是将电能储存起来，放电时又把化学能转化为电能。

铅酸蓄电池（VRLA）的电极主要由铅及其氧化物制成，电解液是硫酸溶液。铅酸蓄电池放电状态下，正极主要成分为二氧化铅，负极主要成分为铅。充电状态下，正负极的主要成分均为硫酸铅。一个单格铅酸蓄电池的标称电压是2.0V，能放电到1.5V，能充电到2.4V；在应用中，经常用6个单格铅酸蓄电池串联起来组成标称是12V的铅酸蓄电池，还有24V、36V、48V等。铅酸蓄电池主要由管式正极板、负极板、电解液、隔板、电池槽、电池盖、极柱、注液盖等组成。

铅酸蓄电池产品主要有下列几种，其用途分布如下。起动型蓄电池主要用于汽车、摩托车、拖拉机、柴油机等起动和照明；固定型蓄电池主要用于通信、发电厂、计算机系统，作为保护、自动控制的备用电源；牵引型蓄电池主要用于各种蓄电池车、叉车、铲车等动力电源；储能用蓄电池主要用于风力、太阳能等发电的电能储存。

常用的充电电池除锂电池外，铅酸蓄电池也是非常重要的一个电池系统。铅酸蓄电池的优点是放电时电动势较稳定，缺点是比能量（单位重量所蓄电能）小，对环境腐蚀性强。铅酸蓄电池的工作电压平稳、使用温度及使用电流范围宽、能充放电数百个循环、储存性能好（尤其适于干式荷电储存）、造价较低，因而应用广泛。

铅酸蓄电池的体积和重量一直无法获得有效的改善，因此目前最常见还是用于在汽车、摩托车的发动。铅酸蓄电池最大的改良，则是新近采用高效率氧气重组技术完成水分再生，借此达到完全密封不需加水的目的，而制成的"免加水电池"其寿命可长达 4 年（单一极板电压 2V）。

铅酸蓄电池自 1859 年由普兰特发明以来，至今已有 150 多年的历史，技术十分成熟，是全球上使用最广泛的化学电源。尽管近年来镍镉电池、镍氢电池、锂离子电池等新型电池相继问世并得以应用，但铅酸蓄电池仍然凭借大电流放电性能强、电压特性平稳、温度适用范围广、单体电池容量大、安全性高和原材料丰富且可再生利用、价格低廉等一系列优势，在绝大多数传统领域和一些新兴的应用领域占据着牢固的地位。

锂电池由正极、负极、隔膜、电解液四大材料构成（图 5-2），正极材料一般都是一些富锂的层状化合物，目前常见的商用正极材料主要有钴酸锂、锰酸锂、磷酸铁锂以及三元材料等。负极材料主要为石墨。石墨烯具有极强导电性、超高强度、高韧性、较高导热性能等。人们希望其取代石墨充当电池负极，或者用于锂电池其他关键材料，以期将锂电池的能量密度和功率密度大幅提高。从目前技术发展阶段来看石墨烯电池尚未出现，石墨具有层状结构，这种结构给锂离子的嵌入设置了一个闸口，是锂电池具有充放电平台和高库仑效率的决定因素也是其成为锂电池关键材料的重要因素之一。

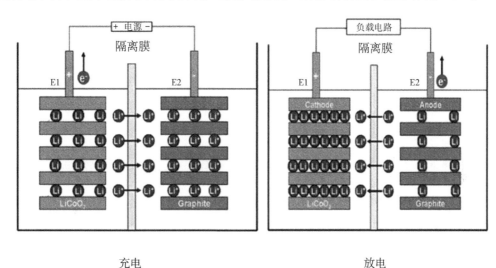

图 5-2　锂离子电池的工作原理

二、锂电池和铅酸蓄电池比较

1. 重量能量密度

目前的锂电池能量密度一般在 200~260wh/g，铅酸蓄电池一般在 50~70wh/g，那么重量能量密度锂电池就是铅酸蓄电池的 3~5 倍，这就意味着相同容量的情况下，铅酸蓄电池的重量是锂电池的 3~5 倍，所以在储能装置轻量化上，锂电池占据绝对优势。

2. 体积能量密度

锂电池的体积容量密度通常是铅酸电池的 1.5 倍左右，所以相同容量的情况下，锂电池比铅酸蓄电池体积要小30%左右。

3. 使用周期

三元动力型锂电池循环次数通常在1 000次以上，磷酸铁锂电池的循环次数在2 000次以上，铅酸蓄电池的循环次数通常只有300~350次，所以锂电池的使用寿命是铅酸蓄电池的3~6倍。

4. 价格

目前锂电池在价格上较铅酸蓄电池要贵，大约是3倍，但是结合使用寿命分析，投入相同的成本，仍然是锂电池使用周期要长一些。

5. 适用性

锂电池因为安全性较铅酸蓄电池要稍差，所以在使用中需要做好各种安全预防工作，比如防止外力或事故对锂电池造成损坏，因为这可能会引起着火或爆炸；目前锂电池的温度适用性也很好，所以在其他适应性方面，锂电池也毫不逊色于铅酸蓄电池。

6. 国家政策

铅酸蓄电池因为生产环节或废弃电池对环境造成的危害是相当严重的，所以从国家政策导向来讲，已经在限制铅酸蓄电池的扩大再投资，或在某些领域限制铅酸蓄电池的使用，未来锂电池替换铅酸蓄电池的趋势会越发明显，进度也会逐渐加快。

与铅酸蓄电池相比，锂电池的平均电压更高，其能量密度高，换言之，同等大小的电池，锂电池容量更多。另外，锂电池相对轻巧，携带方便，而寿命相对要长很多，但是价格更贵，稳定性差。此外，锂电池的高低温适应性更强，受温度影响因素较小，且更加绿色环保。

三、锂电池分类

锂电池主要分为四种，即磷酸铁锂电池、锰酸锂电池、三元聚合物锂电池、钴酸锂电池。锂电池主流是三种，磷酸铁锂电池、锰锂电池、三元聚合物锂电池。

锂电池按外形分为方形锂电（如常用的手机电池电芯）和柱形（如18650）。按外包材料分为铝壳锂电池、钢壳锂电池、软包电池。从正负极材料（添加剂）分为钴酸锂电池或锰酸锂、磷酸铁锂电池、一次性二氧化锰锂电池；根据电池所用电解质材料分为锂离子电池、锂聚合物电池。

1. 锰酸锂电池

锰酸锂电池是指正极使用锰酸锂材料的电池。锰酸锂电池其标称电压在2.5~4.2V，锰酸锂电池以成本低、安全性好而被广泛使用。

优点：成本低、价格便宜、安全性能佳、低温性能好，在-20℃放电能有90%以上的效率。

缺点：高温度性能差、倍率放电差、循环寿命低，大概在300~400次，容易发生膨胀。

用途范围：我国锰酸锂电池主要用于动力电池，应用在新能源车辆领域。

2. 三元聚合物锂电池

三元聚合物锂电池是指正极材料使用镍钴锰酸锂或者镍钴铝酸锂的三元正极材料的

锂电池，在容量与安全性方面比较均衡。三元复合正极材料前驱体产品，是以镍盐、钴盐、锰盐为原料，里面镍钴锰的比例可以根据实际需要调整。三元锂电池能量密度更大，但安全性经常受到怀疑。

优点：容量高，标称容量 1 250mAh、循环寿命佳，一般 600~700 次，好于正常钴酸锂，倍率放电佳。

缺点：电池能量密度低、安全性能是三种电池中最差的、高温下的循环稳定性和存储性能较差。

用途范围：目前三元材料聚合物锂电芯在笔记本电池领域使用广泛，全球五大电芯品牌 SANYO、PANASONIC、SONY、LG、SAMSUNG 都已推出三元材料的电芯。

3. 磷酸铁锂电池

磷酸铁锂电池指用磷酸铁锂作为正极材料的锂离子电池。磷酸铁锂电热峰值可达 350~500℃ 而锰酸锂和钴酸锂只在 200℃ 左右。工作温度范围宽广（-20~75℃），有耐高温特性。

优点：倍率放电好，无记忆效应，可随充随放、循环寿命高，一般为 1 500 次左右，高温性能好，45℃ 仍然能够正常工作，在电动汽车上运用充电很快，能 6min 充满电，能 20 倍放电。

缺点：低温性差，在 -10℃ 的情况下会大大影响其性能，由于磷酸铁锂对生产工艺要求极高，生产率低，成本高，因而价格较贵。

用途范围：可适用于大型电动车辆，公交车、电动汽车、景点游览车及混合动力车等；轻型电动车，电动自行车、高尔夫球车、小型平板电瓶车、铲车、清洁车、电动轮椅等；电动工具，电钻、电锯、割草机等；遥控汽车、船、飞机等玩具；太阳能及风力发电的储能设备；应急灯、警示灯及矿灯；替代照相机中 3V 的一次性锂电池及 9V 的镍镉或镍氢可充电电池；小型医疗仪器设备及便携式仪器等。

目前广泛应用于新能源汽车领域，与三元聚合物锂电池和锰酸锂电池在汽车领域"三足鼎立"。

4. 钴酸锂电池

钴酸锂电池可以算是锂电池正极材料的鼻祖，其电化学性能优越，振实密度大。钴酸锂电池结构稳定、容量比高、综合性能突出、但是其安全性差、成本非常高，主要用于中小型号电芯，广泛应用于笔记本电脑、手机、MP3/MP4 等小型电子设备中，标称电压 3.7V。

优点：结构稳定、容量比高、综合性能突出。

缺点：但是其安全性差、成本非常高。

用途范围：现今只在数码电子产品市场上有比较广泛的应用，如笔记本电脑、手机、MP3/MP4 等小型电子设备。作汽车动力电池的很少。

综上所述，综合考虑锂电池和铅酸蓄电池的优缺点，本书所研究的智能灌溉控制器选用锂电池作为储能和供电装置，在主流的几种锂电池中，结合大田智能灌溉系统的工作环境和成本要求，则选择了三元聚合物锂电池。

无论选用哪种锂电池，都会受到锂电池固有缺点的影响。例如，锂电池均存在安全性差，有发生爆炸的危险。钴酸锂的锂离子电池不能大电流放电，价格昂贵，安全性较差。锂离子电池均需保护线路，防止电池被过充过放电。生产要求条件高，成本高。使用条件有限制，高低温使用危险大。

其中过充过放以及高温导致的爆炸风险较大，在实际使用中已发生过起火烧毁设备的事故，造成了一定的经济损失。所以在后期产品改进中，应极其重视锂电池的安全管理，具体的解决方案在下文中论述。

第二节　太阳能供电系统

大田环境处于户外，无法通过已有电网为灌溉控制设备提供持续的电能。锂电池虽然可以为设备供电，但其容量毕竟有限，而且智能灌溉控制器是要驱动闸门/阀门开关的，其功耗不可能降到很低以使锂电池能够长年供电，所以对锂电池进行充电是必需的。大田环境中光能和风能资源较丰富，将这两种能源利用起来为电池充电可以很好地解决设备供电问题。

太阳能（Solar Energy）是太阳以电磁辐射形式向宇宙空间发射的能量，是太阳内部高温核聚变反应所释放的辐射能，其中约 1/20 亿到达地球大气层，是地球上光和热的源泉。

太阳能是由太阳内部氢原子发生氢氦聚变释放出巨大核能而产生的，来自太阳的辐射能量。人类所需能量的绝大部分都直接或间接地来自太阳。植物通过光合作用释放氧气、吸收二氧化碳，并把太阳能转变成化学能在植物体内贮存下来。煤炭、石油、天然气等化石燃料也是由古代埋在地下的动植物经过漫长的地质年代演变形成的一次能源。地球本身蕴藏的能量通常指与地球内部的热能有关的能源和与原子核反应有关的能源。

太阳能在现代一般用作发电或者为热水器提供能源。自地球上生命诞生以来，就主要以太阳提供的热辐射能生存，而自古人类也懂得以阳光晒干物件，并作为制作食物的方法，如制盐和晒咸鱼等。在化石燃料日趋减少的情况下，太阳能已成为人类使用能源的重要组成部分，并不断得到发展。如图 5-3 所示，太阳能的利用有光热转换和光电转换两种方式，太阳

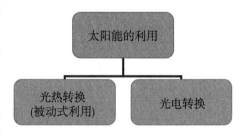

图 5-3　太阳能的利用方式

能发电是一种新兴的可再生能源。广义上的太阳能也包括地球上的风能、化学能、水能等。

太阳能发电使用的是光生伏特效应：光照在半导体 p-n 结或金属-半导体接触面上时，会在 p-n 结或金属-半导体接触的两侧产生光生电动势；当用适当波长的光照射 p-n 结时，由于内建电场的作用（不加外电场），光生电子拉向 n 区，光生空穴拉向 p 区，相当于 p-n 结上加一个正电压。

如图 5-4 所示，在光激发下多数载流子浓度一般改变很小，而少数载流子浓度却

变化很大，因此应主要研究光生少数载流子的运动。光照时 n 区产生少子空穴，p 区产生少子电子。

在内建电场的作用下，n 区的空穴向 p 区运动，而 p 区的电子向 n 区运动，使 p 端电势升高，n 端电势降低。

所以，光生电场由 p 端指向 n 端，使势垒降低，产生正向电流 I_F；由于空穴向 p 区运动，所以在 p-n 结内部形成自 n 区向 p 区的光生电流 I_L。

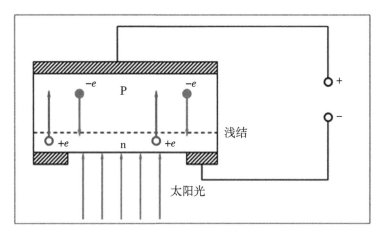

图 5-4 p-n 结的光生伏特效应

利用半导体的光生伏特效应，而将光能转换成电能的装置。即将 p-n 结与外电路接通，只要光照不停止，就会有源源不断的电流流过电路，p-n 结起到了电源的作用。这类装置叫光电池。

太阳能电池是一种对光有响应并能将光能转换成电力的器件。以晶体为例描述光发电过程。p 型晶体硅经过掺杂磷可得 n 型硅，形成 p-n 结。当光线照射太阳能电池表面时，一部分光子被硅材料吸收；光子的能量传递给了硅原子，使电子发生了跃迁，成为自由电子在 p-n 结两侧集聚形成了电位差，当外部接通电路时，在该电压的作用下，将会有电流流过外部电路产生一定的输出功率。这个过程的实质是光子能量转换成电能的过程。

如图 5-5 所示，太阳能电池可分为晶体硅电池和薄膜电池两大类。"硅"是地球上储藏最丰量的材料之一，19 世纪科学家们发现了晶体硅的半导体特性，20 世纪末硅被广泛应用；近 15 年，晶体硅太阳能电池形成产业化最快的产业。生产过程大致分为五个步骤，即提纯过程、拉棒过程、切片过程、制电池过程、封装过程。

硅太阳能电池包括单晶硅太阳能电池、多晶硅太阳能电池、非晶硅太阳能电池。

单晶硅太阳能电池是以单晶硅为基体材料的太阳能电池，是以高纯的单晶硅棒为原料的太阳能电池，是当前开发得最快的一种太阳能电池。它的构造和生产工艺已定型，产品已广泛用于空间和地面。在实验室里最高的转换效率接近 25%，而规模生产的单晶硅太阳能电池，其效率为 17%。

多晶硅太阳能电池是以多晶硅为基体材料的太阳能电池，兼具单晶硅电池的高转换

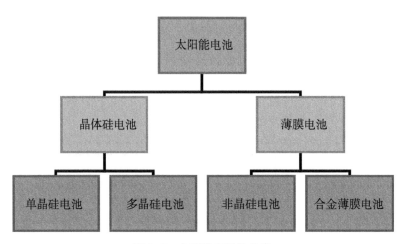

图5-5 太阳能电池的分类

效率和长寿命以及非晶硅薄膜电池的材料制备工艺相对简化等优点的新一代电池,其转换效率一般为12%左右,稍低于单晶硅太阳电池,没有明显效率衰退问题,并且有可能在廉价衬底材料上制备,其成本远低于单晶硅电池,而效率高于非晶硅薄膜电池。多晶硅半导体材料的价格比较低廉,但是由于它存在着较多的晶粒间界而有较多的弱点。多晶硅太阳能电池的实验室最高转换效率为18%,工业规模生产的转换效率为16%。

薄膜电池发电原理与晶硅相似,当太阳光照射到电池上时,电池吸收光能产生光生电子-空穴对,在电池内建电场的作用下,光生电子和空穴被分离,空穴漂移到P侧,电子漂移到N侧,形成光生电动势,外电路接通时,产生电流。

薄膜电池又可以分为非晶硅电池和合金薄膜电池。其中非晶硅太阳能电池是用沉积在导电玻璃或不锈钢衬底的非晶硅薄膜制成的太阳能电池。非晶硅薄膜太阳能电池的光致衰减是影响其大规模生产的重要因素。目前,柔性基体非晶硅太阳能电池稳定效率已超过10%,已具备作为空间能源的基本条件。非晶硅太阳能电池投资额是晶体硅太阳能电池的5倍左右,因此项目投资有一定的资金壁垒。并且成本回收周期较长,昂贵的设备折旧率是大额回报率的一大瓶颈。非晶硅薄膜太阳能电池组件的制造采用薄膜工艺,具有较多的优点,例如,沉积温度低、衬底材料价格较低廉,能够实现大面积沉积。非晶硅的可见光吸收系数比单晶硅大,是单晶硅的40倍,1μm厚的非晶硅薄膜,可以吸引大约90%有用的太阳光能。非晶硅太阳能电池的稳定性较差,从而影响了它的迅速发展。

合金薄膜太阳能电池是用硅、硫化镉、砷化镓等薄膜为基体材料的太阳能电池。其在相同遮蔽面积下功率损失较小(弱光情况下的发电性佳),照度相同下损失的功率较晶圆太阳能电池少,有较佳的功率温度系数,较佳的光传输,较高的累积发电量,只需少量的硅原料,没有内部电路短路问题(联机已经在串联电池制造时内建),厚度较晶圆太阳能电池薄,材料供应无虑,可与建材整合性运用(BIPV)。

与晶体硅电池相比,薄膜电池具有以下优点:成本低,与晶体硅相比优势明显;而相关薄膜电池制造商的预测更加乐观,这主要是由转化率提高和规模化带来的;弱光响应好（充电高效）；适合与建筑结合的光伏发电组件（BIPV）。但同时也具有很多缺点，比如效率低、稳定性差、相同的输出电量所需太阳能电池面积增加等。在综合考虑各种太阳能电池的工艺、效率、成本、稳定性、使用寿命等各方面因素之后，我们最终选用的是多晶硅太阳能电池板。

第三节　风能供电

风能也是太阳能转化而来，利用风能产生电能进行供电可以作为光照不足的阴雨天时供电的补充方案。而且由于风力产生的随机性和不确定性，这种能源方式不能作为主要的供电来源，所以多数情况下实用的是风光互补的供电方式，供电系统结构如图5-6所示。

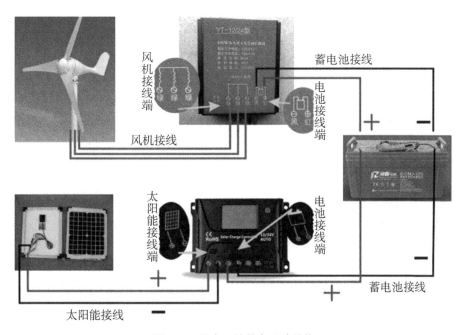

图5-6　风光互补供电系统结构

风能供电是将风能转换为机械能，机械能转换为电能的电力供应方式。广义地说，它是一种以太阳为热源，以大气为工作介质的热能利用发电方式。风力发电利用的是自然能源，相对柴油发电要好得多。但是若应急来用，还是不如柴油发电机。风力发电不可视为备用电源，但是却可以长期利用。

风力发电的原理是利用风力带动风车叶片旋转，再透过增速机将旋转的速度提升，来促使发电机发电。依据目前的风力发电机技术，大约是1m/s的微风速度（微风的程度）便可以开始发电。

风力发电所需要的装置，称作风力发电机组。这种风力发电机组，大体上可分风轮（包括尾舵）、发电机和铁塔三部分。大型风力发电站基本上没有尾舵，一般只有小型

（包括家用型）才会拥有尾舵。

风轮是把风的动能转变为机械能的重要部件，它由两只（或更多只）螺旋桨形的叶轮组成。当风吹向桨叶时，桨叶上产生气动力驱动风轮转动。桨叶的材料要求强度高、重量轻，目前多用玻璃钢或其他复合材料（如碳纤维）来制造。如图5-7所示，现在还有一些垂直风轮、旋转叶片等，其作用也与常规螺旋桨形叶片相同。由于风轮的转速比较低，而且风力的大小和方向经常变化着，这又使转速不稳定；所以，在带动发电机之前，还必须附加一个把转速提高到发电机额定转速的齿轮变速箱，再加一个调速机构使转速保持稳定，然后再连接到发电机上。为保持风轮始终对准风向以获得最大的功率，还要在风轮的后面装一个类似风向标的尾舵。风力发电机因风量不稳定，故其输出的是13~25V变化的交流电，必须经充电器整流，再对蓄电池充电，使风力发电机产生的电能变成化学能。

通常人们认为，风力发电的功率完全由风力发电机的功率决定，总想选购大一点的风力发电机，而这是不正确的。目前的风力发电机只是给蓄电池充电，而由蓄电池把电能储存起来，人们最终使用电功率的大小与蓄电池大小有更密切的关系。功率的大小更主要取决于风量的大小，而不仅是机头功率的大小。在内地，小的风力发电机会比大的更合适。因为它更容易被小风量带动而发电，持续不断的小风，会比一时狂风更能供给较大的能量。

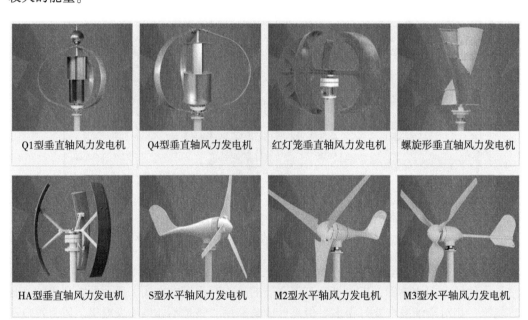

图5-7　几种常用的风力发电机外观

小型风力发电机发出的电能首先经过蓄电池储存起来，然后再由蓄电池向用电器供电。所以，必须认真科学地考虑，风力发电机功率与蓄电池容量的合理匹配和静风期贮能等问题。目前，小型风力发电机与蓄电池容量一般都是按照输入和输出相等，或输入大于输出的原则进行匹配的。即100W风力发电机匹配120Ah蓄电池（60Ah，2块）；

200W风力发电机匹配120~180Ah蓄电池（60Ah或90Ah，2块）；300W风力发电机匹配240Ah蓄电（120Ah，2块）；750W风力发电机匹配240Ah蓄电池（120Ah，2块）；1 000W风力发电机匹配360Ah蓄电池（120Ah，3块）。

实践证明，如果匹配的蓄电池容量不符合风力发电机发出能量的要求，将会产生下列问题。

蓄电池容量过大时，风力发电机发出的能量不能保证及时地给蓄电池充足电，致使蓄电池经常处于亏电状态。缩短蓄电池使用寿命。另外，蓄电池容量大，价格和使用费用随之增大，给经济上也造成不必要的浪费。

蓄电池容量过小时，会使蓄电池经常处于过充电状态。如因充足电而停止风力发电机的工作会严重影响风机工作效率。蓄电池长期过充电将会使蓄电池早期损坏，缩短使用寿命。

另外，小型风力发电机的合理匹配，用电器的套配也是一项不可忽视的内容。在选配用电器时也应按照蓄电池与风力发电机的匹配原则进行，即选配的用电器耗用的能量要与风力发电机输出的能量相匹配。但应指出的是，匹配指标所强调是"能量"，不要混淆为功率。在选用电器时，还必须注意电压制的要求，目前，小型风力发电机配电箱上配有12V、24V和电视机专用插座，用户使用时，要针对用电器所要求的电压值选用相应的插座，电视机应专门插在电视机插座上。对于大田智能灌溉系统而言，我们统一使用12V蓄电池进行供电，部分干渠闸门需要24V系统进行驱动的，我们的解决方案是使用升压模块进行变压。具体解决方案在下节介绍。

第四节　灌溉节点的能量管理

灌溉节点的能量供应以锂电池为中心，以太阳能电池板或风力发电机为充电设备，智能灌溉控制器和推杆电机为用电设备，组成一个完整的能量供销存系统。

一、电能的存储

如前文所述，能量的存储采用的是锂离子电池组，电池组由多个电芯串联和并联而成，这就需要一个电池保护板对多个电芯的工作状况进行管理。电池保护板，顾名思义是针对可充电电池（一般指锂电池）起保护作用的集成电路板。锂电池（可充型）之所以需要保护，是由它本身特性决定的。由于锂电池本身的材料决定了它不能被过充、过放、过流、短路及超高温充放电，因此锂电池锂电组件总会跟着一块带采样电阻的保护板和一片电流保险器出现。

锂电池保护板主要由维护IC（过压维护）和MOS管（过流维护）构成，是用来保护锂电池电芯安全的器材。锂电池具有放电电流大、内阻低、寿数长、无回忆效应等被人们广泛运用，锂离子电池在运用中禁止过充电、过放电、短路、温度过高，不然将会使电池起火、爆破等丧命缺陷，所以，在运用可充锂电池都会带有一块维护板来维护电芯的安全，保护电路通常由控制IC、MOS开关管、熔断保险丝、电阻、电容等元件组成，如图 5-8、图 5-9 所示。正常的情况下，控制 IC 输出信号控制 MOS 开关管导通，使电芯与外电路导通，当电芯电压或回路电流超过规定值时，它立即控制 MOS 管关断，以保护电芯的安全。

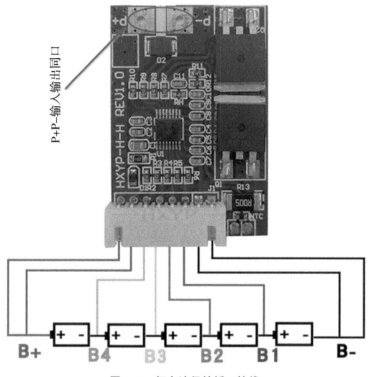

图 5-8　锂电池保护板 1 接线

二、电能的供应

大田智能灌溉控制器的充电系统使用的是一款具有太阳能板 MPPT 功能的升压型多种电池充电集成电路 CN3306。CN3306 是电流模式固定频率 PWM 升压型多种电池充电管理集成电路。CN3306 的输入电压范围 4.5~32V，外围元器件少，应用简单灵活，可用于锂电池，磷酸铁锂电池或钛酸锂电池的充电管理。

CN3306 具有恒流和恒压充电模式，在恒流充电模式，充电电流通过一个外部电阻设置；在恒压充电模式，CN3306 的调制电压由外部电阻设置。在恒压充电阶段，充电电流逐渐减小，当充电电流降低到恒流充电电流的 16.6% 时，充电结束。在充电结束状态，如果电池电压下降到再充电阈值时，自动开始新的充电周期。其他功能包括芯片关断功能，电池端过压保护功能，内置 5V 电压调制器和斜坡补偿等。CN3306 采用 16 管脚 TSSOP 封装，图 5-10 所示为 CN3306 的典型应用电路。

CN3306 内部包括带隙基准源，330kHz 的振荡器，误差放大器，充电控制单元，电流模式 PWM 控制单元，芯片关断电路，软启动电路和栅极驱动电路等。电流控制模式提高了系统的瞬态响应，简化了回路补偿。

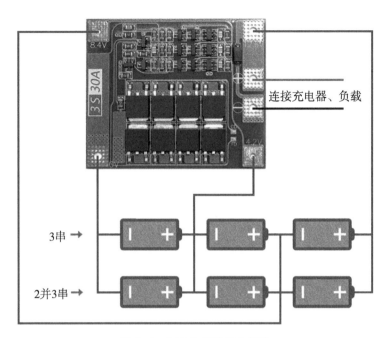

图 5-9　锂电池保护板 2 接线

　　当太阳能板作为输入电源时，CN3306 采用恒电压法跟踪太阳能板的最大功率点。在太阳能板的伏安特性曲线中，当环境温度一定时，在不同的日照强度下，输出最大功率点所对应的输出电压基本相同，亦即只要保持太阳能板的输出端电压为恒定电压，就可以保证在该温度下光照强度不同时，太阳能板输出最大功率。

　　CN3306 太阳能板最大功率点跟踪端 MPPT 管脚的电压被调制在 1.205V（典型值），配合片外的两个电阻（图 5-10 中的 R5 和 R6）构成的分压网络，调制输入电压，实现对太阳能板最大功率点进行跟踪。

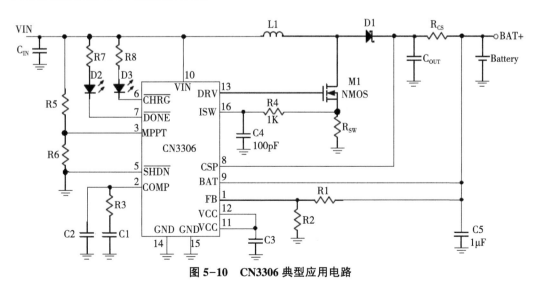

图 5-10　CN3306 典型应用电路

当VCC管脚电压大于低压锁存阈值，充电器正常工作，对电池充电。如果电池电压低于所设置的恒压充电电压，充电器进入恒流充电模式，此时充电电流由内部的0.12V基准电压和一个外部电阻RCS设置，即充电电流为0.12V/RCS。当电池电压继续上升接近恒压充电电压时，充电器进入恒压充电模式，充电电流逐渐减小。当充电电流减小到恒流充电电流的16.6%时，CN3306进入充电结束模式，此时漏极开路输出管脚内部的晶体管关断，输出为高阻态；另一个漏极开路输出管脚内部的晶体管导通，输出低电平，以指示充电结束状态。

在充电结束状态，如果断开输入电源，再重新接入，将开始一个新的充电周期；如果电池电压下降到再充电阈值（恒压充电电压的95.8%），那么也将自动开始新的充电周期，充电过程如图5-11所示。

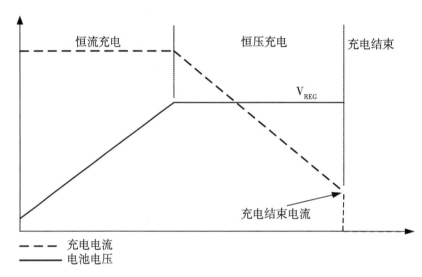

图5-11　CN3306充电过程示意

CN3306采用恒电压法跟踪太阳能板最大功率点，太阳能板电压通过两个电阻分压后反馈到MPPT管脚，在最大功率点跟踪状态，MPPT管脚电压被调制在1.205V。CN3306内部还有一个过压比较器，当BAT管脚电压由于负载变化或者突然移走电池等原因而上升时，如果BAT管脚电压上升到过压阈值时，过压比较器动作，关断片外的N沟道MOS场效应晶体管，充电器暂时停止，直到BAT管脚电压回复到过压释放阈值电压以下。CN3306内部有软启动电路，减小了上电时的浪涌电流。其他功能包括芯片关断功能，内置5V电压调制器和斜坡补偿等。图5-12所示为本书研发的基于CN3306的充电控制器电路原理图。

三、电能的分消

基于以上太阳能电池板、风力发电机和锂电池组成的能量供应和存储系统，设计了智能灌溉控制器的多级能量消耗系统，为智能灌溉控制器的多个子系统及模块提供电能供应。

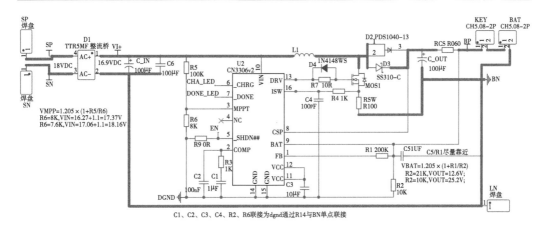

图 5-12　CN3306 充电控制器电路原理

首先，智能灌溉控制器的主控芯片需要 3.3V 的电力供应，但电池供电系统提供的是 12V 输出电压，所以需要将 12V 电压降压到 3.3V，直接降压的话这个跨度较大，而主控芯片的电压供应必须保证稳定性，为此，解决方案是先降到 5V，再 5V 转 3.3V。12V 转 5V 的降压电路如图 5-13 所示。

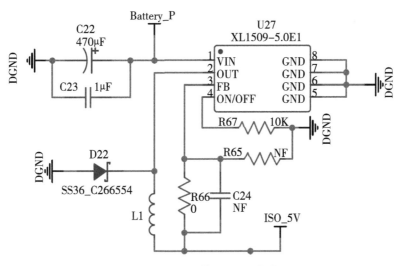

图 5-13　12V 转 5V 降压电路

12V 转 5V 降压电路使用的是 XL1509 降压芯片，XL1509 是一个 150kHz 的固定频率 PWM 降压（降压）DC/DC 转换器，能够以高功率驱动 3A 负载效率高，纹波小，具有优良的线路和性能负载调节。要求最低限度调节器外部部件的数量使用简单，包括内部频率补偿与信号处理固定频率振荡器。PWM 控制电路能够调整电压占空比从 0 到 100% 呈线性变化。使能功能，过电流保护功能是建在里面的。当第二个电流极限功能发生时，操作频率将从 150kHz 降至 50kHz。一内部补偿块内置于最小化外部组件数量。

XL1509 支持 4.5~40V 的宽输入电压范围，输出支持 3.3V、5V、12V 和可调版本，输出可在 1.23~37V 调节，如图 5-14 所示，通过改换内部电阻 R2 的为不同的阻值，可以得到不同等级的电压输出。

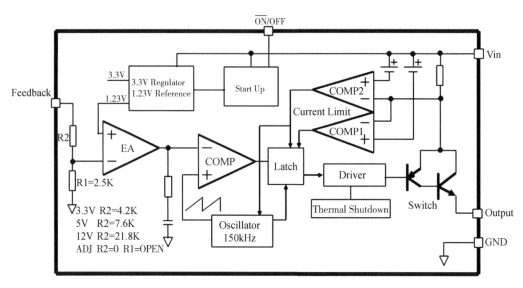

图 5-14　XL1509 的功能框

本书选用的是 XL1509 - 5.0 版本，即 4.5 ~ 40V 的输入电压将为 5V 输出电压。图 5-13的电路中 Battery_P 为输入的电池电压，即该部分是由电池直接供电的，ISO_5V 为 XL1509 - 5.0 芯片降压稳压后输出的 5V 电压。

在得到 5V 电压之后，再通过 AMS1117 - 3.3 进行进一步的降压，最终得到稳定的 3.3V 电压供应给主控芯片。AMS1117 系列稳压器有可调版与多种固定电压版，设计用于提供 1A 输出电流且工作压差可低至 1V。在最大输出电流时，AMS1117 器件的最小压差保证不超过 1.3V，并随负载电流的减小而逐渐降低。AMS1117 是一个正向低压降稳压器，在 1A 电流下压降为 1.2V。

AMS1117 有两个版本：固定输出版本和可调版本，固定输出电压为 1.5V、1.8V、2.5V、2.85V、3.0V、3.3V、5.0V，具有 1% 的精度；固定输出电压为 1.2V 的精度为 2%。AMS1117 内部集成过热保护和限流电路，是电池供电和便携式计算机的最佳选择。本书选用的是固定输出 3.3V 的版本，电路原理图如图 5-15 所示。

3.3V 电源除为主控芯片供电之外，还为主板上的蓝牙模块、光耦、LED 指示灯、INA226 电流传感器、485 传感器等模块和元器件供电。

主板上的远程通信模块（LoRa 或 4G 模块）虽然也支持 3.3V 供电，但 4G 模块需要较大的驱动流，因此通信模块的供电是与主控分开进行的，采用图 5-16 所示的基于 JW5033S 的单独的降压稳压电路。JW5033S 是一种电流模式单片降压电路电压转换器。输入电压范围为 3.7 ~ 18V，JW5033S 可通过两个集成的 N 沟道 Mosfet 提供 2A 的连续输出电流，这也正是选用该芯片的原因所在。在轻负载时，调节器以低频运行，以保持高负载效率和低输出纹波。JW5033S 通过短路保护、热保护、电流失控保护和输入欠压锁定，保证了系统的稳定性。JW5033S 采用 6 针 TSOT23 - 6 和 SOT563 封装，提供了一个紧凑的解决方案，外部组件最少。

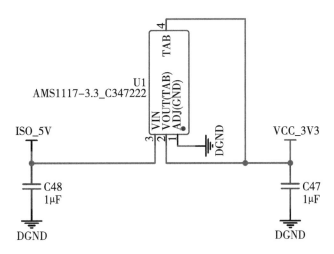

图 5-15 ISO_5V 转 VCC_3.3V 降压电路

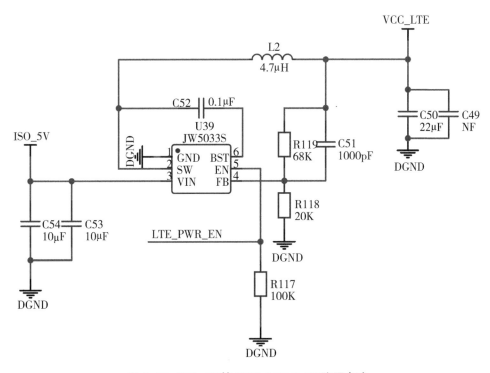

图 5-16 ISO_5V 转 VCC_LTE 3.3V 降压电路

以上都是智能灌溉控制器主控板上与电机驱动无关的芯片及元器件的供电电路。由于电机驱动涉及较大电流及较多脉冲冲击，为保护主板不被损坏，我们对电机驱动相关的元器件进行独立供电。

电机驱动相关的 MOS 管、光耦、PWM 信号驱动芯片等元器件使用的是图 5-17 降压电路提供的+5V 电源，使用的降压芯片依然是 XL1509。图 5-17 中的 Load_P 为太阳能充电控制器负载端输出的电压，为 12V，该电压不是直接通过锂电池供电，而是锂电池与太阳能电池的综合输出。

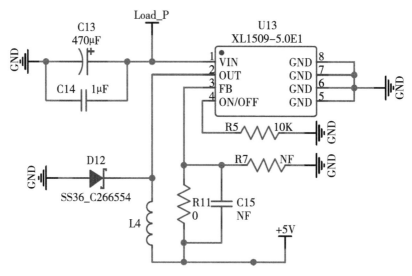

图 5-17　12V Load_P 转+5V 降压电路

　　电机驱动电路中的 H 桥使用的半桥驱动芯片 IR2104 需要 12V 供电，这路 12V 电源既不是 Load_P 提供也不是 Battery_P 提供，而是通过 Load_P 先降压为+5V 后再升压为 V12 的 12V 电压得到的，其电路原理图如图 5-18 所示，以保证电源的干净和稳定。图 5-18 中使用的升压芯片是 LM27313，这是一种汽车级产品，具有固定工作模式的模

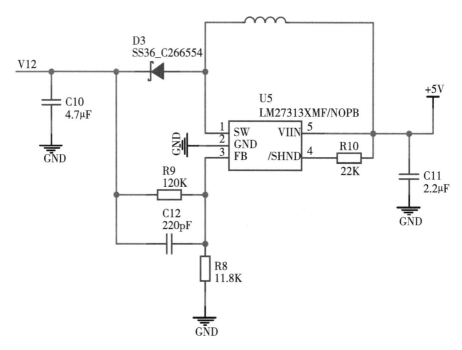

图 5-18　+5V 转 12V 升压电路

式升压转换器，使用 SOT-23 封装，开关电流高达 800mA，宽输入电压范围 2.7~14V，可升压至 5~28V。

电机的供电来自 H 桥电路，如图 5-19 所示，Load_moto1_P 为 1 号电机的电源，而 Load_moto1_P 则来源于 Load_P，是 Load_P 经过电流传感器的采样电阻之后的输出电压，如图 5-20 所示，所以电机的供电直接来自 Load_P，即充电控制器的负载输出电压。第二路电机同样如此供电，只是有自己的电流传感器。

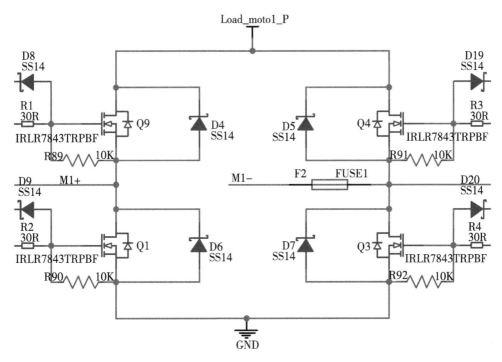

图 5-19　H 桥供电电路

以上即为智能灌溉控制器的电能分销系统，总体设计原则是将主板上的功能模块分为电机驱动部分和其他部分。电机驱动部分由于驱动电机时需要较大的输出功率以及受到电机运行时的影响，所以其供电部分单独分开来，该部分的供电电压包括 5V 和 12V。其中 5V 用于供应驱动电路上的光耦、MOS 管等器件。12V 用于为电机供电，以及为半桥驱动芯片供电（先降压再升压）。这部分的电能来源于太阳能充电控制器的负载输出端，当电池电压不足时会切断该部分的供电，以保护电池。

除电机驱动部分外，其他系统模块的供电均直接来自电池。包括主控芯片、电流传感器、光耦、LED 指示灯等，这部分的供电电压以 3.3V 为主，其中主控和蓝牙模块的 3.3V 电压是电池电压先降为 5V 后再通过 ASM1117 转换为 3.3V 的，而远程通信模块的 3.3V 电压是电池电压先降为 5V 后通过 JW5033 转换为 3.3V，主要是因为远程通信模块需要较大的驱动电流。以上设计保证了智能灌溉控制器各功能模块的能量供应，并使其能长期稳定运行。

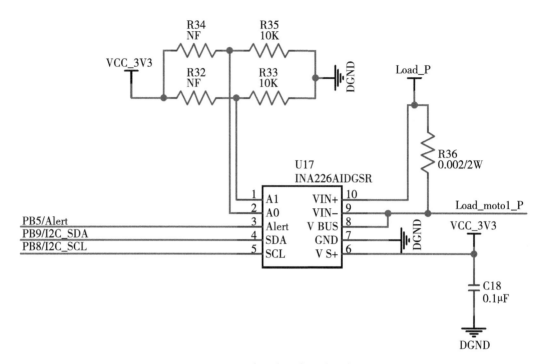

图5-20 1号电机电压电流检测电路

第六章　灌溉相关传感器

第一节　传感器技术综述

在物联网系统中，感知层处于基础地位，是整个物联网系统感知信息的来源，而信息的感知则是通过各种各样的传感器实现的，可以说正是传感器的存在，才使得物联网得以发挥作用。

目前，人类已进入了科学技术空前发展的信息社会时代。在这个瞬息万变的信息社会里，传感器为人类敏感地检测出形形色色的有用信息，充当着电子计算机、智能机器人、自动化设备、自动控制装置的"感觉器官"。如果没有传感器将各种各样的形态各异的信息转换为能够直接检测的信息，现代科学技术将是无法发展的。显而易见，传感器在现代科学技术领域占有极其重要的地位。

传感器最早来自"感觉"一词。人用眼睛看，可以感觉到物体的开关、大小和颜色；用耳朵听，可以感觉到声音；用鼻子嗅，可以感觉气味。这种视觉、听觉、味觉和触觉是人感觉外界刺激所必需的感官，它们就是天然的传感器。

通常传感器又称为变换器、转换器、检测器、敏感元件、换能器和一次仪表等。这些不同的提法，反映了在不同的技术领域中，只是根据器件用途对同一类型的器件使用不同的技术术语而已。如从仪器仪表学科的角度强调，它是一种感受信号的装置，所以称为"传感器"；从电子学的角度，则强调它是能感受信号的电子元件，称为"敏感元件"，如热敏元件、磁敏元件、光敏元件及气敏元件等；在超声波技术中，则强调的是能量转换，称为"换能器"，如压电式换能器。这些不同的名称在大多数情况下并不矛盾，譬如，热敏电阻既可以称为"温度传感器"，也可以称为"热敏元件"。

传感器是一种能把特定的被测量信息按一定规律转换成某种可用信号输出的器件或装置，以满足信息的传输、处理、记录、显示和控制等要求。应当指出，这里所谓的"可用信号"是指便于处理、传输的信号，一般为电信号，如电压、电流、电阻、电容、频率等。

一、传感器的组成

当前，由于电子技术、微电子技术、电子计算机技术的迅速发展，使电学量具有了易于处理、便于测量等特点，因此传感器一般由敏感元件、转换元件和变换电路三部分组成，有时还加上辅助电源，其典型组成如图6-1所示。

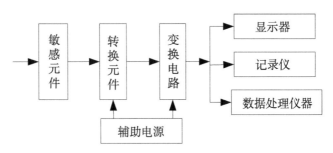

图 6-1　传感器的组成

敏感元件（Sensitive Element）直接感受被测量，并输出与被测量成确定关系的某一物理量的元件。

转换元件（Transduction Element）是传感器的核心元件，它以敏感元件的输出为输入，把感知的非电量转换为电信号输出。转换元件本身可作为一个独立的传感器使用。这样的传感器一般称为元件传感器。例如，电阻应变片在作应变测量时，就是一个元件式传感器，它直接感受被测量——应变，输出与应变有确定关系的电量——电阻变化。

转换元件也可不直接感受被测量，而是感受与被测量成确定关系的其他非电量，再把这一"其他非电量"转换为电量。这时转换元件本身不作为一个独立的传感器使用，而作为传感器的一个转换环节。而在传感器中，尚需要一个非电量（同类的或不同类的）之间的转化环节。这一转换环节，需要由另外一些部件（敏感元件等）来完成，这样的传感器通常称为结构式传感器。传感器中的转换元件决定了传感器的工作原理，也决定了测试系统的中间变换环节。敏感元件等环节则大大扩展了转换元件的应用范围。在大多数测试系统中，应用的都是结构式传感器。

变换电路（Transduction Circuit）将上述电路参数接入转换电路，便可转换成电量输出。实际上，有些传感器很简单，仅由一个敏感元件（兼作转换元件）组成，它感受被测量时直接输出电量，如热电偶。有些传感器由敏感元件和转换元件组成，没有转换电路。有些传感器，转换元件不止一个，要经过若干次转换，较为复杂，大多数是开环系统，也有些是带反馈的闭环系统。

二、传感器的种类

传感器的种类繁多，往往同一种被测量可以用不同类型的传感器来测量，而同一原理的传感器又可测量多种物理量，因此传感器有许多种分类方法。常用的分类方法有以下几种。

1. 按被测量分类

被测量的类型主要有机械量，如位移、力、速度、加速度等；热工量，如温度、热量、流量（速）、压力（差）、液位等；物性参量，如浓度、黏度、比重、酸碱度等；状态参量，如裂纹、缺陷、泄漏、磨损等。

2. 按测量原理分类

按传感器的工作原理可分为电阻式、电感式、电容式、压电式、光电式、磁电式、光纤、激光、超声波等传感器。现有传感器的测量原理都是基于物理、化学和生物等各种效应和定律，这种分类方法便于从原理上认识输入与输出之间的变换关系，有利于专业人员从原理、设计及应用上做归纳性的分析与研究。

3. 按信号变换特征分类

（1）结构型。主要是通过传感器结构参量的变化实现信号变换。例如，电容式传感器依靠极板间距离的变化引起电容量的改变。

（2）物性型。利用敏感元件材料本身物理属性的变化来实现信号的变换。例如，水银温度计是利用水银热胀冷缩现象测量温度；压电式传感器是利用石英晶体的压电效应实现测量等。

4. 按能量关系分类

（1）能量转换型。传感器直接由被测对象输入能量使其工作。如热电偶、光电池等，这种类型传感器又称为有源传感器。

（2）能量控制型。传感器从外部获得能量使其工作，由被测量的变化控制外部供给能量的变化。例如，电阻式、电感式等传感器，这种类型的传感器必须由外部提供激励源（电源等），因此又称为无源传感器。

5. 按工作原理分类

（1）电学式传感器。电学式传感器是非电量测量技术中应用范围较广的一种传感器，常用的有电阻式传感器、电容式传感器、电感式传感器、磁电式传感器及电涡流式传感器等。

电阻式传感器是利用变阻器将被测非电量转换为电阻信号的原理制成，电阻式传感器一般有电位器式、触点变阻式、电阻应变片式及压阻式传感器等。电阻式传感器主要用于位移、压力、应变、力矩、气流流速、液位和液体流量等参数的测量。

电容式传感器是利用改变电容的几何尺寸或改变介质的性质和含量，从而使电容量发生变化的原理制成，主要用于压力、位移、液位、厚度、水分含量等参数的测量。

电感式传感器是利用改变磁路几何尺寸、磁体位置来改变电感或互感的电感量或压磁效应原理制成的，主要用于位移、压力、振动、加速度等参数的测量。

磁电式传感器是利用电磁感应原理，把被测非电量转换成电量制成，主要用于流量、转速和位移等参数的测量。

电涡流式传感器是利用金属在磁场中运动切割磁力线，在金属内形成涡流的原理制成，主要用于位移及厚度等参数的测量。

（2）磁学式传感器。磁学式传感器是利用铁磁物质的一些物理效应而制成的，主要用于位移、转矩等参数的测量。

（3）光电式传感器。光电式传感器在非电量电测及自动控制技术中占有重要的地位。它是利用光电器件的光电效应和光学原理制成的，主要用于光强、光通量、位移、浓度等参数的测量。

（4）电势型传感器。电势型传感器是利用热电效应、光电效应、霍尔效应等原理制成，主要用于温度、磁通、电流、速度、光强、热辐射等参数的测量。

（5）电荷传感器。电荷传感器是利用压电效应原理制成的，主要用于力及加速度的测量。

（6）半导体传感器。半导体传感器是利用半导体的压阻效应、内光电效应、磁电效应、半导体与气体接触产生物质变化等原理制成，主要用于温度、湿度、压力、加速度、磁场和有害气体的测量。

（7）谐振式传感器。谐振式传感器是利用改变电或机械的固有参数来改变谐振频率的原理制成，主要用来测量压力。

（8）电化学式传感器。电化学式传感器是以离子导电为基础制成，根据其电特性的形成不同，电化学传感器可分为电位式传感器、电导式传感器、电量式传感器、极谱式传感器和电解式传感器等。

电化学式传感器主要用于分析气体、液体或溶于液体的固体成分、液体的酸碱度、电导率及氧化还原电位等参数的测量。

对应灌溉系统而言，我们关心的主要是土壤的水分状况，所以最常使用的就是土壤湿度传感器。但土壤湿度只在旱地有用，对于水稻田等需要漫灌的大田里，监测湿度显然没有意义，这时用户关心的应该是水位，包括田间水位以及渠道内的水位，所以水位传感器（或液位传感器）也是大田智能灌溉系统中常用的传感器之一。另外，智能灌溉往往还有结合天气情况进行，所以气象相关传感器也是本书要研究和使用的，如降水量传感器，空气温湿度传感器、光照度传感器等，在下文章节中将对这些传感器进行一一介绍。

第二节　水位传感器

在干渠和水稻种植的场所，灌溉时对水量的控制主要依靠水位来判断，因此水位传感器是大田智能灌溉系统必不可少的感知终端。

水位传感器主要用来测量水位的高低，并将测量结果转换为电信号，由主控读取并据此进行灌溉闸门/阀门的开关联动控制，或将数据传输至后台，由专门的灌溉控制算法作为控制的依据进行调用。

目前市面上可供选择的水位传感器种类很多，包括单法兰静压/双法兰差压水位传感器、浮球式水位传感器、磁性水位传感器、投入式水位传感器、电动内浮球水位传感器、电动浮筒水位传感器、电容式水位传感器、磁致伸缩水位传感器、伺服水位传感器、超声波水位传感器、雷达水位传感器等（图6-2）。现就大田智能灌溉系统中使用过的典型水位传感器进行介绍。

如图6-3所示为GL-136X投入式液位传感器，GL-136X投入式液位传感器采用先进的扩散硅压力传感器和IC SENSORS电路技术开发而成的，它应用了硅精蚀工艺和硅晶片叠合两项世界尖端技术，是一种高品质的静压式液位测量仪表。广泛适用于石油、化工、冶金、环保、食品、水利、城市供水、油田等行业的液位测量。静压式液位变送器的卓越品质，满足了我国工业自动化及部分行业的计量自动化对高精度液位检测仪表的需要。

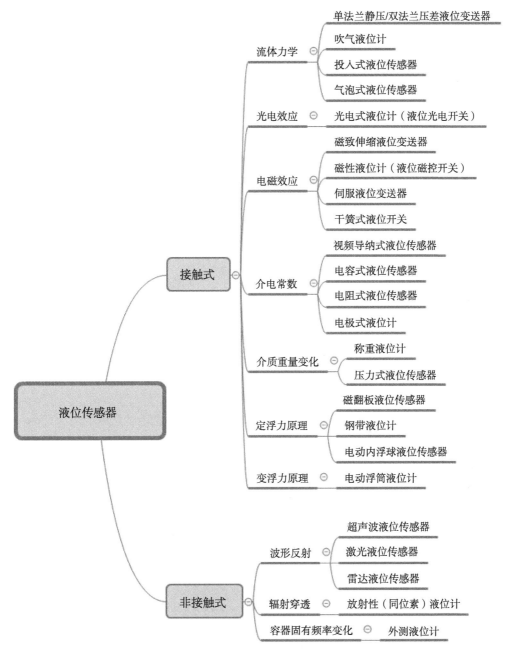

图 6-2　液位传感器的分类

　　该传感器的特点是稳定性好，精度高，性能/价格比高，直接投入被测介质中，安装使用相当方便，固态结构，无可动部件，可靠性高，使用寿命长，从水、油到黏度较大的糊状物都可进行高精度的测量，不受被测介质起泡、沉积、电气特性的影响无材料疲劳磨损，对振动、冲击不敏感输出。

　　工作原理使用的是静压测量原理，当液位变送器投入被测液中某一深度时，传感器

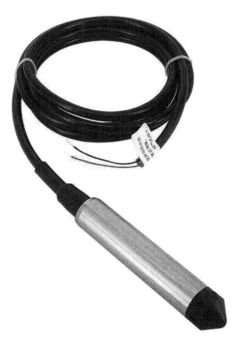

图 6-3 GL-136X 投入式液位传感器

迎液面受到的压力为

$$P=\rho \cdot g \cdot h+P_0$$

式中，P 为传感器迎液面所受压力，单位为 Pa；ρ 为被测液体密度单位为 kg/m³；g 为当地重力加速度，单位为 m/s²；P_0 为液面上大气压，单位为 Pa；h 为传感器投入液体深度，单位为 m。

同时，通过导气电缆将液面上的大气压 P_0 引入传感器的背压腔，以抵消传感器迎液面的 P_0，使传感器测得压力为 $P=\rho \cdot g \cdot h$ 显然，通过测取压力 P，可以得到液位深度 h。传感器感测的压力信号经电路转换放大，补偿后以标准信号输出。

这种投入式的液位传感器结构简单，造价较低，安装方便（投入液体中即可），但是也存在着固有缺点，比如在水流较快的干渠中会被水流冲起来从而导致测量数据不准确，故而只适用于水流较小的农田中测量水位，但是农田中淤泥较多，长期放置的话会糊住测量端，导致数据不准确，所以需要定期对传感器进行清洗。

如图 6-4 所示为 ULG-100 超声波液位传感器。超声波液位传感器实际上是一种换能器，在发射端它把电能或机械能转换成声能，接收端则反之。比如压电式超声波换能器，它是利用压电晶体的谐振来工作的。它有两个压电晶片和一个共振板。当它的两极外加脉冲信号，其频率等于压电晶片的固有振荡频率时，压电晶片将会发生共振，并带动共振板振动，产生超声波。反之，如果两电极间未外加电压，当共振板接收到超声波时，将压迫压电晶片作振动，将机械能转换为电信号。

超声波液位传感器的工作原理如图 6-5 所示，由探头发出高频超声波脉冲遇到被测介质表面被反射回来，部分反射回波被同一换能器接收，转换成电信号。超声波脉冲

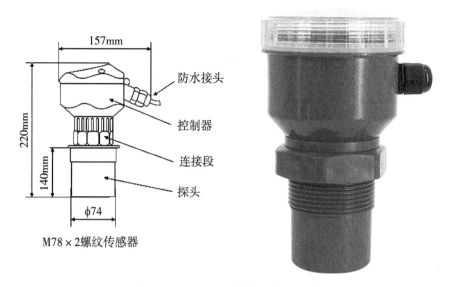

图 6-4 ULG-100 超声波液位传感器

以声波速度传播，从发射到接收到超声波脉冲所需时间间隔与换能器到被测介质表面的距离成正比，通过时间间隔就可以求出液位。

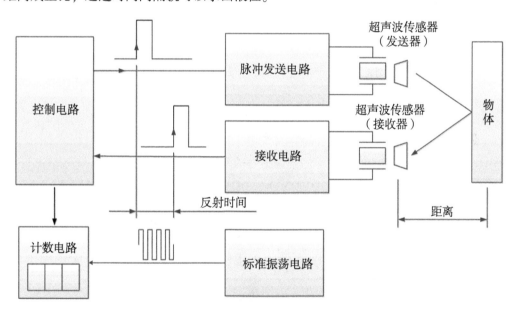

图 6-5 超声波液位传感器的工作原理

超声波液位传感器的好处是不需要放入水中，是一种非接触式测量。但如图 6-6 所示，这种传感器测量时有一定的盲区，即传感器安装时离水面要达到一定的高度才能正常测量，且这个盲区与测量的量程相关，所以必须按照实际使用场景进行选购，且按照使用说明书进行正确安装。另外，超声波液位传感器测量的是传感器到水面的高度，无法直接测量水深，具体的深度需要根据安装高度和水面距离换算，这就需要对每个传感器安装完成后进行设置，参数设置过程如图6-7和图6-8所示，正确设置之后才能读数水深。

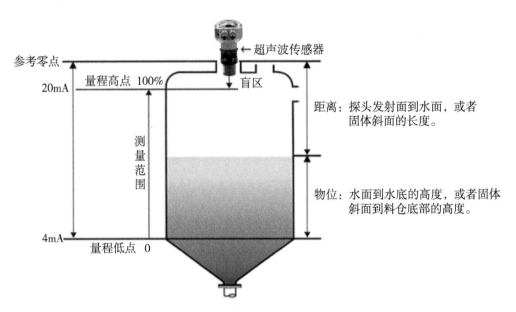

距离：探头发射面到水面，或者固体斜面的长度。

物位：水面到水底的高度，或者固体斜面到料仓底部的高度。

超声波传感器

参考零点

量程高点 100% 盲区

20mA

测量范围

4mA

量程低点 0

图6-6 超声波液位传感器安装示意

图6-7 超声波液位传感器参数设置界面

以上是接触式测量和非接触式测量的典型代表。另外，在实际使用中还有一种简单的水位传感器，即浮球式液位传感器。浮球式水位变送器由磁性浮球、测量导管、信号单元、电子单元、接线盒及安装件组成，一般磁性浮球的比重小于0.5，可漂于液面之上并沿测量导管上下移动，导管内装有测量元件，它可以在外磁作用下将被测水位信号

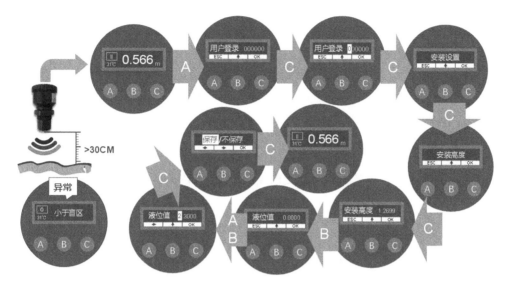

图 6-8　超声波传感器参数设置流程示意

转换成正比于水位变化的电阻信号，并将电子单元转换成信号输出。浮球开关因为是最简单、最古老的检测方式，有着检测水位不精确的缺点，浮子易卡死。

　　浮球根据排开液体体积相等等原理浮于液面，当液位变化时浮球也随着上下移动，由于磁性作用，浮球液位计的干簧受磁性吸合，把液面位置变化成电信号，通过显示仪表用数字显示液体的实际位置，浮球液位计从而达到液面的远距离检测和控制。浮球式液位计是利用液体对磁性浮球的浮力原理，磁性浮球随液位变化的位移量转化成 4～20mA 的模拟量信号输出。具有工作稳定可靠，无须调整等特点。能对开口、密闭容器或地下池槽里的介质液位在仪表控制室内进行显示、告警和控制。

第三节　土壤湿度传感器

　　除水稻田等需要漫灌的作物外，其他作物的种植在灌溉时都需要关注土壤湿度。土壤湿度与空气湿度不是同一个概念，它一般用土壤的体积含水量进行表示，即单位体积的土壤中所含水分的体积。研究表明，适量的灌溉不仅可以节水，还能提高作物的品质，因此，近年来农业科技人员提出了精准灌溉的概念，根据土壤湿度的变化情况做出有效评估，从而采取合理的应对措施，做到适量灌溉和节水灌溉，这就需要实时掌握土壤含水量信息，而土壤湿度传感器正是准确而快速地获取土壤湿度信息的有效工具。

　　目前，土壤湿度的测量方法有很多，比如张力计法、电阻法（Electrical Resistance）、中子法（Neutron Scattering）、γ-射线法（Gamma-ray Attenuation）、驻波比法（Standing Wave Ratio）、光学测量法、时域反射法（TDR）、频域反射法（FDR）等，各个传感器厂家会选择合适的方法研制自己的传感器，大田智能灌溉系统选取传感器的原则是该传感器能够作为一个感知终端直接接入农业物联网的感知层，因此那些通信协议不开放，只能与厂家自己的数据采集设备通信的传感器不在本书考虑之列。且大田智能灌溉控制器提供的传感器接口为 485 接口，所以所选用的传感器必须具有 485 接口，否则就要先进行接口转换才能接入大田智能灌溉系统。

RS485 是一种半双工的总线式通信接口电气特性标准，它使用 2 根信号线上电压的差值进行信息的传输，使用一主多从的通信方式，可支持上百个设备接入同一个总线上进行通信，每个设备依靠自己独有的地址进行区分，具有通信距离远、抗干扰能力强的特点。本书在进行传感器选型时发现，RS485 接口是国内土壤湿度传感器的主流，而国外则很少有提供这种接口的，最终选定的 4 款传感器实物如图 6-9 所示。

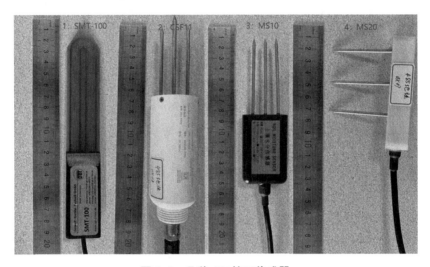

图 6-9　几种 485 接口传感器

图 6-9 中的 1 号传感器为德国 UGT 公司的 SMT-100，可测量土壤温度、土壤体积含水量和工作电压，目前市面的土壤湿度传感器多使用 TDR 或 FDR 原理，而 SMT-100 号称结合了低成本 FDR 传感器系统的优点和 TDR 系统的精度，利用环形振荡器将信号的传播时间转换成测量频率获得土壤介电常数继而转化为土壤含水量，该传感器不使用金属探针，而是使用设计为叶片形状的 PCB 板以便于安装。

在我们调研的众多国外传感器中，这是为数不多的提供了 RS485 接口的一款，其四芯线缆中棕色和白色为电源和地线，支持 4~24V 供电，绿色和黄色线分别为 RS485A 和 RS485B，以固定的调制速率 9600 进行通信，但不像国内传感器那样使用 Modbus RTU 协议，而是使用了一种自定义的通信协议，该协议的通信报文以 ASCII 码进行传输，每条报文以 0x0D(/r)结束。这种协议也是由主机发送读取命令，从机根据地址进行应答，但从机地址不是一个传感器一个地址，而是给一个传感器中的每个测量参数都分配一个地址，这就要求多个传感器处于一个总线上时对每个测量参数进行单独编址并保证没有重复，需要占用较大的地址空间。采集器每次读取土壤湿度数据时先发送"OP1/r"（土壤湿度参数的默认地址为 1），等传感器返回正确应答"OK/r"之后，再发送获取数据命令"GN/r"，传感器返回"036374/r"，其中"036374"为传感器输出值，和土壤湿度值具有如下对应关系：

$$传感器输出值=土壤湿度值×100+32768$$

将返回值"36374"带入公式即可算出土壤体积含水量值为 36.06%，读数程序的流程图如图 6-10 所示。

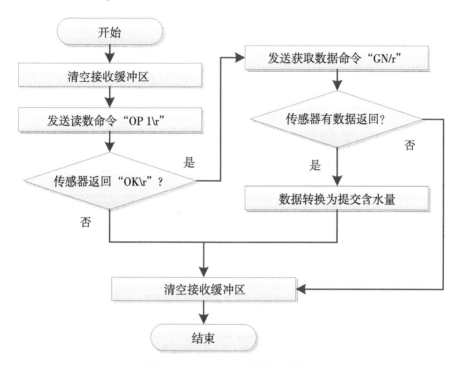

图 6-10　SMT-100 读数程序流程

读取温度或电压等其他参数的流程与此流程类似，其中温度参数的默认地址为 2，即读数时要先发送"OP2/r"，电压参数的默认地址是 3。此外，当总线上接入多个传感器时，需要对参数地址进行修改，通信协议提供了"AD"命令用于修改地址，比如将土壤湿度参数的地址由默认的 1 改为 99，则发送命令"AD1 99/r"，但实测直接发送该命令传感器无响应，正确的操作是先按照原地址发送"OP1/r"收到返回后再发送改地址命令，传感器才会将地址改为新地址。

本书选取的 3 款国内 485 传感器分别是图 6-9 中的 2 号传感器（星仪公司 CSF11）、3 号传感器（哲勤公司 MS10）和 4 号传感器（哲勤公司 MS20）。3 款传感器均在 485 接口之上遵循 Modbus-RTU 通信协议。Modbus 作为一种工业领域通信协议的业界标准，目前已在工农业生产的诸多方面进行了应用，该协议是一种串行通信协议，目前存在着 Modbus ASCII 和 Modbus RTU 两个变种，前者使用 ASCII 码表示数据，后者使用二进制表示数据，同样的数据长度，后者可以表示更多的信息，所以所选的 3 款国内传感器均使用了 Modbus RTU 协议，该协议的数据格式如图 6-11 所示。

该协议通信数据帧包含设备地址、功能码、数据地址、数据长度、CRC 校验等组成部分，与私有协议相比，其编址方法是对传感器个体进行编址，具体的传感器测量参

协议格式说明					
	设备地址	功能码	数据地址	读取数据个数	CRC16码（低前高后）
主机命令	Address	03	00 00	CN	CRC0 CRC1
	设备地址	功能码	数据字节	传感器数据	CRC16码（低前高后）
从机返回	Address	03	02*CN	S_HN，S_LN	CRC0 CRC1

图 6-11 Modbus RTU 协议格式说明

数是通过数据地址进行区分的，增加了功能码的概念，用功能码来区分数据读取和地址修改等命令，使得各种命令的格式能够统一。另外，还增加了 CRC 校验，以检测数据传输时是否发生错误，读数流程如图 6-12 所示。

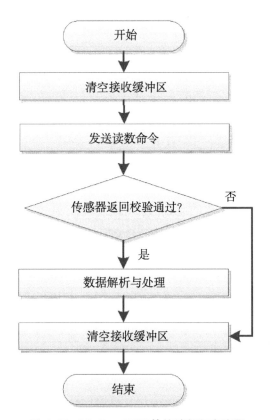

图 6-12 Modbus RTU 协议读数程序流程

由图 6-12 可见，该流程明显比图 6-10 的流程简单，读一个参数只需和传感器进行一次交互，甚至读多个参数也可以只进行一次交互，可节省时间和减少通信出错的概率，唯一的缺点是通信数据包稍长，但并无太大影响。

目前土壤湿度传感器中数字接口与模拟接口并存，模拟接口的传感器以电压输出和电流输出为主流，但最终都要进行模数转换才能获取湿度值；数字接口中 RS485 与 SDI-12 接口占主流；对比研究发现，国内传感器以 Modbus 协议为主流，国外传感器多使用 SDI-12 协议，而模拟接口是一种国内外厂商都保留的接口类型。

数字接口的通信协议中有的既定义了物理层的电气特性又定义了传输层的数据格式，比如 SDI-12，而有的只定义了物理层的电气特性，传输层的数据格式可选用其他通信协议，比如 RS485 接口，既可以使用 Modbus RTU 协议也可以使用 Modbus ASCII 协议，甚至也可以自定义一套私有协议。但从协议通用性角度来看，私有协议没有优势且使用不便。通用协议中主流的是 SDI-12 和 RS485+Modbus RTU，前者在硬件连接上只需 3 根线缆，比后者少 1 根有优势，但在数据传输格式上，前者使用 ASCII 码，同样长度数据包所携带的信息量远不如后者所使用的二进制方式，因为 ASCII 码主要优势是便于计算机显示，但在物联网感知层数据的处理过程不需要显示给用户看，所以传输效率应该是首要考虑的因素；其次，SDI-12 协议每次读数都需要与传感器进行 2 次交互，且交互过程中需要主机根据从机返回状态进行不定时长的等待，这无疑会增加最终读数失败的概率，而 RS485+Modbus RTU 协议只需执行一次交互即可读出一个或多个测量数据；最后，SDI-12 在通信时没有进行校验，数据传输出错时无法被发现。所以对于物联网感知层的多传感器大规模应用而言，RS485+Modbus RTU 无疑是目前最好的选择。

模拟接口作为一种最原始的接口，在土壤湿度传感器上仍被诸多厂家所保留。这种接口要获取土壤湿度值需先进行 AD 转换，之后再根据查表法或复杂的换算公式换算才能得到具体的土壤湿度值，其测量数据的准确性取决于厂商提供的校准公式，数据转换过程通常较为复杂，所以这类传感器只适用于可编程逻辑控制器或者其他现场灌溉控制器，不适用于作为物联网的感知层设备进行远程监测。

第四节　气象相关传感器

气象传感器主要包括空气温湿度传感器、雨量传感器、风速风向传感器、光照度传感器等。

空气温湿度是农业生产相关的基本参数，传感器多以温湿度一体式的探头作为测温元件，将温度和湿度信号采集出来，经过稳压滤波、运算放大、非线性校正、V/I 转换、恒流及反向保护等电路处理后，转换成与温度和湿度呈线性关系的电流信号或电压信号输出，也可以直接通过主控芯片进行 485 或 232 等接口输出。如图 6-13 所示的就是一款温湿度一体的数字传感器 SHT11。

SHT1x（包括 SHT10，SHT11 和 SHT15）属于 Sensirion 温湿度传感器家族中的贴片封装系列。传感器将传感元件和信号处理电路集成在一块微型电路板上，输出完全标定的数字信号。传感器采用专利的 CMOSens 技术，确保产品具有极高的可靠性与卓越的长期稳定性。传感器包括一个电容性聚合体测湿敏感元件、一个用能隙材料制成的测温元件，并在同一芯片上，与 14 位的 A/D 转换器以及串行接口电路实现无缝连接。因此，该产品具有品质卓越、响应迅速、抗干扰能力强、性价比高等优点。

每个传感器芯片都在极为精确的湿度腔室中进行标定，校准系数以程序形式储存在 OTP 内存中，用于内部的信号校准。两线制的串行接口与内部的电压调整，使外围系统集成变得快速而简单。微小的体积、极低的功耗，使 SHT1x 成为各类应用的首选。

引脚	名称	描述
1	GND	地
2	DATA	串行数据，双向
3	SCK	串行时钟，输入口
4	VDD	电源
NC	NC	必须为空

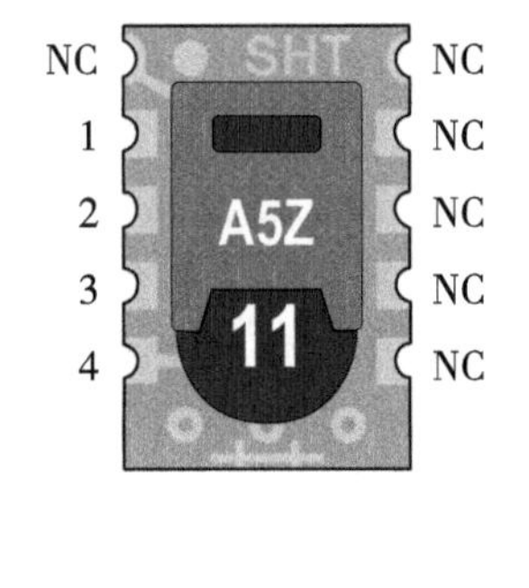

图 6-13　SHT11 外观及引脚分配

对大田灌溉而言，当前或近期的降水量是必须考虑的一共因素，降水量信息除了可以从气象部门获取之外，还可以通过安装在现场的雨量传感器史上获取。

目前气象上使用的雨量计主要是翻斗式雨量计，其外观如图 6-14 所示。翻斗式雨量计因结构简单、成本低廉、故障率低、易于维护、不易受环境干扰、准确度高等优点，在气象监测中被广泛应用。

翻斗雨量计采用双侧翻斗平衡测量同等重量的进水。当一侧翻斗水满时，其质心会移出枢轴，平衡器会翻倒，将收集的水倒出，并且使另一侧翻斗到位进行收集。翻斗形状的设计会让水从较低的一侧翻斗倒出。翻斗中水的质量是常数 $m(\mathrm{g})$。因此，通过使用水的密度($\rho = 1\mathrm{g/cm^3}$) 就可以从水的重量得出相应的体积 $V(\mathrm{cm^3})$，相应的累加高度 $h(\mathrm{mm})$ 可以通过使用收集器的面积得出 $S(\mathrm{cm^2})$。

$$V = m/\rho = h \cdot S$$

采集仪通常直接提供雨量间隔累计及雨量日累计。间隔累计是采集仪在存储时将两次存储间隔内的雨量累计输出，此数据主要用于与上位机进行雨量数据的同步，方便上位机将数据统计为各时间段的雨量累计及降雨强度。

雨量日累计是记录当日雨量累计的实时值，即当前时间到当日 0 时的雨量累计，此数据可以实时、灵活地统计降雨情况。例如，每日 0 时前读取的数据即是当日的雨量日累计，或将当日两个时刻的雨量相减即为对应时间间隔的降雨强度。

雨量传感器由于受环境和长期在野外使用的影响，虽定期维护，仍难免发生各种故障，直接影响雨量记录的精确度和准确性。雨量传感器由盛水器、过滤网、漏斗、翻斗、控制电路、传输电缆、经防雷通道板到采集器，再由采集器连到计算机，通过采集监控软件显示。雨量传感器由于其特殊结构，受环境污染影响，常出现各种故障。分析原因主要有盛水器内太脏造成漏水口堵塞、内漏斗堵塞、翻斗内有沉积物、翻斗转动不

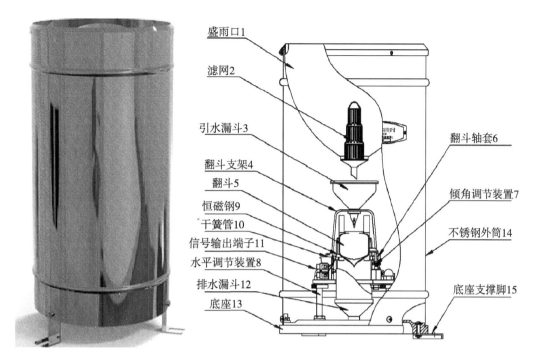

盛雨口1
滤网2
引水漏斗3
翻斗支架4
翻斗5
恒磁钢9
干簧管10
信号输出端子11
水平调节装置8
排水漏斗12
底座13
翻斗轴套6
倾角调节装置7
不锈钢外筒14
底座支撑脚15

图6-14　翻斗式雨量计的外观和内部结构

灵活、翻斗有滴水现象、因清洗翻斗不当造成翻斗上塑料卡移位、平衡螺丝偏向、干簧管失效、通信线接触不良、防雷二极管损坏等，造成有降水时采集监控软件无显示或与实际降水相差很大。

　　风速风向作为重要的气象要素之一，对农业生产、在环境检测、工业风道检测以及危险性气体的测量等工业生产和科学研究中都对移动式测风仪器有着广泛的应用需要。

　　在气象监测中常用的风速风向监测仪有旋翼式风向变送器、三杯式风速变送器以及超声波风速风向变送器。旋翼式风向变送器和三杯式风速变送器都采用机械式结构设计，存在转动部件，监测前需要低风速启动，若风速低于启动值将不能驱动螺旋桨或者风杯进行旋转，就不能进行监测；而且因其存在活动的部件，容易产生磨损，并受到恶劣天气的损害。同时，由于摩擦的存在，机械式风速风向仪还存在启动风速，低于启动值的风速将不能驱动螺旋桨或者风杯进行旋转。因此对于低于启动风速的微风，机械式风速仪将无法测量。为克服传统风杯式风速风向仪的固有缺点，新型超声波风速风向仪应运而生，其外观如图6-15所示。

　　超声波风速风向仪是利用发送声波脉冲，测量接收端的时间或频率（多普勒变换）差别来计算风速和风向的测量传感器或测量仪器。超声波风速传感器的工作原理是利用超声波时差法来实现风速风向的测量。由于声音在空气中的传播速度，会和风向上的气流速度叠加。假如超声波的传播方向与风向相同，那么它的速度会加快；反之，若超声波的传播方向若与风向相反，那么它的速度会变慢。所以，在固定的检测条件下，超声波在空气中传播的速度可以和风速函数对应。通过计算即可得到精确的风速和风向。由于声波在空气中传播时，它的速度受温度的影响很大；风速传感器检测两个通

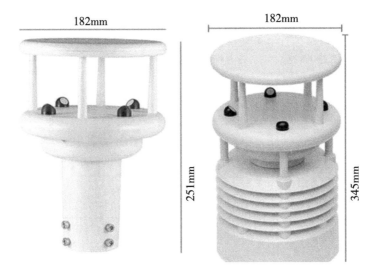

图 6-15　超声波风速风向仪

道上的两个相反方向，因此温度对声波速度产生的影响可以忽略不计。

超声波风速传感器它具有重量轻、没有任何移动部件、坚固耐用的特点，而且不需维护和现场校准，能同时输出风速和风向。客户可根据需要选择风速单位、输出频率及输出格式。也可根据需要选择加热装置（在冰冷环境下推荐使用）或模拟输出。可以与电脑、数据采集器或其他具有 RS485 或模拟输出相符合的采集设备连用。如果需要，也可以多台组成一个网络进行使用。

超声波风速风向仪是一种较为先进的测量风速风向的仪器。由于它很好地克服了机械式风速风向仪固有的缺陷，因而能全天候地、长久地正常工作，越来越广泛地得到使用。它将是机械式风速仪的强有力替代品。

万物生长靠太阳，光照度的监测对农业生产而言也十分重要。光照度传感器是将光照度大小转换成电信号的一种传感器，输出数值计量单位为 lx，如图 6-16 所示，是几种常见光照传感器的外观。光是光合作用不可缺少的条件；在一定的条件下，当光照强度增强后，光合作用的强度也会增强，但当光照强度超过限度后，植物叶面的气孔会关闭，光合作用的强度就会降低。因此，使用光照度传感器控制光照度也就成为影响作物产量的重要因素。

"光照度"常会与"光强度"的概念混淆，让人分不清楚，那么光照度就是光强度吗？其实在光度学中是没有"光强"这样一个概念的。常用的光学量概念有发光强度、光照度、光出射度和光亮度。"光强"只是一个通俗的说法，很难说对应哪一个光度学概念。

以上所说的几个概念都有严格的物理定义。

发光强度：光源在单位立体角内发出的光通量，单位是坎德拉（cd），即每球面度 1 流明（lm）。

光照度：被照明面单位面积上得到的光通量，单位是勒克斯（lx），即每平方

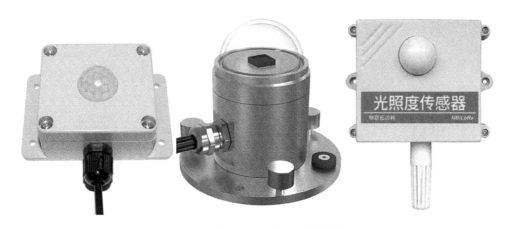

图 6-16 几种常用的光照传感器外观

米 1lm。

光出射度：光源单位面积上发出的光通量，单位与光照度相同。

光亮度：单位面积上沿法线方向的发光强度，或称单位面积在其法线方向上单位立体角内发出的光通量，单位是尼特（nit），即每平方米每球面度 1lm。

从工作原理上讲，光照度传感器采用热点效应原理，这种传感器使用了对弱光性有较高反应的探测部件，这些感应元件就像相机的感光矩阵一样，内部有绕线电镀式多接点热电堆，其表面涂有高吸收率的黑色涂层，热接点在感应面上，而冷结点则位于机体内，冷热接点产生温差电势。在线性范围内，输出信号与太阳辐照度成正比。透过滤光片的可见光照射到进口光敏二极管，光敏二极管根据可见光照度大小转换成电信号，然后电信号会进入传感器的处理器系统，从而输出需要得到的二进制信号。

第七章　灌溉泵房智能控制

第一节　泵房智能控制的目的

泵房（或称泵站）为水提供势能和压能，解决无自流条件下的排灌、供水和水资源调配问题的唯一动力来源。作为重要的工程措施，它在水资源的合理调度和管理中起着不可替代的作用。同时，泵房在防洪、排涝和抗旱减灾，以及工农业用水和城乡居民生活供水等方面发挥着重要作用。另外，泵房为耗能大户，节能和节水问题一样重要。因此，泵房的经济运行和优化管理就显得尤为重要。泵房是解决洪涝灾害、干旱缺水、水环境恶化当今三大水资源问题的有效工程措施之一。它们承担着区域性的防洪、除涝、灌溉、调水和供水的重任，主要用于农田排灌、城市给排水以及跨流域调水等。

灌溉泵房作为农业灌溉系统的重要组成部分，为所有支渠和田块提供水源，其重要性不言而喻。目前的情况是灌溉泵房水泵的开关都是由人工现场操作，在用水季灌溉泵房需要有人24h值守，以确保水泵正常运转以及发现故障时及时处理。这种原始的运作方式已无法满足当前对农业用水合理调度、节能减排实现碳中和、减少人工投入和降低劳动强度等要求。因此，用"互联网+"的思维和现代信息技术手段对泵站进行改造的需求就变得非常迫切，探求灌区用水管理的新模式，可以加快灌区用水管理科学化、实时化、现代化的步伐，使其成为大田智能灌溉系统的重要组成部分。

一、现有泵房管理模式存在的问题

现有泵房管理模式以人工巡检和现场操控为主，以过往主观经验为主导，缺乏调度概念，其安全运行主要取决于工作人员的责任心。归结起来存在以下几方面问题。

1. 设备自动化水平低

所有设备都只提供了操控按钮，必须由人工前往现场进行开关操作；设备无通信接口，无法接收除开关之外的其他控制命令，也无法设置参数使其自动运行。不同泵房、甚至同一泵房的不同模块的操作方式都不同，来自不同供应渠道的产品之间也难以沟通协调，各个泵房独立运行，无法集中管理。

2. 设备运行效率低

目前每个泵房都配置有至少两台水泵，一台运行时另一台作为备份。一些大型泵房则会配置6台以上的水泵。在目前人工操作模式下，工作人员习惯于将某一台水泵作为常用泵，而另一些始终作为备用，这种使用方式将导致常用泵因过度使用而老化、备用泵则因长期闲置而产生故障。因此水泵大多处于偏离最佳工况的运行状态而导致效率低下。

3. 设备感知能力弱

现有泵房大多对外界环境无任何感知能力，少数新建泵房也只是增加了压力、流量、温度等基础数据的采集，而对于电力工况、水泵本体作业工况等重要参数的感知能力则严重缺乏，从而使得自动化运行和智能化运维成为空中楼阁。

4. 运维管理不统一，服务响应不及时

目前泵房值守人员普遍年龄偏大，无运维知识和操作能力，有些泵房交由第三方机构托管，专业能力有了一定的提高但响应速度却跟不上。另外，由于水泵、控制柜及自控系统等供应方不同，使得出现问题时无法快速定位问题点并快速报修，且无法形成有效的知识库以便于快速排除故障以及在保修过程中准确描述故障核心。产品供应商分散导致产品间协调问题及沟通不畅也会使得维修效率低下。

二、泵站的互联网化

为解决上述现存问题，用"互联网+"的思维对现有泵站进行改造，在不改变泵站原有电气结构的前提下，通过增加泵站智能控制柜实现泵站的无人值守和自动高效运转。智能控制柜通过互联网与灌溉用水调度管理云平台连接，实现泵站的互联网化（图7-1）。

图7-1　泵房智能控制的目的

1. 泵站无人值守

泵站的无人值守改造是通过对现有泵站加装智能控制柜来实现的。该控制柜可在不改变泵站原有电气结构的前提下，接入泵站电气系统，实现对泵房的监测和控制，以最小的代价实现对现有泵站的无人化改造。智能控制柜主要由以下功能模块组成。

（1）智能调度模块。该模块根据实际工况需求，按运行效率实现水泵的智能调度，避免人工操控时单台水泵过度使用或过度闲置的情况出现，从而提高水泵的总体使用寿命。

（2）智能调配模块。该模块根据进水水位结合引水需求进行分组轮灌实现灌溉用水的智能调配。在多用户用水的场景下会根据灌溉面积大小进行分组轮灌，以实现灌溉水资源对各用户的均匀分配。

（3）实时检测功能。该模块实现多方面参数的检测，比如电力工况检测为三相电流、电压等；能耗检测为电机功率、温度等；线路检测为三相平衡、缺相、漏电等；设备工况检测为电机转速、电机振动等；所有这些检测参数为泵站的自动高效运转提供调控依据。

（4）泵站安全保障功能。包括消安模块和环控模块。消安模块主要实现泵房的消防安全，通过防入侵系统防止非法用水和动物咬噬线缆等情况的发生；通过门禁系统实现对泵站的运行考勤；通过漏水探测器和烟雾传感器实现泵房的消防安全。环控模块主要实现泵房的环境监控，包括实时视频、热成像等视频监控，以及灯控、通风、水质监测等子模块。

2. 泵站互联网化

泵站互联网化即通过泵站智能控制柜将每个泵站的每台水泵都接入互联网，由运行于云端的农业灌溉用水调度管理云平台实现对每个泵站乃至每台水泵的运行管理、远程监测、远程控制等，实现遥控、遥测、遥信、遥调、遥视等"五遥"功能（图7-2）。

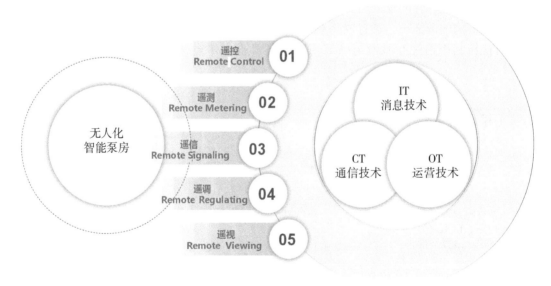

图7-2 "3T+五遥"实现对灌溉泵房的智能改造

此外，云平台还提供远程计时操作、计费操作、运行状况推送等功能；针对计费操作还提供了远程充值功能，通过小程序或公众号等方式实现结算和充值等信息的推送。对于不会使用手机的人群或用户，系统还提供了24h无人值守的现场圈存机充值缴费功能，无须手机或电脑，通过IC卡实现账单查询、相关明细费用打印等功能。

泵站的互联网化还通过云平台实现了远程运维功能，包括远程监控、零距离巡检、诊断报告生成及保养建议定期推送功能。为配合监管机构对泵站运行情况的监管，平台还提供了泵站能效能耗、水量水质、资金费用等数据的查询功能。

本书研发的智能泵房控制系统，在不改变现有灌溉泵房电气结构的前提下通过增加所研发的智能泵房控制柜实现灌溉泵房的无人值守和自动高效运转，研究内容具有以下必要性和现实意义。

三、必要性和现实意义

1. 节省人工

本系统可实现灌溉泵房的远程控制，无须人工赶往现场进行水泵的开关操作，可将数万亩规模的大型农场中所有灌溉泵房通过统一平台进行集中控制，各个泵房中加装的智能控制柜可对泵房中所有水泵进行分布式运维和网联化预警，从而实现日常运行的无人值守。与目前每个泵房一至两人专门看守相比，一个规模农场数十人的泵房运维团队可缩减至 3~5 人，将人力从泵房的运行和维护中解放出来。

2. 节能减排，实现碳中和

2020 年 9 月 22 日，中国国家主席习近平在第 75 届联合国大会上提出，中国将提高国家自主贡献力度，采取更加有力的政策和措施，二氧化碳排放力争于 2030 年前达到峰值，努力争取 2060 年前实现碳中和。大型农场的大田种植或水产养殖业中，水泵房中每个水泵的功率都高达数十千瓦，每个生产季都会消耗巨大的电能，所以农场的碳中和压力巨大。智能泵房控制柜可根据用水量需求以及水泵运行工况进行合理的切换和调度，从而减少不必要的运行时长、降低单个水泵长时间运行发热导致效率降低而产生的额外功耗。通过使用集成的电能质量、能源使用分析以及内置的效率算法，用户可提高对单个负载级别的能源使用效率，从而极大节约能源成本并进而减少碳排放。

3. 节水

早在 2016 年，国务院就发布了《关于推进农业水价综合改革的意见》，指出农业是用水大户，也是节水潜力所在，计划用 10 年左右建立健全农业水价形成机制，农业用水总量控制和定额管理将普遍实行，农用水价改革呼之欲出。所以农业节水势在必行，而智能泵房控制柜可以根据用水需求进行精准的水量控制，可以达到很好的节水效果。同时精准的用水量测控也可以为"以水定产"创造条件。

4. 提高设备使用寿命

目前的泵房人工巡检只能在设备出现故障之后才能被发现，通过智能泵房控制柜的实时在线监测功能可以在设备刚刚出现异常时就发现，并且自动停止异常设备的运行，将结果告知运维人员，可以防患于未然。另外，基于智能泵房控制柜的多机协调作业调度算法，可以使泵房内的每台水泵都均衡工作，避免某一台过度运行，保障水泵始终工作在最佳状态下从而延长整体的使用寿命。

5. 安全生产

泵房多以 380V 三相交流电为动力源，这种级别的电压对人有致命危害。智能泵房控制柜实现的远程控制功能可以使操作人员远离高压场所，更好地保障人身安全。另外，目前的有人值守模式只有等发生故障才能被巡检到，此时可能已经造成设备损毁或耽误了农田用水，而智能泵房控制柜可以在事故刚露端倪时提早发现，从而避免发生安全生产事故。

第二节 泵房智能控制系统架构

泵房智能控制系统作为大田智能灌溉系统的一个子系统而存在。图7-3所示为包含泵房智能控制子系统的大田智能灌溉系统的整体架构。渠道灌溉系统和泵房控制系统通过智能边缘计算器有机整合为一个整体。其中泵房智能控制系统的主要实施设备是集成于智能边缘计算器内的或集成于既存泵房控制柜内的泵房智能控制柜。

系统以灌溉用水可视化调度管理云平台为中心，以泵站智能控制柜为终端节点，组成一个既可远程控制又可本地操作的大型灌溉调度管理控制系统。图中每个泵站智能控制柜背后都是一个泵站，通过增加控制柜实现对泵站的无人化改造。泵站智能控制柜可以通过两种方式与云平台建立连接，一种是通过有线方式接入基地局域网，经布设于基地局域网内的雾边缘计算网关与云平台建立连接从而实现远程通信；另一种是通过控制柜搭载的云边缘计算网关和4G通信模块，直接通过附近的移动通信基站接入互联网，进而与云平台建立连接实现远程通信。

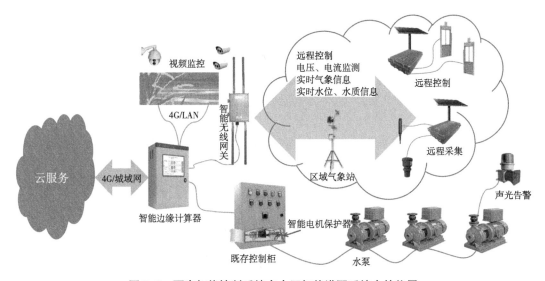

图7-3 泵房智能控制系统在大田智能灌溉系统中的位置

如图7-4所示为灌溉用水调度管理云平台的架构。平台以现有公有云、私有云或混合云实现基础云计算；以水泵电机、智能控制柜、图像采集仪、声光告警仪、微型气象站、液位仪、水质监测仪等硬件设备为基础设施；构建了结构化数据库、半结构化数据库以及非结构化数据库，实现数据标签管理、数据质量管理、数据目录管理以及元数据管理功能；平台的业务中台实现了控制应用类业务、采集应用类业务、查询/展示类业务以及子系统级别应用业务；平台的微服务中台包含机电设施管理服务、泵房管理服务、水效调度服务、微电网管理服务以及视频管理服务；平台的统一门户支持通过PC

端、App、微信小程序、微信公众号等方式进行可视化大屏展示、分布式边缘计算、数据订阅与发布等功能。

　　平台采用了微服务框架，用户可以根据不同的需求逐步完善。面向对象的服务，即插即用，无须反复搭建各类平台，避免重复投资。云平台的主要功能是实现对泵站的互联网化改造，其操控的对象是安装于各个泵站内的泵站智能控制柜。除实现了前文所述的功能外，平台还具有智能视频分析功能，对接入平台的所有视频监控信息进行机器视觉分析，做出告警判断，对泵站内外状况等进行实时分析；另外，平台还具有数据存储、分析、查询功能以及终端设备组网规划功能。

图 7-4　灌溉平台框架

　　平台除与泵站智能控制柜通信外，还提供了用户侧访问接口和第三方访问接口。用户可以通过 PC 端、微信小程序、微信公众号、专用 App 等多种方式对平台进行操作监测及后台管理配置，也可以利用大屏进行用水调度大数据展示及现场实时操作；通过平台的第三方访问接口，可以实现与既有专家系统和公共云平台进行交互对接，另外，根据实际需要也可以与相关监管部门实施对接。

　　图 7-5 所示的泵房智能控制柜为实现泵房无人化改造的核心装备，前文所述的功能均由其实现。该控制柜采用轻耦合的实施方案，无须对现有泵房的电气结构进行改动

即可兼容各类现有水泵控制柜，如自耦降压水泵控制柜、变频水泵控制和软起动水泵控制柜；该控制柜内置雾边缘计算器，结合自研"五遥"技术赋能既有各类水泵控制柜"重生"，多达16种的自主保护方式，呵护水泵安全运行，延长水泵使用寿命，提高能效利用。同时控制柜可快速接入遵循 Modbus 规约的各类传感设备，将数据传输至云平台用于灌溉用水的调度决策（图7-6、图7-7）。

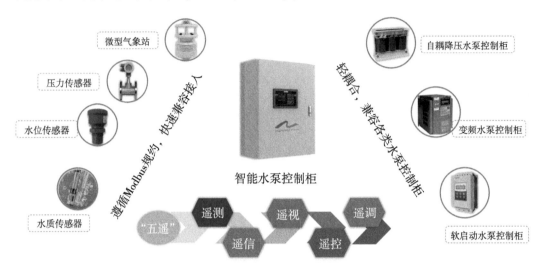

图7-5 智能水泵控制柜

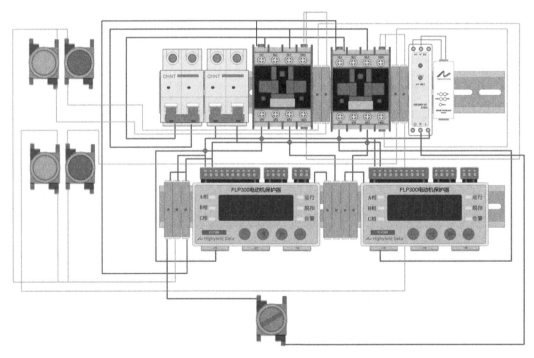

图7-6 智能泵房控制柜内部线路

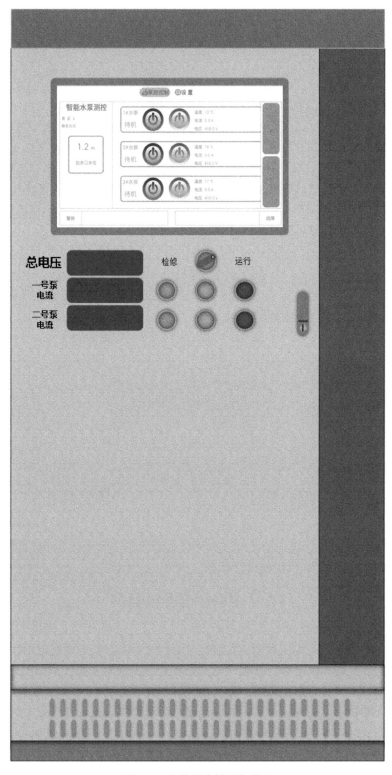

图 7-7　智能泵房控制柜外观

第三节　泵房智能控制系统功能及应用

一、系统的主要功能

本书研发的智能泵房控制柜可在不改变泵房现有电气结构的前提下，接入泵房电气系统，实现对泵房的监测和控制，以最小的代价实现对现有泵房的无人化改造。智能泵房控制柜是一种软硬件一体的智能农业装备，涉及的所有核心软件和硬件都为自主研发，拥有完全自主的知识产权。

智能泵房控制柜实现的功能如图 7-8 所示，具体包含以下方面。

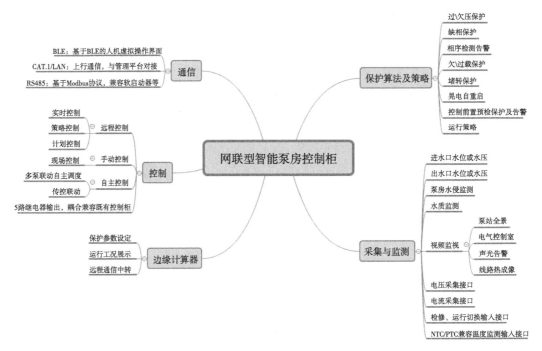

图 7-8　智能泵房控制柜功能模块

1. 控制柜的通信功能

智能泵房控制柜是一款网联型的控制柜，可通过 4G CAT.1 直接与远程管理云平台对接，或通过以太网，经边缘计算器中转与远程管理云平台对接，从而实现所有控制命令的远程传输，以及运行工况的在线实时监测和告警。除远程通信功能外，控制柜还将实现低功耗蓝牙技术（BLE）与手机建立连接，实现虚拟人机操作界面。另外，控制柜还将实现基于 RS485 线路的 Modbus 协议，以兼容泵房内现有的各种软启动器。控制柜的远程通信功能是实现"五遥"技术的基础。

2. 水泵电机控制功能

智能泵房控制柜的核心功能即控制功能。本书研究的特色控制功能包括远程控制和自主控制，远程控制功能为控制柜通过远程通信通道接收来自云平台的控制命令，解析验证后执行对相应水泵的实时控制、计划控制或者策略控制；自主控制功能主要实现多泵联动控制，以及根据传感器实时数据进行的传控联动控制；另外，控制柜还将保留现场手动控制功能，以照顾现有用户的使用习惯，并作为特殊状况下的备用控制方式。

智能泵房控制柜以轻耦合的方式安装于现有的泵房控制柜中，以实现水泵电机的自主协同调度和功耗工况分析功能，控制功能包括设备自主调度、设备自主联动、设备定时运行、设备组控运行、设备间歇运行、设备远程控制等。

目前每个泵房都配置有至少两台水泵，一台运行时另一台作为备份。一些大型泵房则会配置 6 台以上的水泵。在目前人工操作模式下，工作人员习惯于将某一台水泵作为常用泵，而另一些始终作为备用，这种使用方式将导致常用泵因过度使用而老化，备用泵则因长期闲置而产生故障。本项目将根据用水量和电机运行工况合理地对各个水泵的使用进行调度，这就需要研发出一套多泵间自主协同高效运行控制算法，也是本项目需要攻克的核心关键技术之一。

3. 采集与监测

泵房的无人化自主控制自主运维都是基于传感器获取的实时数据实现的。采集与监测功能就是智能泵房控制柜的眼睛和耳朵，用来感知外界信息，取代人工巡检。采集与监测功能主要包括电机运行电压、运行电流、运行温度等电机运行工况数据的获取；水位、水压、水质监测等泵房自身与水相关的监测；泵房全景、电气控制室、泵房线路等相关的视频或热成像监测。如图 7-9 所示，采集的数据包括弄好信息采集视频信息采集、水位数据采集、气象数据采集、水体数据采集、室内环境采集等；监测功能包括水泵工况监测、泵房环境监测泵房安防监测、动力环境监测、网络状态监测、视频存储监测等。

图 7-9 智能泵房控制柜采集与监测功能

由于泵房是一个重要设备存放和运行的地方，且这些设备都是高压运行的，所以以对水泵的保护和整个泵房的安全保障都必须非常重视，以避免造成财产损失或发生更严重的人员伤亡事件。本系统设计了视频监测功能实现对泵房的自动巡检和人员进出的安全验证以及记录功能，如图 7-10 所示，具体实现了再写巡查管理、异常情况及时告警、拍照、录像存档以及历史巡查记录查询和统计等功能。

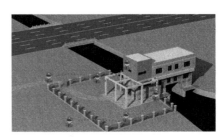

巡更路线规划及巡更点人脸自动识别确认

效果预览

· 在线巡查管理
· 巡查展示：巡查状态、排班信息
· 异常情况及时告警、拍照、录像存档
· 历史巡查记录查询和统计：查询历史路线、历史巡查点
· 音频通话

重点巡查点人脸自动识别确认

图 7-10 日常巡检监测

4. 保护算法及策略

泵房在无人值守状态下的长期稳定运行离不开各种保护算法及策略的有效发挥。智能泵房控制柜将实现过/欠压保护、过/欠载保护、缺相保护、相序检测告警、堵转保护等各种保护措施，以及负载均衡、多泵联动等运行策略。

通过对电机的三相电流、三相电压、漏电电流及接触器状态的实时监测，实现对电机的完善保护。各种保护功能相互独立，多种保护功能有可能同时触发，但只有最先达到保护阈值的保护功能发出停机保护命令。所有保护功能均可通过虚拟人机界面或边缘计算器根据实际情况进行设置、启动或关闭，调整保护参数。所有保护参数都提供默认值，特殊情况需用户自行设定。对于过载保护，当电机在过负载故障运行时，控制器根据电机的发热特性，计算电机的热容量情况，根据电流与热容量的关系计算延时时间执行保护动作；当电机发生缺相或三相不平衡时，若不平衡率达到保护设定值时，控制器发出停车或告警的指令。

如图 7-11 所示，智能泵房控制系统实现对水泵电机的 16 种基础告警与保护，具体包括过载告警与保护、欠载告警与保护、堵转告警与保护、接地告警与保护、漏电告警与保护、短路告警与保护、断相告警与保护、过压告警与保护、欠压告警与保护、高温告警与保护、相序告警与保护、不平衡告警与保护、阻塞告警与保护、过功率告警与保护、欠功率告警与保护等，从而实现对水泵电机的全方位保护，以最大限度地延长电机使用寿命，并保障其稳定可靠运行。

除对水泵电机进行全方位的保护外，保护功能还实现了对水泵房自身的保护。如图 7-12 所示，系统设计了六大子系统实现对泵房自身的保护。首先是防侵入子系统，主要实现对非法用水、动物咬噬泵房内线缆等情况进行包护和预防；然后是监控子系统，包括传统的视频监控以及非可见光状态下的热成像监控，既实现了对夜间生命体侵入的

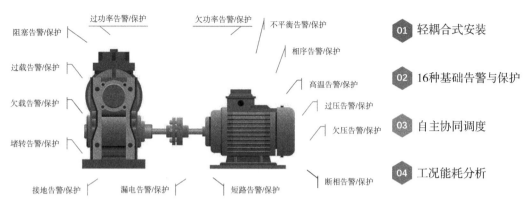

图 7-11　水泵控制功能

监测，又能对设备或线缆等异常升温进行及时发现和告警；门禁子系统也是防止非法入侵的，同时兼具运营考勤功能；灯控子系统可实现泵房内灯光的自动控制，人走灯灭节省电能；消安子系统实现漏水检测、烟雾告警等功能，保护泵房免遭水火的侵害；通风子系统负责自动新风、排风及降温工作，以保障泵房内设备运行在最佳环境。

图 7-12　泵房保护功能涉及的子系统

5. 边缘计算

在控制柜检测和运行数据上传至云端之前，能够进行源数据的边缘计算，并将结果发送至云端，提升了整个无人农场系统的智能化水平和计算能力。同时一些复杂的运行策略也可以交由边缘计算器实现，从而减轻控制柜主控芯片的运行压力。

同时，边缘计算器配置的显示屏还可以提供一种现场的人机交互接口。如图 7-13 所示为智能泵房边缘计算器主界面，用户可通过该界面对泵房的电机进行现场手动触控控制，并通过界面显示的水泵告警信息对水泵进行检修和查看。同时，界面上还展示了泵房当前的环境信息和气象信息，以及水渠的水位信息等，以便于用户随时查看。界面上还会显示本泵房的责任人和联系方式，以便于在发现问题时及时与负责人员联系进行故障排除。

6. 高级应用

如图 7-14 所示，除以上介绍的基本必备功能外，智能泵房控制系统还实现了一些高级应用以供用户选择。例如，全生命周期管理，基于 ITIL 框架规范的设备资产台账

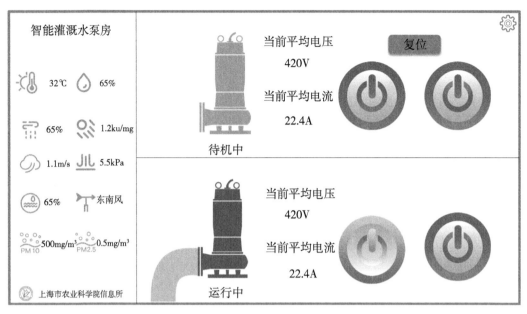

图 7-13　智能泵房边缘计算器主界面

管理、技术文档、维修文档及委外管理相关信息资料库；工况数据模型库，根据设备运行的基础工况信息，结合出水量、震频、噪声、倾角等相关数据建立设备画像；远程运维，平台定期会对管理区域的设备进行定时定期诊断，并对此生成相关报告及保养建议进行推送；绩效考核，以电定水，对设备的运营情况、能耗情况、效率情况以及相关人员进行定时定期汇总。以上高级应用使得智能泵房控制系统更加贴近生产实际，解决企业生产中的实际问题，更加具有实用性。

图 7-14　泵房智能控制系统高级功能

二、系统的实际应用案例

灌溉泵房智能控制系统主要功能开发测试完成后，在苏北某大型国有农场进行了实际应用。根据用户需求，对农场的 15 个泵站进行了智能化升级，实现了包含潜水泵、轴流泵和混流泵三种类别的 61 台水泵的远程控制功能。用户可以足不出户通过控制室的电脑对整个灌区的所有泵房内的任一台水泵进行控制。

如图 7-15 所示为泵房控制平台登录后的主界面，管理人员通过授权的账号密码登录平台后，显示图 7-16 所示的控制中心主操作界面。控制中心主操作界面以泵站为单位，同时显示相应的视频监控画面。点开某个泵站后即可打开当前泵站的控制界面。控制界面展示的功能有泵站内外视频监控、水泵的开关控制、水泵的电压电流温度等实时数据监测、水泵运行时长等数据。

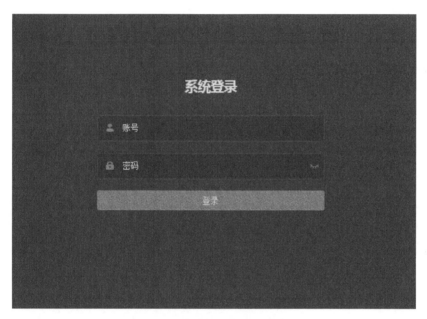

图 7-15　泵房控制平台登录后的界面

首页是进入每个泵房的入口，通过首页可以对远程泵房的设施、工况状态及责任人等进行统一查看，减少反复的工作，首页也可以作为日常工作的主要界面。通过首页可以进入如图 7-17 所示的泵房总览界面。泵房信息包含了泵房名称、出水口水位以及设备的工况，通过文字和图形的方式可以快速了解泵房的工况信息，如泵房名称、当前水位、运行中水泵数量、待机中水泵数量、检修中水泵数量、责任人、联系电话及图 7-18 所示的操作日志等信息。

通过点击右下角的操作日志，可以看到相关设备的操作日志，如图 7-19 所示，日志中记录了水泵的开启关闭操作，通过第一列的水泵，可以获知相关操作的水泵，命令类型为操作的行为动作，分为"开启控制器"和"关闭控制器"，执行时间可以看到相关操作的时间，便于将来进行操作追溯，操作用户为操作人员的名称，根据不同的用户

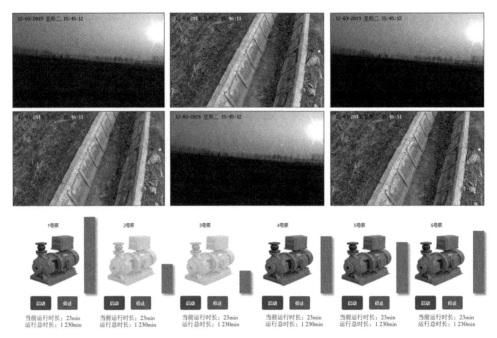

图7-16 泵房控制平台主界面

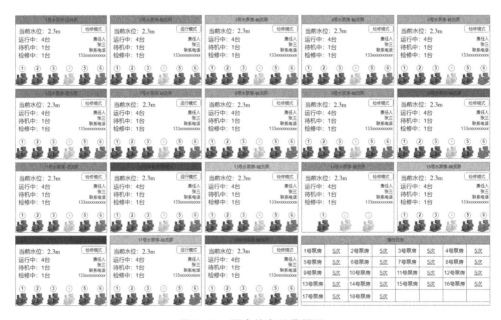

图7-17 泵房信息总览界面

登录操作，显示不同的用户名称。

通过点击泵房的信息，可以进入该泵房的详细监控操作页面。为了操作使用便捷，整体区域都可以进行点击，点击后即进入详细操作界面，如图7-20所示。详细操作页面由两部分组成，上半部分为视频监控展示，下半部分为操作控制部分。

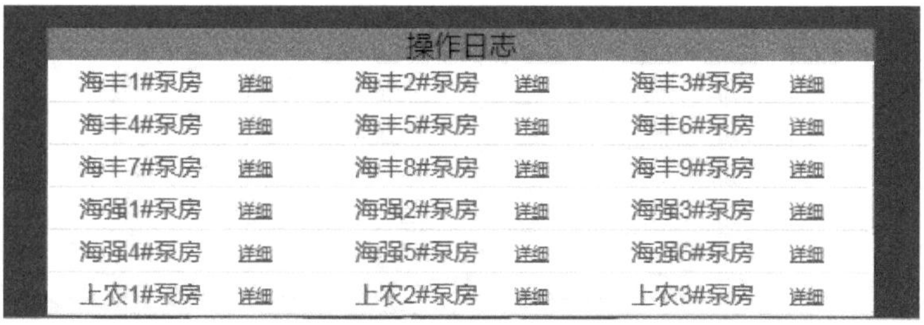

图 7-18　泵房操作日志界面

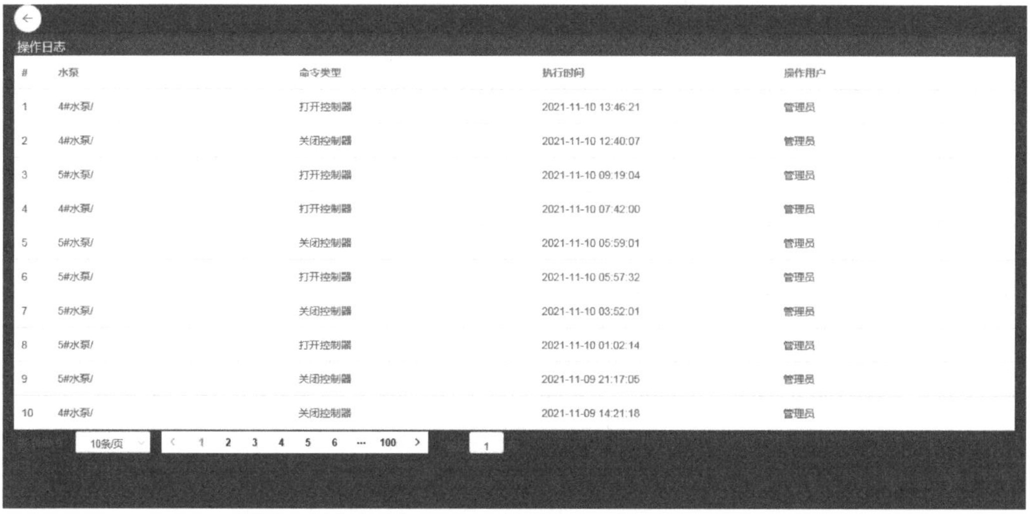

图 7-19　泵房操作日志详情

操作控制部分：通过启动和停止按键可以实现水泵的远程操作，当水泵启动后可以查看到其当前的电流及电压信息，相关信息此处只用作展示，在设备现场已经对相关电压及电流信息进行阈值保护设定，当发生过压、欠压的时候，系统不会对设备进行启动，当发生过载、欠载的情况下设备会进行及时停止，最长响应时间 0.5s，现场的保护装置还会根据启动的瞬时电流进行冗余判断，确保水泵在合理情况下进行启动，除此之外，现场保护设施会进行漏电自保护处理，响应电流 500mA，最大时长 0.2s，确保现场操作人员的安全。

水泵的温度是利用水泵本体上的传感设备对水泵的实时温度进行监测，当设备温度达到一定阈值的时候，设备将停止工作，从而降低使用风险，提高设备的使用效率，目前所设定温度为 60℃，具体温度信息需要根据水泵的使用年限进行评估设定。

运行时长是用来记录操作过程中的使用时长，通过开启和关闭的操作时间来进行使用时长的判断，便于设备维护人员对设备的使用情况有数据支撑。

水泵控制是水泵房中的主要控制，通过水泵的开关控制，可以对水泵进行开启/停止操作，同时系统会实时采集各个水泵的电流、电压及水泵温度信息进行展示，根据现场的情况，水泵房水泵的监测除对水泵的工作温度、电压和电流的展现监控外，内部也

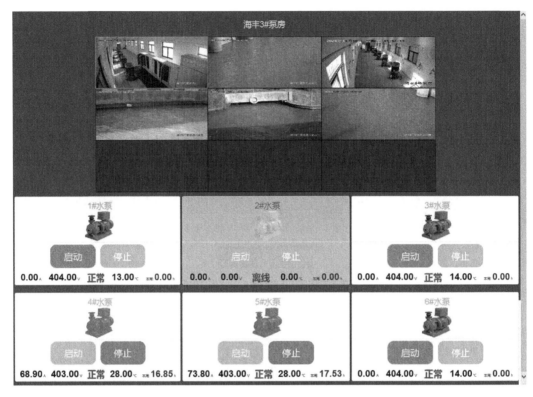

图7-20 泵房详细操作界面

对水泵房电路系统的三相平衡、堵转、过压、欠压、漏电等异常状况进行实时监控分析与告警，有效地防止了水泵房日常运行工况的稳定。

此外，现场开启水泵时会通过泵房外安装的高音喇叭进行告警，告警结束后水泵进行开启，告警期间不做启动，同时为了满足日常维护需要，可以通过界面进行检修模式切换，一旦进入检修模式后，相关操作（包含远程操作）将无法进行操作。

视频展示部分：预设展示区域为9画面，但是根据实际泵房情况，会存在2~6个画面不等的情况，通过双击某一个视频画面，可以进行全屏展示，展示效果如图7-21所示。如要返回前页面的情况下可以通过键盘的"Esc"按键来退出全屏模式。

改造之后的泵站可实现远程化操作、自动化控制、智能化运维，使人工24h值守巡检的模式一去不复返，可节省80%以上的人工，很好地解决了我国农业劳动力缺乏和劳动力成本逐年升高的问题。除节省人工外，项目研发的泵站智能控制柜还可实现节水节电的效果，根据用水量情况智能调控水泵的运行时长和运行功率，减少不必要的水资源和电能浪费。合理的多机联动调度算法还可保障泵站内的每台水泵都运行在最佳工况，从而提高设备使用寿命节省相关维修更换的开销。控制柜采用轻耦合设计，不需对灌溉泵站原有设施进行任何改造就能对现有泵站进行智能管控，并且保留传统使用方法，使操作人员从原有的使用习惯中平滑地过渡到无人模式，因此更利于推广，具有良好的市场前景，可为规模农场带来巨大的经济效益。

2021年11月10日 星期三 14:43:55

海丰3号泵房

图 7-21　泵房内视频监控画面

第八章　灌溉系统云平台建设

第一节　云平台总体架构

一、云计算简介

云计算（Cloud Computing）是一种新兴的商业计算模型，它是由分布式计算（Distributed Computing）、并行处理（Parallel Computing）、网格计算（Grid Computing）逐步发展而来的。到目前为止，云计算还没有一个统一的定义，业界对云计算定义达 20 多种。云计算领先者如 Google、Microsoft 等 IT 厂商，依据各自的利益和各自不同的研究视角都给出了对云计算的定义和理解。

维基百科：云计算是一种动态扩展的计算模式，通过网络将虚拟化的资源作为服务提供；通常包含 Infrastructure as a Service（IaaS），Platform as a Service（PaaS），Software as a Service（SaaS）。

Google 的理念：将所有的计算和应用放置在"云"中，设备终端不需要安装任何东西，通过互联网络来分享程序和服务。

微软的理念：认为云计算的应是"云+端"的计算，将计算资源分散分布，部分资源放在云上，部分资源放在用户终端，部分资源放在合作伙伴处，最终由用户选择合理的计算资源分布。

市场研究机构 IDC：认为云计算是一种新型的 IT 技术发展、部署及发布模式，能够通过互联网实时地提供产品、服务和解决方案。

美国国家标准与技术实验室：云计算是一个提供通过互联网访问一个可定制的 IT 资源共享池能力的按使用量付费模式（IT 资源包括网络、服务器、存储、应用、服务），这些资源能够快速部署，并只需要很少的管理工作或很少的与服务供应商的交互。

其实，云计算的核心技术即虚拟化。虚拟化是将硬件、操作系统和应用程序一同装入一个可迁移的虚拟机档案文件中。

如图 8-1 所示，虚拟化之前计算机系统的软件必须与硬件相结合，每台机器上只有单一的操作系统镜像，每个操作系统只有一个应用程序负载。而虚拟化后每台机器上有多个负载，软件相对于硬件独立。虚拟化技术提高了资料利用率，虚拟化前服务器利用率通常仅 5%~10%，虚拟化后虚拟服务器的整合比常为 1：（5~10），服务器利用率

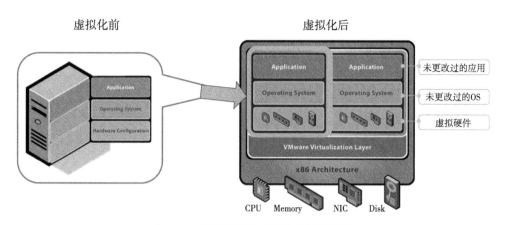

图 8-1 计算机系统虚拟化前后的区别

提升到 60% 以上。

除虚拟化技术外，云计算还具有优化的硬件、跨域资源管理、集群化运维管理、分布式计算和存储等特点，各个特点都为云计算带来了相应的优势，如图 8-2 所示，以虚拟化为基础，采用分布式计算和存储，结合优化的硬件，通过集群化运维管理系统，实现计算，存储，网络等资源的动态分配及部署，真正实现"按需取用"。

图 8-2 虚拟化云平台关键技术

云计算是技术和商业模式的双重创新，云计算可以分为狭义和广义两个维度去解释。狭义上的云计算通常是指云计算服务提供商通过虚拟化和分布式计算等一系列技术建立的数据中心。狭义上讲，云计算就是一种提供资源的网络，使用者可以随时获取"云"上的资源，按需求量使用，并且可以看成是无限扩展的，只要按使用量付费就可以。广义上的云计算指云计算服务提供商利用自身建立起来的大规模服务器集群、根据不同类型客户的需求定制一套解决方案，这些服务涵盖了计算分析，硬件租借和在线软件服务等。从广义上说，云计算是与信息技术、软件、互联网相关的一种服务，这种计算资源共享池叫作"云"，云计算把许多计算资源集合起来，通过软件实现自动化管理，只需要很少的人参与，就能让资源被快速提供。目前可供使用的云计算服务模式有三种，如图 8-3 所示，从高到低一次为 SaaS、PaaS 和 IaaS。

任何一个在互联网上提供其服务的公司都可以叫作云计算公司。其实云计算分几层的，分别是 Infrastructure（基础设施）-as-a-Service，Platform（平台）-as-a-Service，Software（软件）-as-a-Service。基础设施在最下端，平台在中间，软件在顶端。别的一些"软"层可以在这些层上面添加。三个层次提供的服务区别如图 8-4 所示。

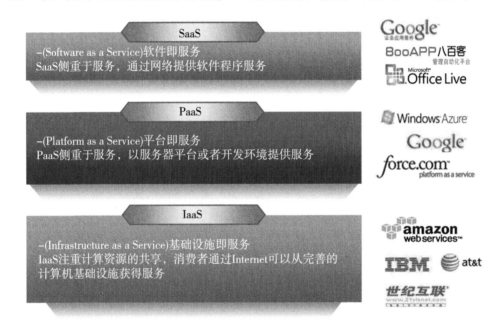

图 8-3 云计算的三种服务类型

第一层叫作 IaaS，Infrastructure-as-a-Service（基础设施即服务）。有时候也叫作 Hardware-as-a-Service，几年前如果想在办公室或者公司的网站上运行一些企业应用，需要去买服务器，或者别的高昂的硬件来控制本地应用，让业务运行起来。

但是现在有 IaaS，可以将硬件外包到别的地方去。IaaS 公司会提供场外服务器，存储和网络硬件，可以租用。节省了维护成本和办公场地，公司可以在任何时候利用这些硬件来运行其应用。

一些大的 IaaS 公司包括 Amazon、Microsoft、VMWare、Rackspace 和 Red Hat。不过这些公司又都有自己的专长，比如 Amazon 和 Microsoft 给用户提供的不只是 IaaS，他们还会将其计算能力出租给用户来 Host 用户的网站。

第二层就是所谓的 PaaS，Platform-as-a-Service（平台即服务）。某些时候也叫作中间件。公司所有的开发都可以在这一层进行，节省了时间和资源。

PaaS 公司在网上提供各种开发和分发应用的解决方案，比如虚拟服务器和操作系统。这节省了在硬件上的费用，也让分散的工作室之间的合作变得更加容易。网页应用管理、应用设计、应用虚拟主机、存储、安全以及应用开发协作工具等。

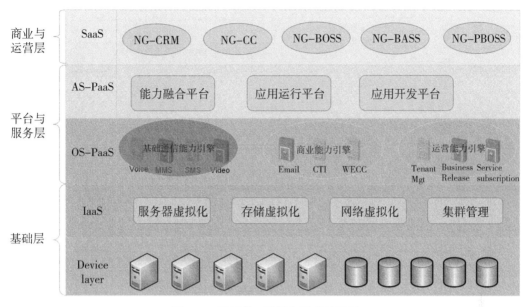

图 8-4　云计算三种服务模式的区别

一些大的 PaaS 提供者有 Google App Engine、Microsoft Azure、Force.com、Heroku、Engine Yard。最近兴起的公司有 AppFog、Mendix 和 Standing Cloud。

第三层也就是所谓 SaaS，Software-as-a-Service（软件即服务）。这一层是每个人生活中每天接触的一层，大多是通过网页浏览器来接入。任何一个远程服务器上的应用都可以通过网络来运行，就是 SaaS 了。

消费者消费的服务完全是从网页如 Netflix、MOG、Google Apps、Box.net、Dropbox 或者苹果的 iCloud 那里进入这些分类。尽管这些网页服务是用作商务和娱乐或者两者都有，但这也算是云技术的一部分。通过 SaaS 这种模式，用户只要接上网络，并通过浏览器，就能直接使用在云端上运行的应用，而不需要顾虑类似安装等琐事，并且免去初期高昂的软硬件投入。SaaS 主要面对的是普通的用户。大田智能灌溉系统云平台为用户提供的服务即属于 SaaS。

二、智能灌溉系统云平台架构

如图 8-5 大田智能灌溉系统整体架构所示，智能灌溉系统云平台负责灌溉系统所有软硬件的统一管理工作，它是用户和设备之间通信的桥梁。当设备脱网运行时，用户操作的接口是本地边缘计算网关或灌溉小助手小程序，此外，系统正常联网运行、远程控制或新设备安装时，均需要云平台的介入。所以说，云平台是整个智能灌溉系统的管理核心。

大田智能灌溉系统基于 SaaS 技术的云平台所管理的对象如图 8-6 所示，包括智能灌溉控制器（含相应的传感器）、远程视频监控设备、应用服务（含通信服务和应用服务）、数据库、手机端 App 或小程序、WEB 端用户接口、边缘计算器等。

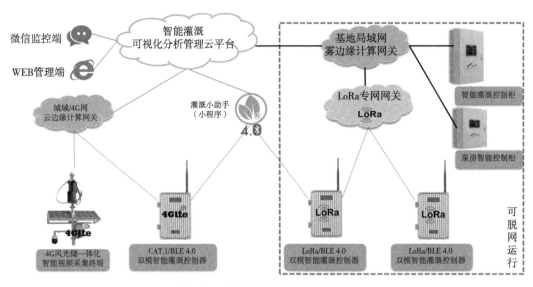

图 8-5　大田智能灌溉系统总体框架

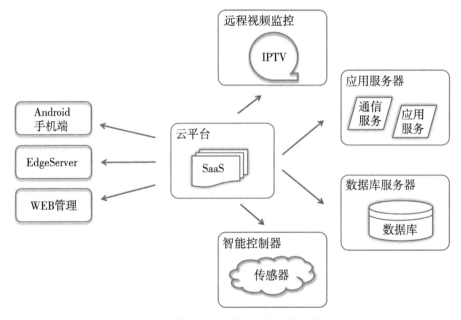

图 8-6　基于 SaaS 的云平台提供的服务

大田智能灌溉云服务平台是整个智能灌溉系统的大脑。如图 8-7 所示，云平台采用了微服务框架，用户可以根据不同的需求逐步完善。面向对象的服务，即插即用，无须反复搭建各类平台，避免重复投资。目前种植过程中所有的信息传输都为纸质化传统模式，数据统计、记录、处理都较困难，无法对种植数据进行有效分析，不能确保种植反馈数据的准确性，食品安全监管难度大。大田智能灌溉系统可以将所有这些种植信息进行数字化采集并传输至云平台，平台以这些环境数据、行为数据、肥水药数数据等为基础，结合人工智能技术进行积温分析、用水分析、肥力分析等，构建出种植模型库、生长模型库以及灌溉模型库，进而实现智能灌溉控制。

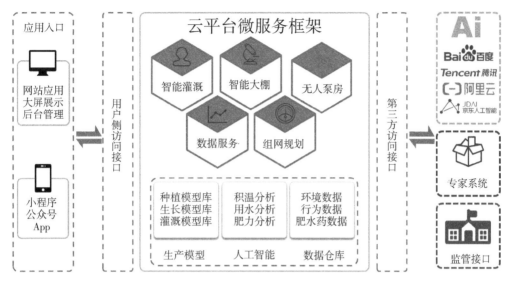

图 8-7 云平台微服务框架

除智能灌溉功能外，平台还具有智能视频分析功能，对接入平台的所有视频监控信息进行机器视觉分析，做出告警判断，对大田环境和无人泵房状况等进行实时分析；另外平台还具有数据存储分析查询功能以及终端设备组网规划功能。

平台除与终端设备通信外，还提供了用户侧访问接口和第三方访问接口。用户可以通过 PC 端、微信小程序、微信公众号、专用 App 等多种方式对平台进行操作监测及后台管理配置，也可以利用大屏进行灌溉大数据展示及现场实时操作；通过平台的第三方访问接口，可以实现与既有专家系统和公共云平台进行交互对接，另外，根据实际需要也可以与相关监管部门实施对接。

第二节　平台的主要功能

图 8-8 为平台主要功能一览，包括首页、用户管理、设备管理、电机型号、设置等五大模块 "首页" 用于建立智能灌溉的主要录入功能区域。"用户管理" 各类用户管理，可以通过权限对各个区域的操作、查看进行分类权限设定。"设备管理" 用于新增农渠、干渠等各类控制器及传感器设备分类。"电机型号" 用于增加电机型号，便于操作管理。"设置" 用于信息修改。

在平台的各项功能中，最主要的功能可以分为用户管理和设备管理。将图 8-8 中的用户管理和设置模块归类为用户管理。即用户管理功能包括添加用户、编辑用户、删除用户、用户设置、权限分配、密码修改和退出登录等模块。

图 8-8　平台主要功能一览

一、用户管理

如图 8-9 所示，在云平台首页上点击"用户管理"菜单，可打开用户一览界面。该界面中显示平台目前开通的用户列表，包括用户的登录名、全名、联系电话、邮件、上次登录时间、上次登录 IP 等信息，以备管理员查看。

图 8-9　用户一览界面

点击图 8-9 界面的添加用户按钮，可添加新用户。添加新用户界面如图 8-10 所示，需要输入新用户的登录名称、登录密码、全名、手机号码、E-mail 等信息，同时，该界面还可以对用户权限、所属基地等信息进行查看和修改。相应信息输入或设置完成后点击"提交"按钮即可生效。

图 8-10　添加新用户界面

　　权限列表中包含了大田/地块的操作权限以及控制器/传感器的操作权限，如图 8-11 所示。大田/地块权限包括对基地进行选择，可以对基地的操作权限，包括查看、操作和清空（无访问权限）；权限列表是一个非常细节的权限管理功能，同样它的权限分为三种包括查看、操作和清空（无访问权限），它可以对每个控制器进行相应操作。

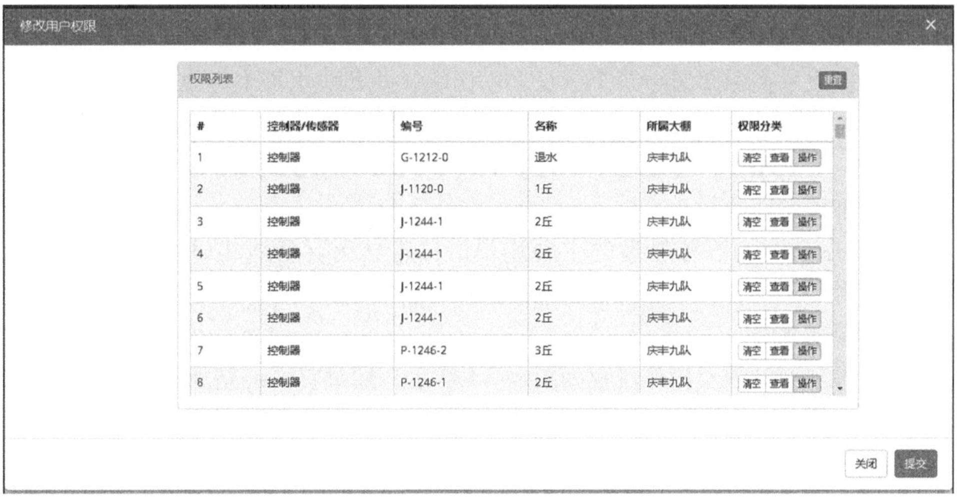

图 8-11　控制器/传感器权限设置

二、设备管理

大田智能灌溉系统的研发初衷就是为了减少灌溉过程中人工的投入，实现机器换人。因此，本系统中设备的数量要远远大于人员数量，所以设备管理功能要远比人员管理功能丰富。

云平台管理的设备包含多种形式，如数量最大的智能灌溉控制器，以及控制器相关的传感器、监控摄像头、水泵、泵房控制柜、气象站、LoRa 网关、边缘计算器等。图8-12 所示为大田智能灌溉系统中各自设备在农场中的分布示意。

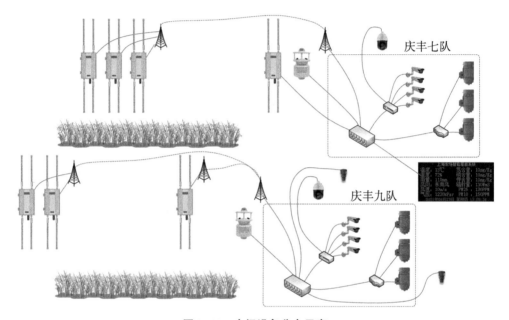

庆丰七队

庆丰九队

图 8-12　农场设备分布示意

每个硬件设备都要归属于某个田块，而田块又要归属于某个基地。因此，用户要对设备进行管理之前首先要确定该设备所属的田块及该田块所属的基地，设备管理的主要业务流如下：建立基地；基地基础下建立大田；大田中建立设备；设备里面添加电机及传感器；增加设备间的联动。

如图 8-13 所示为设备管理的主要流程，在建立玩玩基地和田块后，通过设备详情页进行设备的添加，可添加的设备包括监控设备、气象站、农渠进水、农渠退水、干渠进水、干渠退水等。

建立基地界面如图及操作流程如图 8-14 所示，通过首页—基地一览下的"新增基地"按钮打开图 8-15 所示的新建基地界面，新增基地操作需要录入新基地的信息。例如，"编号"可随意设定，建议使用英文与数字，作为系统登录标识。"名称"用于地图上显示用。"经度纬度"可以通过手机相关 App 的 GPS 位置坐标进行输入。"是否设定监视器"可根据当前系统是否有边缘计算器进行配置，设定后需要配置边缘计算器的 ID 和 Secret 用于节点远程注册登录。

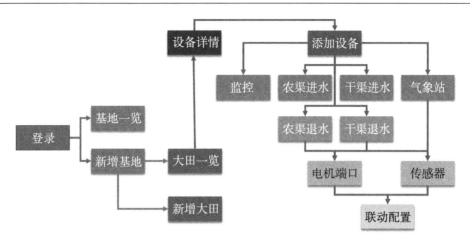

图 8-13　设备管理主要流程

图 8-14　建立基地操作界面及步骤

图 8-15　新建基地信息录入界面

　　基地新增完成之后，点击某个基地名称即可进入该基地预览界面，如图8-16所示。该界可分为实时数据展示区和设备控制区域两大块，实时数据展示区可显示当该基地中所有设备的一些实时信息；设备控制区可对条田设备进行集中控制。另外，该页面中还有一个"查看设备详情"按钮，点击该按钮可打开图8-17所示的田块设备操作界面。

图8-16　基地预览界面

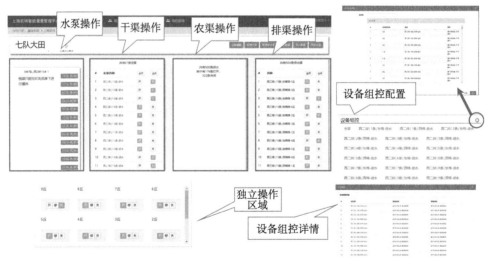

图8-17　田块设备详细操作界面

　　在田块设备详细操作界面中，可对某台具体的设备进行操作，如某个水泵、干渠中的某个闸门、农渠中的某个闸门等进行开关停等操作，具体添加步骤操作如图8-18至图8-22所示。同时还可以对某个区域的设备进行群控，实现闸门的统一打开或关闭。

还可以对设备进行组控配置，将相关田块的设备分为同一个控制器，以方便进行群控操作。

在该界面中还可进行设备的添加和删除操作，详细编辑用于设备编辑画面，所有设备的详细状态查询；新增干渠用于增加干渠，增加后可以在界面上增加干渠下面的农渠；新增排水渠用于增加独立排水渠；导出数据功能用于导出所有田间设备数据；同步设定用于边缘计算器同步，建议在设备部署增加后，进行一次同步。

> 设备型号：选择设备的用途，如干渠、农渠、气象站等   > IP：网关IP地址
> 单机型号：闸门使用电机的型号，在设备配置中设定   > 经纬度：用于地图展示，非必要输入

图 8-18 添加田间设备

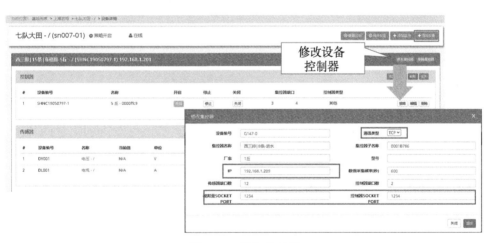

图 8-19 添加控制器

除增加电机、控制器等终端设备外，还有一种数量不多但及其重要的设备需要添加，即网关设备。如图 8-23 所示为网关设备添加界面，支持 LoRa 网关和 4G 网关的添加。

设备添加完成之后，可在设备详情主界面中查看设备的详细情况，如图 8-24 所示。在设备区域中控制设备和采集设备的详细信息、控制策略的开启状态、边缘计算器的上线状态、操作日志、同步设定等。

重点信息：

➢ 公司编号（实为控制器类型）：目前三个版本，1-自研板LoRa、2-自研板4G、3-自研板无霍尔干渠

➢ 控制器类型：闸门或水泵选择

➢ 占用控制器Port1：电机端口接入的位置

➢ 地址：LoRa ID或者4G的设备ID

➢ 状态正则表达式：固定格式

➢ 指令拼接、止则位与解析模式都为正则表达式的解析方法，根据实际应用对应不同的解析方式

图 8-20　修改控制器

重点信息：

➢ 设备编号：不关联控制器

➢ 名称、单位：标题名称

➢ 端口：采集设备的配置端口

➢ 查询指令：根据不同的传感器相关的指令不同

➢ 校验码、解析模式及解析参数：都是根据不同的传感器采集信息进行解析

➢ 状态正则表达式：固定格式

➢ 指令拼接、正则位与解析模式都为正则表达式的解析方法，根据实际应用对应不同的解析方式

图 8-21　添加传感器

重点信息：

➢ 监控链接IP：海康威视的服务器IP地址

➢ 监控链接接口、RTSP链接接口及手机监控链接接口：默认554

➢ 备注：通过海康威视服务器获取其相应的序列号

图 8-22　添加监控设备

4G网关
➤ IP与端口根据服务器地址进行设定
➤ 名称为必须输入

LoRa网关
➤ IP与端口根据网关实际地址进行设定
➤ AID、CH、SPD为LoRa注册信道信息，需要与网关设定一致

图8-23　网关设备的添加

图8-24　设备详情主界面

　　水泵设备与一般闸门控制器不同，对其操作有单独的页面，如图8-25所示。可对水泵进行三态控制、告警范围设置、编辑、删除、刷新、组控等操作。

　　图8-26所示为田间设备控制与采集界面，包括干渠进退水、农渠进退水和气象站等，每种设备都包含编号、名称、所属田块等信息。可对设备进行策略设置、编辑、删除等操作，对于气象站设备，还可导出其历史数据。

　　图8-27所示为水位传感器操作界面，这类设备只能采集不能控制。基地设备配可分为三类：单纯控制型设备，早期智能控制盒不具备电流电压采集只做控制；单纯采集型设备，水位传感器、气象站、土壤传感器等；控制与采集型设备，智能控制盒目前都自带电流电压采集，因此基本属于这种类型。

　　图8-28至图8-30为农渠进/退水和干渠进/退水设备的详情页。相应的操作和设置即数据采集在图中进行了相关注释，这里不再赘述。

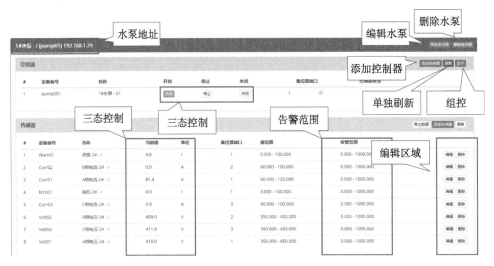

图 8-25　水泵设备详情主界面

图 8-26　田间设备控制与采集界面

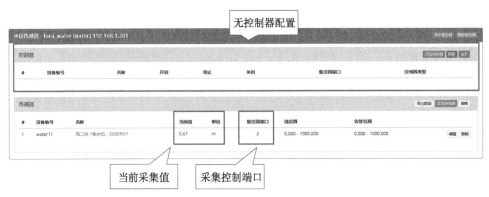

图 8-27　水位传感器操作界面

图 8-28 干渠进水设备详情页

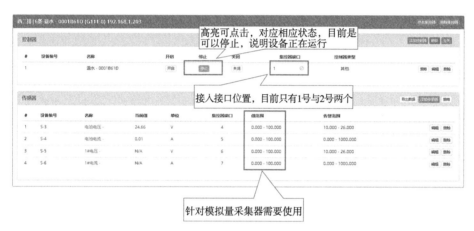

图 8-29 干渠退水设备详情页

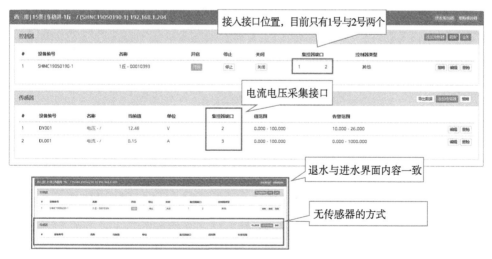

图 8-30 农渠进/退水设备详情页

三、统计数据的查看

日常统计，主要根据月、周、日、时四个视角来进行传统统计，分钟级别的统计是系统对数据采集颗粒度的要求，10h 级别的统计可以对系统的故障进行概括性的定位。通过数据分析，进行高级应用推送维护保养建议报告。具体的统计信息查看方式如图 8-31 至图 8-34 所示，包括田间环境和水质传感器数据的查看、设备电池电压电流等信息的查看、水位传感器所测水位值得查看及用户对设备操作日志的查看（包括操作人员、命令类型、执行设备 ID、动作执行时间等），通过对以上统计数据的存储和查看，便于发现故障问题，查找相应的责任人等，以保障整个大田智能灌溉系统健康稳定运行。

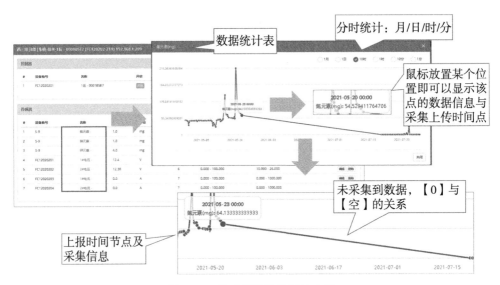

图 8-31　传感器采集数据的查看

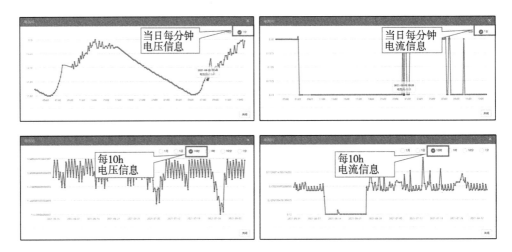

图 8-32　电池信息的查看

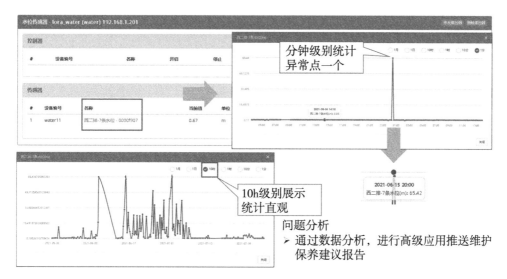

图 8-33　水位信息统计查看

#	操作用户	命令类型	执行命令	集控器	延迟值	延迟关闭命令	执行时间
1	任靖	打开控制器		西三排|8条|东格-进水-1丘00011899	100		2021-08-05 10:05:10
2	任靖	打开控制器		西三排|8条|东格-进水-1丘00011899	0		2021-08-05 10:05:03
3	任靖	打开控制器		西三排|8条|东格-进水-1丘00011899	100		2021-08-05 09:57:57
4	任靖	打开控制器		西三排|8条|东格-进水-1丘00011899	0		2021-08-05 09:56:46
5	任靖	打开控制器		西三排|8条-进水0001B786	0		2021-08-05 09:52:15
6	任靖	打开控制器		西三排|8条|东格-排水-1丘0001B5E7	100		2021-08-05 09:47:07
7	任靖	打开控制器		西三排|8条|东格-排水-1丘0001B5E7	0		2021-08-05 09:45:55
8	高怀彬	打开控制器		西三排|9条|东格-排水-8丘00012A84	100		2021-08-05 09:43:57
9	高怀彬	打开控制器		西三排|9条|东格-排水-7丘00012983	100		2021-08-05 09:43:56
10	高怀彬	打开控制器		西三排|9条|东格-排水-5丘000118E6	100		2021-08-05 09:43:53
11	高怀彬	打开控制器		西三排|9条|东格-排水-4丘00012969	100		2021-08-05 09:43:51
12	高怀彬	打开控制器		西三排|9条|东格-排水-3丘0001298A	100		2021-08-05 09:43:49
13	高怀彬	打开控制器		西三排|9条|东格-排水-3丘0001298A	0		2021-08-05 09:43:46
14	高怀彬	打开控制器		西三排|9条|东格-排水-2丘000129BB	100		2021-08-05 09:43:43
15	高怀彬	打开控制器		西三排|9条|东格-排水-1丘0001B78E	0		2021-08-05 09:43:42
16	高怀彬	打开控制器		西三排|9条|西格-排水-1丘000118BE	100		2021-08-05 09:43:27

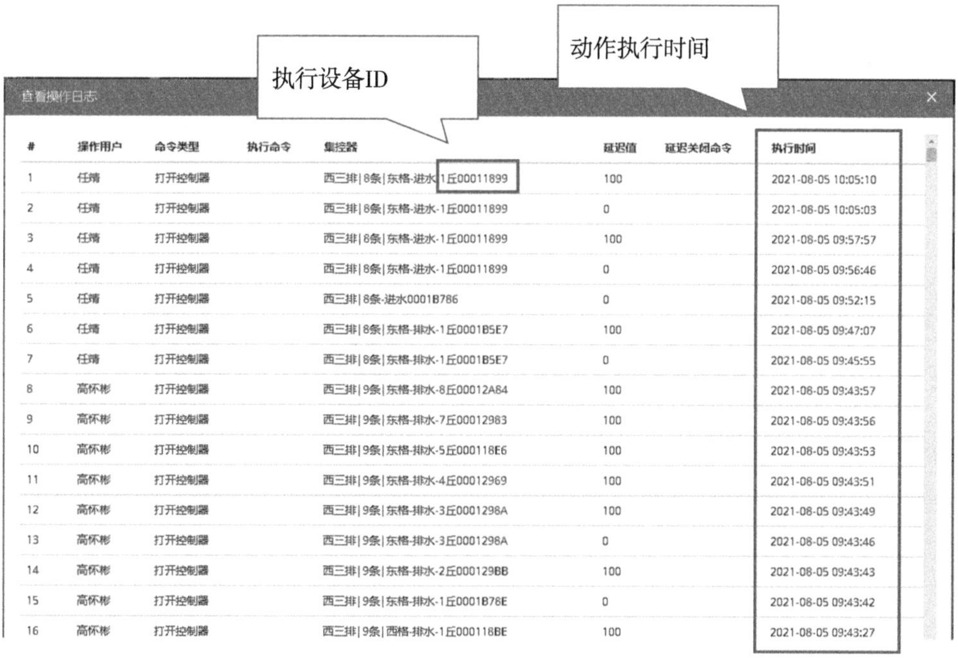

图 8-34　操作日志的统计与查看

第三节　平台的对外接口

如前文所示，智能灌溉云平台除实现了自身的用户管理和设备管理功能外，还提供了用户侧访问接口和第三方访问接口。用户可以通过 PC 端、微信小程序、微信公众号、专用 App 等多种方式对平台进行操作监测及后台管理配置，也可以利用大屏进行灌溉大数据展示及现场实时操作；通过平台的第三方访问接口，可以实现与既有专家系统和公共云平台进行交互对接，另外，根据实际需要也可以与相关监管部门实施对接。

如图 8-35、图 8-36 所示，目前平台对外开放的接口有以下几种。

编号/类型	列1	接口定义	是否开放	说明
1	认证接口	认证	是	第三方服务认证接口，超出时间(30min)需要重新获取Token进行认证，避免资源被长期占用
2	基础信息接口	基础数据	是	大田、条块、采集设备、控制设备、视频基础信息接口；大田基础信息，包含泵站地理信息位置、负责人和设备数量等基础信息；大田区域划分，如排-条-格-丘、干渠、农渠等；农/干渠灌溉智能控制盒相关编码信息与地理位置信息；采集设备的相关编码信息与地理位置信息；视频监控所在的位置信息，预览需要自行开发，目前从8700设备上获取实时视频
3	实时信息接口	水泵实时信息	是	获取水泵当前的工况状态，包括水泵的电压、电流及故障信息等实时数据
4		控制设备实时信息	是	获取农/干渠灌溉智能控制盒的工况状态，包括闸门/斗门的闭合状态以及当前电压、电流信息
5		采集实时信息	是	获取当前实时采集信息，现阶段包含水位信息、氮磷钾含量信息以及各类气象信息
6	历史信息接口	水泵历史信息	是	水泵运行与待机时的各类历史工况信息，如欠压、过压、欠载、堵转等异常工况信息
7		闸门历史信息	是	农/干渠灌溉智能控制盒中1号和2号物理接口的供电工况信息，包含各物理接口的电压和电流信息
		水泵操作记录	是	水泵日常操作的日志，包含了水泵开启、关闭的时间以及操作人的相关信息
		闸门操作记录	是	农/干渠灌溉智能控制盒日常操作的日志，包含了开启、关闭的时间以及操作人的相关信息
8		采集历史信息	是	根据采集类型进行以月为单位的数据查询，如水位、雨量、氮含量等
9	控制接口	水泵控制	是	水泵开启/停止远程控制
10		闸门控制	是	农/干渠灌溉智能控制盒远程执行实时接口，支持远程开启/关闭/停止以及闭合程度控制

图 8-35 对外开放的接口种类

认证接口：第三方服务认证接口，超出时间（30min）需要重新获取 Token 进行认证，避免资源被长期占用。

基础信息接口：大田、条块、采集设备、控制设备、视频基础信息接口；大田基础信息，包含泵站地理信息位置、负责人和设备数量等基础信息；大田区域划分，如排-条-格-丘、干渠、农渠等；农/干渠灌溉智能控制盒相关编码信息与地理位置信息；采集设备的相关编码信息与地理位置信息；视频监控所在的位置信息，预览需要自行开发，目前从 8700 设备上获取实时视频。

实时信息接口：包括水泵实时信息，获取水泵当前的工况状态，包括水泵的电压、电流及故障信息等实时数据；控制设备实时信息，获取水泵当前的工况状态，包括水泵的电压、电流及故障信息等实时数据；采集的实时信息，获取水泵当前的工况状态，包括水泵的电压、电流及故障信息等实时数据。

历史信息接口：包括水泵历史数据，水泵运行与待机时的各类历史工况信息，如欠压、过压、欠载、堵转等异常工况信息；闸门历史数据，农/干渠灌溉智能控制盒中 1号和 2 号物理接口的供电工况信息，包含各物理接口的电压和电流信息；水泵操作记录，水泵日常操作的日志，包含了水泵开启、关闭的时间以及操作人的相关信息；闸门操作记录，农/干渠灌溉智能控制盒日常操作的日志，包含了开启、关闭的时间以及操作人的相关信息。

控制接口：包括水泵控制，水泵开启/停止远程控制；闸门控制，农/干渠灌溉智能控制盒远程执行实时接口，支持远程开启/关闭/停止以及开合程度控制。

Method				
	POST			
Parametr		数据类型	含义	备注
	access_token	String	【认证】返回的令牌	
	pumpld	long	水泵ID	
Respone		数据类型	含义	备注
	code	int	错误码	0，成功；其他，处理失败
	msg	String	错误信息	
	data	Object		
	id	String	水泵ID	
	name	String	水泵名称	
	record	Object	水泵状态实时记录	
	status	String	水泵状态	0，停止；1.开启
	sensorList	Array	水泵关联的采集器信息列表	
	id	String	采集器ID	
	name	String	采集器名称	
	record	Object	采集器实时记录	
	sensorValue	double	采集器信息	

图 8-36　对外数据接口定义

第四节　智能灌溉小助手

智能灌溉小助手以多种形式存在，包括手机 App、网页版、微信小程序等，无论哪种形式，都是通过前文介绍的云平台对外接口与云平台进行通信，实现同步获取云平台数据，对现场设备进行配置，同时可作为现场应急控制接口实现对设备的控制和调试，所有操作信息也将同步传输至云平台。

其中，网页版或微信小程序版灌溉小助手主要提供给灌溉管水人员使用，作为客户端与智能灌溉云平台建立连接，可查看所管理田块中各种设备的在线状态及闸门开合状态。日常使用中对闸门或泵房的开关控制指令都是通过网页版或微信小程序版灌溉小助手版小助手实现的，具体操作界面如图 8-37 至图 8-39 所示。

图 3-37 所示左图为用户登录系统之后会展示的该用户可管理的农场区域，点击其中的某个农场即进入农场下面的灌溉片区，片区又分为若干个条田。图 3-37 右侧显示的为条田集中控制界面，通过上面的按钮可以同时将该条田水渠上的所有闸门同时打开或关闭。

考虑到用户使用的便捷性，基于微信小程序的客户端，无须安装，一次认证自动登录；采用分类逐步进入的方式，并提供轨迹导引可快速进行反复操作；使用块状反色按键模式，让用户可以在户外阳光直射的屏幕上准确操作。

图 3-38 为农渠闸门控制界面，用户点开某个条田之后即可进入该条田下水渠上所

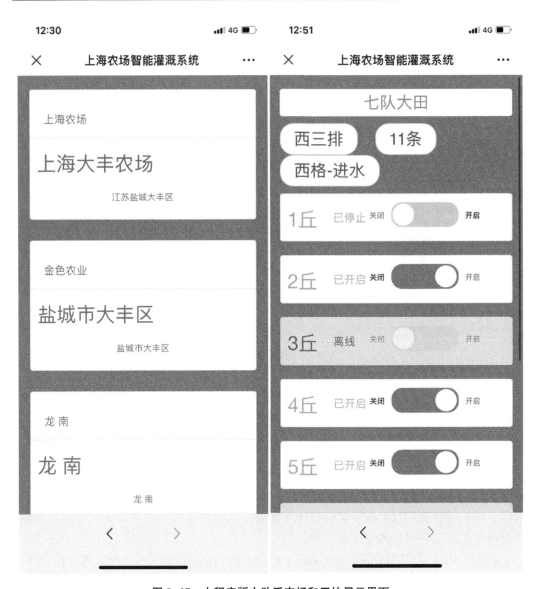

图8-37 小程序版小助手农场和田块显示界面

有闸门的单个控制界面。图中左侧为田块单个进排水闸门的控制界面，右侧为该条农渠与干渠相连接的闸门进退水控制界面，即整条农渠的进水和退水单独控制界面。

图8-39为泵房控制界面，左侧为用户登录后显示的该用户可管理的所有泵房名称。右侧为电机某个泵房之后显示的该泵房内的所有水泵，用户可进行水泵的开启和停止控制。同时可在该界面上查看现场的实时视频监控以及水泵的实时电压和实时电流。

基于手机操作系统开发的、融合移动互联网及BLE 4.0技术的App版灌溉小助手主要为施工人员和系统运维人员使用，该版本小助手实现了对智能灌溉控制器"傻瓜化"部署、便捷使用、智能化运维及应急操作的四大功能，可以轻松进行远程联网操

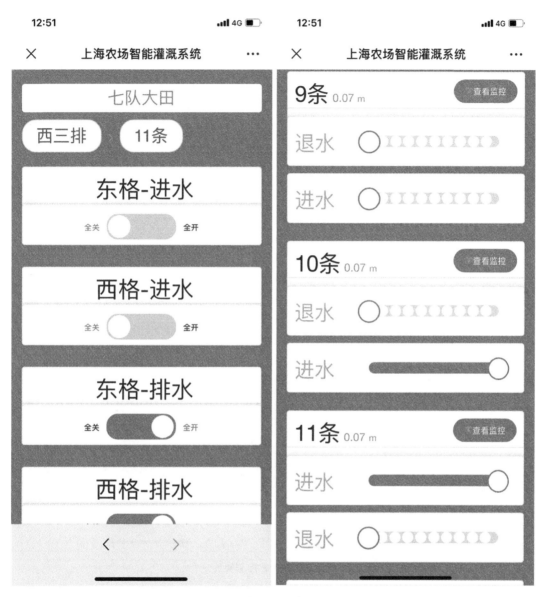

图 8-38　小程序版小助手农渠闸门控制界面

作及现场蓝牙操作。如图 8-40 至图 8-43 所示为 App 版小助手在日常使用中的各种界面，包括电机控制、闸门开启度控制和查看、闸门电机运行电压电流、电池电压电流等信息，以及远程通信模块参数的查看和配置、电机保护运行参数的查看和配置等。

　　App 版小助手可实现灌溉设备的"傻瓜化"部署，每个项目实施前即先在云端完成自主组网规划，安装人员只需在施工现场通过灌溉小助手 App 上选择设备安装位置即可完成对智能灌溉控制器的组网参数等各类配置，无须人工干预；设备异常需要更换时，运维人员只需通过 App 对新设备进行"一键替换"即可完成新老设备注册变更。

图 8-39　泵站控制界面

App 版小助手可还实现灌溉系统的智能化运维。如图 8-42 所示，小助手通过蓝牙接入设备后，可自行检测设备运行工况，并快速定位故障原因；云端统一更新升级，让用户每次登录都使用最新版本，并且可以通过微信公众号实时将相关设备运行工况及故障信息推送给用户。当然，对于设备的一些个性化参数，用户也可以通过小助手的参数配置功能进行配置，配置界面如图 8-43 所示。

App 版小助手可还可作为应急操作接口使用。当网络异常远程通信中断时，可由使用人员赴现场使用灌溉小助手，基于 BLE 实现小助手与智能灌溉控制器点对点联机，可对智能灌溉控制器进行开闭闸应急操作及查询运行工况及故障原因。

图 8-40　App 版小助手连接蓝牙界面

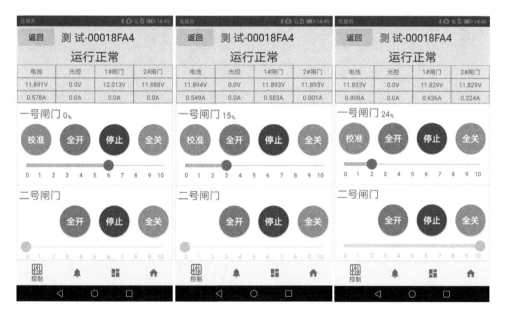

图 8-41　App 版小助手电机控制界面

图 8-42　App 版小助手设备状态查询界面

图 8-43　App 版小助手参数配置界面

第九章　大田智能灌溉系统应用实践

第一节　第一代产品简介

大田智能灌溉系统是一个应用驱动的产物，其诞生之初就是为了实际应用，解决实际问题。所以初代产品的设计原则是以最快的速度、最简单的结构实现对闸门的远程统一集中控制。

要实现对闸门的电动控制，首先需要解决的问题就是对现有闸门进行改造。如图9-1所示为农场大田中硬化后沟渠的闸门外观，闸门使用水泥预制板作为挡板，通过手动抬起和放下实现闸门的开关，这种笨重的结构显然难以实现电控，因此在第一代产品研发之前首先要解决的问题就是对现有闸门进行一些改造，以利于电控化的实现。

图 9-1　改造前闸门外观

图9-2、图9-3所示为改造后的闸门外观，将原来水泥挡板的位置更换为了波纹软管，软管一端与出水口相接，另一端与推杆电机相接。通过推杆电机的伸出和缩回实现波纹软管的抬起和放下，继而实现闸门的开关控制。整个结构通过一个简易金属支架进

图9-2　改造后的闸门外观

图9-3　改造后的闸门外观特写

行支撑，结构简单，造价低，改造难度较低。同时，控制器和太阳能电池板都安装在简易支架上，所有组件形成一个坚固的整体结构。一条沟渠两侧的两个闸门通过一个控制器进行控制，2个闸门通过有线的方式与控制器进行连接通信，控制器通过无线方式与后台云平台连接，从而减少控制器使用数量，降低成本。

　　闸门由水泥板改为波纹管进行控制后，其重量大大减轻，这就使得通过小功率电机即可实现对闸门的开关控制。图9-4（左）所示为本系统使用的推杆电机外观，农渠中所有闸门均使用这种直流电动推杆进行开关控制，推杆电机是大田智能灌溉系统的最终执行机构。图9-4（右）所示为安装前对推杆电机焊接插头，插头采用5芯或6芯插头，电机线与插头焊接后通过外罩密封防水，图9-5所示为插头焊接端外观。电机端焊接母头，控制器端安装公头，使用对插和螺旋帽锁死的方式加固连接。

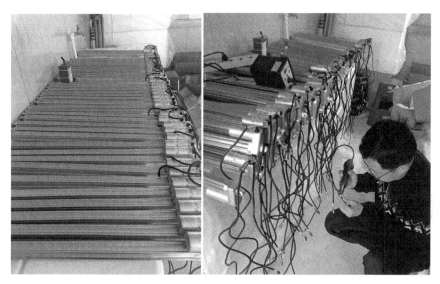

图9-4 闸门控制使用的推杆电机

图9-5 电机插头上锡焊接

解决完闸门的电控化改造之后，就要着手控制器的研发工作了。第一代产品具有试验性质，因此我们直接选购了市面上的一款多路开关控制板，外观如图 9-6 所示。这是一款通过四路继电器控制四路电路通断的通用控制板，该主控板支持 485 和 232 接口，通过 Modbus 指令控制单路继电器通断或全通全断。板载的拨码开关可设置主控板的 485 地址，从而实现总线上多设备集控。另外，还支持四路开关量输入，可实现按键手动控制功能。

图 9-6　第一代产品主控电路板

但这款主控板只能实现四路独立信号的控制，无法满足推杆电机正反转控制功能，所以对电路进行改造才能应用于大田智能灌溉系统。改造的思路即实现本书前文所介绍的继电器控制电路。改造后的线路如图 9-7 所示，将 4 个继电器两两组合，实现对两路推杆电机的正反转控制。

电机控制电路改造完成后，接着要解决的是控制器的通信问题，如本书第四章所述，大田智能灌溉系统选用 LoRa 实现远程通信功能，所以第一代产品中我们使用的是带 485 接口的 LoRa 透传模块。如图 9-8 所示，将 LoRa 透传模块的 485 接口和主控板的 485 接口通过 A、B 两根差分数据线进行连接，远程命令发送给 LoRa 模块后，模块将数据通过 485 接口发送给主控板，主控板验证命令正确性，命令无误则执行命令，控制推杆电机的正反转。

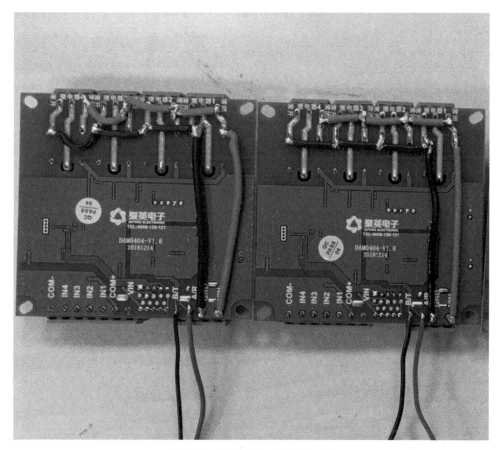

图 9-7　继电器控制电路的改造

大田智能灌溉系统以远程控制为主要使用方式，但仅仅支持远程控制还是不够的，因为在设备未上线时需要测试设备是否能够正常运行需要在现场进行控制操作。另外，万一远程通信中断，而又急需用水的话，设备就会变"砖"。因此，基于现实情况和用户需求，我们在第一代产品上增加了按钮实现现场控制功能。

如图 9-9 所示，通过在铝壳前面板增加 2 个开孔来安装 2 个按钮，按钮内部线缆接入主控板的开关量输入口，实现按钮信号的检测。按钮在壳体外部呈上下排列，上面的控制 1 号电机，下面的控制 2 号电机。每个按钮通过循环点按的方式进行电机控制，即按第一下电机正转、按第二下电机反转、按第三下电机停止，如此往复循环，超过 5min 没有按键操作则再次点按的话从头开始循环。

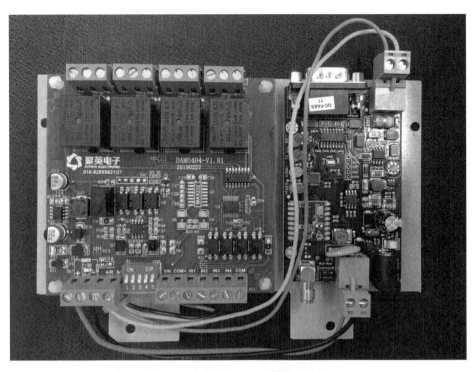

图 9-8 主控板与 LoRa 模块的连接

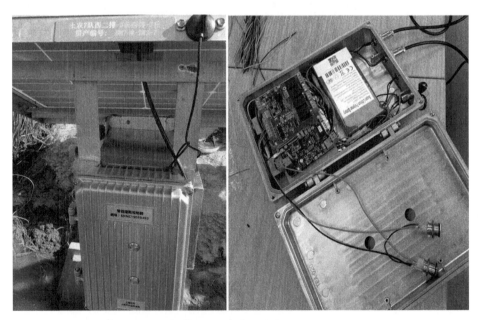

图 9-9 壳体开孔增加按钮

图 9-9 中右图还能看出，控制器壳体内置有锂电池，底部还有个钥匙开关，通过钥匙锁的方式实现控制器电源的开关，这种方式相较于其他开关形式更具有安全性，因

为在农田环境中，其他机械开关容易被误触导致控制器电源被意外关断，而这种意外虽不会损坏控制器，但是会导致控制器因为没电而不上线，排查起来非常困难，且大田面积极大，设备安装完成后再派人工去现场打开电源也是非常"受伤"的一件事。所以我们选用了造价稍高但是更加安全的钥匙开关，如图 9-10 所示，每个钥匙开关焊接 2根引线，将钥匙开关串接入控制器的电源回路以实现总电源的开关。

按钮的引入虽然解决了现场应急控制的问题，但是也导致壳体上多了 2 个开孔，从而增加了进水的风险，且机械按钮的耐久性问题也可能是一种隐患，因此这也是我们后续版本中改进的内容，但不管怎么说，这一设计在第一代产品中也发挥了一定的作用，现在看来这也是我们产品从幼稚走向成熟的一个标志性的阶段产物。

图 9-10　钥匙开关焊接内部接线

在解决了控制、供电、通信等基本功能问题并测试通过之后，即开始了第一代产品的规模化应用。规模化就意味着量大，所以生产也是要批量化。如图 9-11 为工厂中批量组装主控电路板，图 9-12 为焊接控制器所需的各种插接件，所需焊接的线缆接头数量巨大，上海农业科学院农业科技信息研究所智能农业系统团队成员全体上阵，和合作单位以及代工厂的同事们一起加班加点，保证了第一代产品的顺利量产，最终生产的初代控制器产品结构如图 9-13 所示。

生产的过程也让我们研发人员深切认识到，这种组装拼凑的产品且不说使用效果，仅量产的工作量而言，就是令人难以承受的，所以这也是我们后期改进的动力之一。但就是这款产品，在上海农场中进行了初次大规模应用（约 2 600亩，安装点位如图 9-14所示），并且受到了从领导到基础使用人员的一致好评。

图 9-11　批量组装主控电路板

图 9-12　批量焊接各类插接件线缆

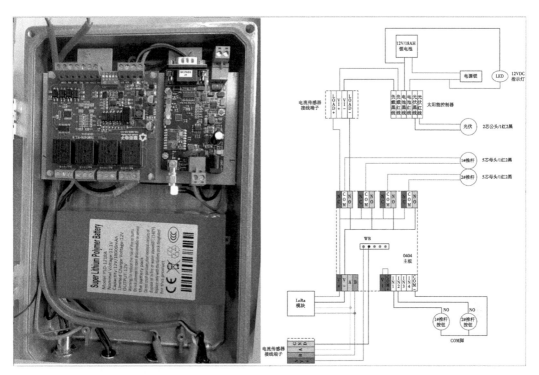

图 9-13　第一代智能灌溉控制器内部结构和线路

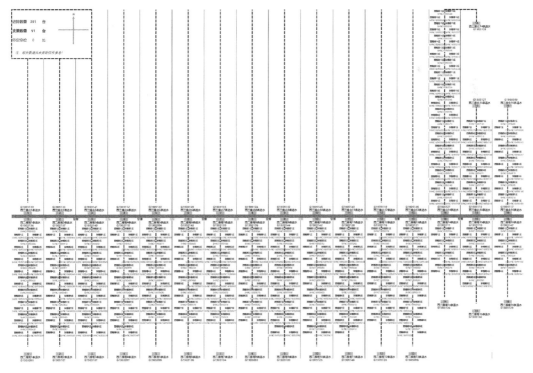

图 9-14　第一代智能灌溉控制器安装点位

　　第一代产品因极大提高了大田灌溉的便利性而深受好评，但毕竟是第一代产品，除了上述生产中遇到的问题外，在实际使用中也遇到了不少问题，其中继电器损坏而导致闸门无法开关这类明显问题还好办，一些其他方面的隐蔽问题则更加难以发现和排查。

　　首先是供电问题，在第一代产品安装使用一个生产季之后就有些设备不上线，我们下地排查发现了如图 9-15 所示的一些情况，即光伏板被农机扬起的尘土覆盖，或者干脆被农机经过时不小心撞毁，从而导致智能控制器电池无法充电而关机。另外，还有如图 9-16 所示的光伏充电线虚焊而导致无法充电，这种故障更加隐蔽。所以我们需要电池电量监测功能，通过远程查看控制器的电池电压判断其是否亏电，这是下一代产品改进点之一。

图 9-15　光伏板被遮挡、撞毁损坏

图 9-16　光伏充电插头线虚焊脱落

除太阳能电池板不能正常为电池充电导致的设备亏电掉线外，实际使用中还发现了另一种导致设备无法上线的故障。如图 9-17 所示，安装在支架上的 LoRa 天线被农机、人为或鸟站立上面等原因导致断裂，或者因长期风吹日晒发生锈蚀而断开，天线断了自然这台设备的 LoRa 模块就无法与集中器建立连接，从而导致设备掉线。所以我们需要一种方式能够便捷地检测 LoRa 信号的质量、配置参数等，从而判断出设备掉线的原因，这是下一代产品要改进的第二点。

图 9-17　LoRa 天线被撞断或被锈蚀

第一代产品在使用中还发生了图 9-18 所示的故障，即田块中的淤泥被水冲到闸门口处，累积多了就将闸门波纹管溺死，淤泥干了之后像水泥一样将整个波纹管固定住，使得推杆电机无法将其抬起，继而烧毁电机。这是我们下一代产品需要改进的第三点，监测电机运行电流，进而实现堵转保护。

图 9-18　淤泥堵塞

第二节　第二代产品的研发、调试与生产

电池电压监测、电机运行电流监测、电机堵转保护、LoRa 参数无线配置等这些功能，在初代产品通用主控板上均无法实现，所以第二代产品首先要重新设计智能灌溉控制器的主控板。

如图 9-19 所示，选用 ARM 微控制器，根据灌溉控制器的功能要求和初代产品中需要改进的地方，重新设计了电路板原理图和 PCB 图，所有外围电路全部自主设计，PCB 板自主布局和生产，由功能主板、农渠接口板、支渠接口板、通信模组、12V/13Ah 锂电池组及 24V/17Ah 锂电池组等组成。

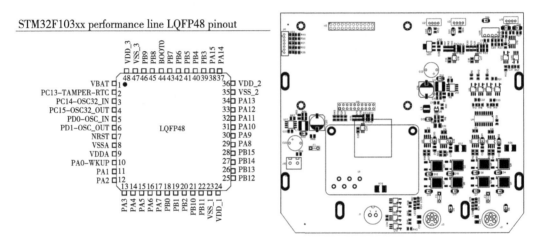

图 9-19　主控芯片及主板电路布局

一款全新设计的主控板也不是一蹴而就的，经历了设计—打样—调试—改进—再打样—再调试等多次反复修改之后，最终形成了图 9-20 右图所示的主控板外观，图中左侧图为中间版本，未量产即被淘汰，像这样的中间版本还有很多个，篇幅限制不一一列出。所以研发过程相当坎坷，每次失败都会对我们的信心造成一次打击，在经历多次失败的蹉跎之后我们终于做出了相对满意的版本，这个过程是对忍耐力、时间、资金等全方位的消磨，好在都坚持下来了。

在完全自主设计的第二代产品中，做出的重大改进有以下几个方面。

1. 供电与保护

主控板支持 9~30V DC 宽电压输入，板载 5 路 PPTC 自恢复保险丝，对不同的供电输出进行隔离保护，在电机短时短路情况下保险丝断开，短路消除后保险丝自行恢复导通供电。

2. 电机驱动电路

如本书前文所述，第二代智能灌溉控制器中采用 H 桥电路取代继电器实现两路电机正反转变速控制，通过采用不同的配套 MOS 管（已兼容设计）实现最大 500W 直流

图 9-20　自主设计的主控板外观

电机的驱控，更耐久更稳定。

3. 近场通信功能

取消了第一代产品中的按键设计，板载 BLE 5.0 通信模组，通过配套的 App 可实现工程配置与查看、LoRa 参数配置与查看、近场操控及电机运行工况实时查看、功能主板固件升级等诸多功能。具体实现细节可参见本书第三章第六节。

4. 运行工况监测

板载 3 路电压电流监测，可实现电池电压监测、待机监测、1#/2#电机运行工况监测及保护。此功能解决了因供电问题导致设备掉线问题，可快速地发现问题并找到问题来源。电压电流监测功能详见本书第三章第四节。

5. 电机行程控制

板载两组霍尔行程监测，可实现电机驱控按需展开与收缩，从而实现灌溉水位和水流大小的精准控制。此功能看似简单，但在普通直流有刷电机上实现行程控制功能还是非常难的，为实现此功能曾经很长一段时间茶饭不思、坐卧不安。具体实现过程见本书第三章第五节。

6. 传感器扩展接口

在初代产品中 RS485 主要用于和远程通信模块通信，第二代产品中我们使用了 3 个串口，分别与蓝牙模块、远程通信模块和传感器通信。其中板载 RS485 通信接口，可按需接入基于 RS485（Modbus 规约）的各类传感器，实现物联网感知层各种数据的采集。

7. 远程通信模块接口

第二代产品中远程通信模块不再是单一地支持 LoRa，而是使用板载 MiniPCIe 界面的串口通信接口，可按需选择 LoRa、4G 等透传通信模组。板载方式可保障通信数据的传输更加稳定，且模块可通过插拔方式更换，省去了接线的烦恼。远程通信功能详见本书第四章的论述。

8. 板载存储器

第二代产品中，我们在主控板上板载扩展 128MB 的 SPI FLASH 存储器，可按需实现运行数据的储存及复杂的扩展应用。其实主控芯片内部也带有 FLASH 存储器，但是我们没有使用，而是增加了一片独立的存储芯片。这种数据存储脱离出主控芯片的方式好处在于主控芯片损坏或更换之后，原主控板上的数据依然可以保留，数据存放也更加安全，详见本书第三章第七节。

9. 运行状态指示灯

相比初代产品，在外观上的最大改进就是前面板上增加了运行状态指示灯，外置的运行状态指示板，可在箱体外知晓控制器的基本运行工况，方便对控制器运行状态进行查看并对故障进行初步判断，加了指示灯的前面板如图 9-21 和图 9-22 所示。

图 9-21　带指示灯的第二代产品外观

图 9-22　第二代产品指示灯特写

第二代智能灌溉控制器产品的研发里程碑如图 9-23 所示,研发过程有起点无终点,我们将根据实际应用情况以及新技术新思路的使用情况进行不断改进,使其成为一款真正好用,可解决实际问题的成熟产品。图 9-24 至图 9-28 展示了产品的研发、生产、调试、成品出厂的大致流程,图片展示的信息有限,具体过程复杂而曲折,每个流程都需要用心尽力才能保证最终产品的可靠。

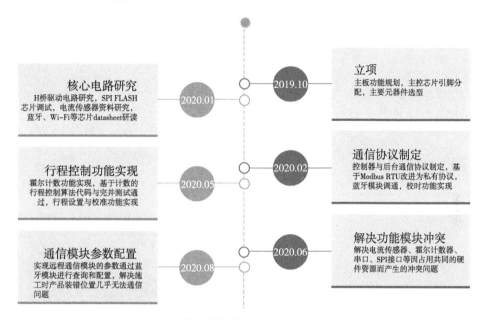

核心电路研究
H桥驱动电路研究,SPI FLASH 芯片调试,电流传感器资料研究,蓝牙、Wi-Fi等芯片datasheet研读

2020.01

2019.10
立项
主板功能规划,主控芯片引脚分配,主要元器件选型

行程控制功能实现
霍尔计数功能实现,基于计数的行程控制算法代码与完并测试通过,行程设置与校准功能实现

2020.05

2020.02
通信协议制定
控制器与后台通信协议制定,基于Modbus RTU改进为私有协议,蓝牙模块调通,校时功能实现

通信模块参数配置
实现远程通信模块的参数通过蓝牙模块进行查询和配置,解决施工时产品装错位置几乎无法通信问题

2020.08

2020.06
解决功能模块冲突
解决电流传感器、霍尔计数器、串口、SPI接口等因占用共同的硬件资源而产生的冲突问题

图 9-23 第二代智能灌溉控制器研发里程碑

图 9-24 第二代产品研发过程

由于主板实现了完全自主研发,所有模块尽量集成于主板,所有接口也免去了线缆的使用,而是采用插接件形式直接焊接在主板上,因此第二代产品的生产过程中已见不

图 9-25　召开产品研讨会

图 9-26　产品组装

图 9-27 产品测试

图 9-28 成品出厂

到焊接电线的场景。主板上的元器件全部采用贴片封装，可实现机器自动焊接，大大节省了人工且提供了产品的可靠性，整个生产过程中只需将电池、主板固定到壳体底部，将指示灯板固定到壳体前面板等少数操作需要人工进行，因此组装工序和组装难度相比于第一代产品都大大降低。

第三节　产品的安装与运行

一、大田智能灌溉系统的应用

基于第一代产品的首次千亩改造完成后，得到了农场工作人员的极大肯定，尤其是田间管水人员，传统管水模式下，在灌溉季，每个管水工需要忍受炎热夏季日行 28 000 步的辛苦，而在智能管水模式下，片区（5 000 亩左右）1 个管水工只需在"灌溉小助手"按几个键即可完成日行 28 000 步的工作量，效率得到了极大的提高。

经过近 4 年的研究和改进，已形成了包括智能灌溉管理云平台、LoRa 网络覆盖、水位传感器适配、闸门智能控制器研发和传统闸门改造等大田智能灌溉系统成套自主知识产权软硬件产品和应用方案。目前已在上海、天津、南通、盐城等地的多个农场实现了累计超过 3 万亩的实际应用，并且随着产品的不断完善，我们还在不断推广扩大使用面积。用户只需点点手机，即可为农作物轻松"补水"。用自动化、智能化代替人工化，促进人均管水面积从百亩到万亩的跃变，节约劳动力约 80%，节水约 20%，节电约 20%，配合水肥一体化减肥约 10%，增加作物种植面积约 10%，作物增产 5% 左右，极大地提高了农业信息化和智能化水平，为农场带来巨大的经济效益和社会效益。

如图 9-29 所示，每次项目实施之前都要赴现场进行安装点位和数量的统计，以明确各种进排水闸门的类型和数量，之后才能进行现场的闸门改造和智能灌溉控制器的安装调试、网关的布设与调试、水位传感器安装等，安装过程如图 9-30 至图 9-34 所示，图 9-35 所示为最终安装完成的农渠排水闸门。

大田智能灌溉系统的研发和实施过程异常艰辛，因为没有相关的系统可以借鉴，很多时候都是在摸着石头过河，尤其在遇到技术难题卡壳的时候，感觉前面一片黑暗，而且根本不知道黑暗会持续多久、黎明何时到来，唯有咬牙坚持、日思夜想寻求解决方案。而且整个系统研发并无专项经费支持，研发过程中我们都不知道自己的付出能不能换来一些回报，但想到这件事的实际意义，我们就会抱着"改变世界一点点"的情怀，将这件事情继续做下去。

到了安装调试以及使用运维时期，同样会有各种各样的问题出现，比如结构不合理、设备莫名不上线、短路烧毁、控制无响应等，发生这些故障时通常都是水稻生产用水最频繁的炎热夏季，这时都需要我们顶着炎炎烈日下地检修，在闷热潮湿的稻田里将智能灌溉设备反复拆装调试，晒伤中暑都是时常发生的事，有时干累了就站起来抬头望望眼前和远方这一望无际的稻田，心想这景色如果拍成照片坐在空调间里欣赏的话多美呀，而谁能想到美景现场的情况是气温 38℃，待 1min 就能湿透衣服呢。

图 9-29　施工前现场统计与规划

图 9-30　农渠排水闸门改造

图 9-31　LoRa 网关（中继站）安装与调试

　　艰辛归艰辛，好在我们的工作也受到了各级领导专家的关怀和肯定（图 9-36），而且现场的管水人员更是对该系统赞不绝口，这为我们继续将该系统做完善提供了无穷的动力，正如一位领导所说："你们现在多流汗，就是为了将来农业生产人员少流汗！"

二、大田智能灌溉系统的意义

　　有意义的事情我们就更有动力去做。大田智能灌溉系统的意义主要体现在经济效益、社会效益和生态效益三个方面。

　　1. 经济效益

　　（1）降低人工成本。根据上海农场水稻大田管理统计，庆丰七队日常管水原来需

图 9-32　农渠进水闸门改造

图 9-33　农渠水位传感器安装与调试

要 15 人，现在只需要 2 人管水，节省人工 90% 左右，按人均年支出 6 万元，本项目每年可直接节约人工费 78 万元，平均每亩可节约管水用工费 65 元左右。

（2）节约电费。田间灌溉进排水系统，做到合理调配水资源，且独特的圆弧形闸

图 9-34　干渠闸门安装与调试

门设计，不产生漏水现象，可节约电费。智能泵房控制柜可根据用水量需求以及水泵运行工况进行合理的切换和调度，从而减少不必要的运行时长、降低单个水泵长时间运行发热导致效率降低而产生的额外功耗。

（3）节约用水。原始灌溉方式浪费水比较严重，每次灌溉时都会造成不必要的浪费，每亩大概可节约用水 $100m^3$。早在 2016 年，国务院就发布了《关于推进农业水价综合改革的意见》，指出农业是用水大户，也是节水潜力所在，计划用 10 年左右时间建立健全农业水价形成机制，农业用水总量控制和定额管理将普遍实行，农用水价改革呼之欲出。所以农业节水势在必行，而大田智能灌溉系统可以根据用水需求进行精准的水量控制，可以达到很好的节水效果。同时精准的用水量测控也可以为以水定产创造条件。

（4）增加效益。通过水层精准管理，减少水资源浪费，良田得到精准灌溉、有效施肥，种植效益得到提升。目前的灌溉泵房人工巡检只能在设备出现故障之后才能被发现，通过智能泵房控制柜的实时在线监测功能可以在设备刚刚出现异常时就发现，并且自动停止异常设备的运行，将结果告知运维人员，可以防患于未然。另外，基于智能泵房控制柜的多机协调作业调度算法，可以使泵房内的每台水泵都均衡工作，避免某一台过度运行，保障水泵始终工作在最佳状态下从而延长整体的使用寿命。

2. 社会效益

大田智能灌溉设备以节约水资源、精准灌溉的特点，为农业生产和产业结构调整创造了良好条件，生态环境呈现良性的态势，水资源得到有效利用，显著提高了农作物的

图 9-35　农渠排水闸门安装完成后效果

实际产量，区域内资源、环境、用工、生产力水平都发展得愈发协调，推动了生产环境系统结构及功能逐步实现良性循环。能够极大缓解劳动力紧张，从事农业生产人员越来越少，解决了劳动力紧缺的问题。

　　传统农场如果是"靠天吃饭"，大田智能灌溉系统则是"人定胜天"。大田智能灌溉系统将使传统农业生产发生翻天覆地的变化，改变人们固有的农业观念，让农民不再是"没出息""辛苦"的代名词，对人类农业生产活动有着不可估量的现实意义和社会意义。结合施肥形成肥水灌溉系统可有效节约肥料，达到保水、保土、保肥的效果，提高了粮食产量，维系了良好的生态环境，实现了水资源的可持续利用，从而为社会、环境发展提供支撑，是探索信息化支撑乡村振兴工作的实际应用典型案例和良好示范。

　　3. 生态效益

　　搭配光伏发电，利用蓄电池储备电能，相比在田间铺设电线输送电能，有效地节约了电能；同时电压都是人体可承受的安全电压，充分保证了田间灌溉的安全性。目前我国的淡水资源越发紧缺，节约用水、科学用水，让每滴水都为人类生存发挥效益至关重要，智能灌溉控制系统以精准灌溉来提高水资源利用率、缓解水资源危机，还能够节约化肥、农药和人力投入量，改善生产条件，提高产量和质量等，对区域的生态系统和社会经济可持续发展具有重要意义。降低灌溉用水的无效损耗，依据农作物的实际需求量，结合当地实际水资源情况，以提高灌溉用水的效率。

　　图 9-37 至图 9-40 为大田智能灌溉系统在春、夏、秋、冬不同季节中的影像。

图 9-36　上海农场场领导多次现场考察督促和办公协调

图 9-37　春季油菜花盛开时的大田智能灌溉系统

图 9-38　夏季水稻田中的大田智能灌溉系统

图 9-39　秋季水稻成熟时的大田智能灌溉系统

图 9-40　冬季收割完成后的大田智能灌溉系统